特高压直流输电线路运检及考核标准

陈立 / 主编　　全昌前 / 副主编

中国电力出版社
CHINA ELECTRIC POWER PRESS

内 容 提 要

为指导特高压直流输电线路检修作业培训及其考核工作，提升检修作业人员技能水平，在总结输电线路运检和输电线路带电作业培训、资质认证工作经验的基础上编写本书。

本书内容包括两部分，分别是 ±800kV 特高压输电线路运检带电作业培训及考核标准和停电检修培训及考核标准，共分 17 个模块，涵盖了培训和考核的全部元素。

本书可供 ±800kV 特高压输电线路检修作业培训及考核人员、检修人员学习参考。

图书在版编目（CIP）数据

特高压直流输电线路运检及考核标准 / 陈立主编．—北京：中国电力出版社，2019.7
ISBN 978-7-5198-3397-8

Ⅰ．①特…　Ⅱ．①陈…　Ⅲ．①特高压输电－直流输电线路－电力系统运行－检修
Ⅳ．①TM726.1

中国版本图书馆 CIP 数据核字（2019）第 141718 号

出版发行：中国电力出版社
地　　址：北京市东城区北京站西街 19 号（邮政编码 100005）
网　　址：http://www.cepp.sgcc.com.cn
责任编辑：肖　敏（010-63412363）
责任校对：黄　蓓　李　楠
装帧设计：王红柳
责任印制：石　雷

印　　刷：北京天宇星印刷厂
版　　次：2019 年 9 月第一版
印　　次：2019 年 9 月北京第一次印刷
开　　本：787 毫米 ×1092 毫米　16 开本
印　　张：12.75
字　　数：317 千字
印　　数：0001—1000 册
定　　价：48.00 元

编审委员会

主　编　陈　立

副主编　全昌前

参　编　赵　强　范　宇　刘　意　李　陈　覃　浩

饶建彬　邱中华　杜印官　卢国栋　郭定海

周炜刚　陈　楠　隆　茂　胡永银　刘正军

安　锋　张　杰　张　柯　王　磊　王如鹏

周刘育　郑和平　廖家俊

审　稿　杨　力

前言

特高压输电是目前世界上最先进的输电技术。中国特高压技术的出现，使“以电代煤，以电代油、电从远方来、来的是清洁电”成为中国能源和电力发展的新常态，为构建全球能源互联网、落实国家“一带一路”倡议提供了强大的基础支撑。

直流输电工程是实施能源资源大范围优化配置的重要方式。国家电网公司建设了一大批直流输电工程，对促进西部、北部地区的能源资源优势转化为经济优势，满足中东部地区经济社会发展对电力的需求，推动清洁能源的集约开发与利用，保障国民经济持续健康发展起到了十分重要的作用。从20世纪90年代开始，国内开始了±500kV直流输电工程建设。葛洲坝—上海南桥±500kV直流输电工程是我国发展高压直流输电的起步工程。2005年起，国家电网公司开始了±800kV的直流输电工程建设。目前，准东—华东（皖南）±1100kV特高压直流输电工程是世界上电压等级最高、输送容量最大、输送距离最远、技术水平最先进的特高压输电工程。随着多条特高压直流输电线路陆续投运，线路检修、运行和维护工作对保障线路安全稳定运行显得非常重要。

目前，从事特高压输电线路检修和运行的工作人员大部分来自超高压输电线路检修、运维人员，部分人员接受特高压输电线路检修、运维的专项培训不够。同时，特高压输电线路带电检修作业也逐渐开展起来，从业人员需要进行规范性培训，从而提升作业水平并储备技能人才。国网四川省电力公司技能培训中心依托输配电线路带电作业基地和特高压交直流实训基地，长期从事输电线路运检、输电线路带电作业培训和资质认证工作，在教学过程中积累了丰富的经验及培训资源。目前，国网四川省电力公司已经制定了多个输配电线路专业培训和考核标准。国网四川省电力公司检修公司长期从事四川过境特高压输电线路的运行维护，实践经验丰富。基于以上现状，国网四川省电力公司技能培训中心联合国网四川省电力公司检修公司及其他运检单位共同编写了本书。

本书分两部分，第一部分为±800kV特高压输电线路运检带电作业培训及考核标准，第二部分为±800kV特高压输电线路运检停电检修培训及考核标准，共17个模块（其中，带电作业11个、停电检修6个）。各模块均由培训标准和考核标准两部分组成，涵盖了培训和考核的全部元素。

本书的编写、出版得到了国网四川省电力公司技能培训中心、国网四川省电力公司检修公司的大力支持和帮助，在此一并致谢。

由于编者水平有限，书中难免有不足之处，请广大读者批评、指正。

编　者

2019年5月

目 录

第一部分

±800kV 特高压输电线路运检带电作业培训及考核标准

模块一　带电更换±800kV特高压输电线路直线塔单V型复合绝缘子培训及考核标准

一、培训标准

（一）培训要求（见表1-1-1）

表1-1-1　　培训要求

模块名称	带电更换±800kV特高压输电线路直线塔单V型复合绝缘子	培训类别	操作类
培训方式	实操培训	培训学时	21学时
培训目标	1. 掌握直线塔进、出±800kV强电场时采用“吊篮法”作业方式的电学意义。 2. 能完成采用“吊篮法”进入±800kV等电位作业点。 3. 能独立完成带电更换±800kV特高压输电线路直线塔单V型复合绝缘子的操作（等电位作业法）		
培训场地	特高压±800kV直流实训线路		
培训内容	等电位和地电位配合，通过“吊篮法”进入等电位作业，采用等电位作业法带电更换±800kV特高压输电线路直线塔单V型复合绝缘子		
适用范围	特高压±800kV直流输电线路检修人员		

（二）引用规程规范

（1）《±800kV直流线路带电作业技术规范》（DL/T 1242—2013）。
（2）《±800kV直流架空输电线路运行规程》（GB/T 28813—2012）。
（3）《±800kV直流架空输电线路检修规程》（DL/T 251—2012）。
（4）《±800kV直流输电线路带电作业技术导则》（Q/GDW 302—2009）。
（5）《交流线路带电作业安全距离计算方法》（GB/T 19185—2008）。
（6）《带电作业用绝缘配合导则》（DL/T 867—2004）。
（7）《带电作业用绝缘工具试验导则》（DL/T 878—2004）。
（8）《国家电网公司带电作业工作管理规定（试行）》（国家电网生〔2007〕751号）。
（9）《国家电网公司电力安全工作规程（线路部分）》（Q/GDW 1799.2—2013）。
（10）《电工术语　架空线路》（GB/T 2900.51—1998）。
（11）《电工术语　带电作业》（GB/T 2900.55—2016）。
（12）《带电作业工具设备术语》（GB/T 14286—2008）。
（13）《带电作业用工具、装置和设备使用的一般要求》（DL/T 877—2004）。
（14）《带电作业工具、装置和设备预防性试验规程》（DL/T 976—2005）。
（15）《带电作业用绝缘滑车》（GB/T 13034—2008）。
（16）《带电作业用绝缘绳索》（GB 13035—2008）。
（17）《带电作业用屏蔽服装》（GB/T 6568—2008）。
（18）《1000kV交流带电作业用屏蔽服装》（GB/T 25726—2010）。

（三）培训教学设计

本设计以完成“带电更换±800kV特高压输电线路直线塔单V型复合绝缘子”为工作任务，按工作任务完成的标准化作业流程来设计各个培训阶段，每个阶段包括具体的培训目标、培训内容、培训学时、培训方法（培训资源）、培训环境和考核评价等内容，如表1-1-2所示。

表 1-1-2　　带电更换±800kV特高压输电线路直线塔单V型复合绝缘子

培训流程	培训目标	培训内容	培训学时	培训方法与资源	培训环境	考核评价
1. 理论教学	1. 初步掌握“吊篮法”进出±800kV电场基本方法。 2. 熟悉±800kV输电线路直线杆塔单V型复合绝缘子更换方法	1. “吊篮法”进出强电场作业方式的电学意义。 2. ±800kV输电线路直线塔单V型复合绝缘子更换方法和质量标准	2	培训方法：讲授法。 培训资源：PPT、相关规程规范	多媒体教室	考勤、课堂提问和作业
2. 准备工作	能完成作业前准备工作	1. 作业现场查勘。 2. 编制培训标准化作业卡。 3. 填写培训操作工作票。 4. 完成本操作的工器具及材料准备	2	培训方法： 1. 现场查勘和工器具及材料清理采用现场实操方法。 2. 编写作业卡和填写工作票采用讲授方法。 培训资源： 1. 特高压实训线路（±800kV实训线路）。 2. 特高压工器具库房。 3. 空白工作票	1. 特高压输电实训线路。 2. 多媒体教室	
3. 作业现场准备	能完成作业现场准备工作	1. 作业现场复勘。 2. 工作申请。 3. 作业现场布置。 4. 班前会。 5. 工器具检查	1	培训方法：演示与角色扮演法。 培训资源：特高压实训线路（±800kV实训线路）	±800kV实训线路	
4. 培训师演示	通过现场观摩，使学员初步领会本任务操作流程	1. 塔上工器具布置安装。 2. 等电位电工采用“吊篮法”进、出强电场。 3. 地电位电工与等电位电工相互配合利用荷载转移装置完成单V型复合绝缘子更换	2	培训方法：演示法。 培训资源：特高压实训线路（±800kV实训线路）	±800kV实训线路	
5. 学员分组训练	通过培训： 1. 能完成进、出±800kV强电场操作。 2. 能完成±800kV输电线路直线塔单V型复合绝缘子更换	1. 学员分组（12人一组）训练进出±800kV强电场和直线塔单V型复合绝缘子更换。 2. 培训师对学员操作进行指导和安全监护	12	培训方法：角色扮演法。 培训资源：特高压实训线路（±800kV实训线路）	±800kV实训线路	采用技能考核评分细则对学员操作评分
6. 工作终结	通过培训： 1. 使学员进一步认识操作过程中不足之处，便于后期提升； 2. 培训学员树立安全文明生产的工作作风	1. 作业现场清理。 2. 向调度汇报工作。 3. 班后会，对当天工作任务进行点评总结	1	培训方法：讲授和归纳法	±800kV实训线路	

（四）作业流程

1. 工作任务

等电位和地电位配合，采用“吊篮法”进入等电位作业，带电更换±800kV特高压输电线路直线塔单V型复合绝缘子。

2. 天气及作业现场要求

（1）带电更换±800kV特高压输电线路直线塔单V型复合绝缘子应在良好的天气进行。

如遇雷电（听见雷声、看见闪电）、雪、雹、雨、雾等，禁止进行带电作业。风力大于5级或空气相对湿度大于80%时，不宜进行带电作业；恶劣天气下必须开展带电抢修时，应组织有关人员充分讨论并编制必要的安全措施，经本单位批准后方可进行。

（2）作业人员精神状态良好，熟悉工作中保证安全的组织措施和技术措施；应持有在有效期内的带电作业资质证书。

（3）工作负责人应事先组织相关人员完成现场勘察，根据勘察结果确定本次作业方法和所需工器具，以及应采取的必要措施，并办理带电作业工作票。

（4）作业现场应合理设置围栏，并妥当布置警示标示牌，禁止非工作人员入内。

（5）本项目需停用线路直流再启动装置。

（6）工作中安全距离及有效绝缘长度如表1-1-3所示。

表1-1-3　带电更换±800kV特高压输电线路直线塔单V型复合绝缘子的安全距离　(m)

海拔高度	等电位电工与接地构架之间的最小安全距离	绝缘工器具的最小有效绝缘长度	最小组合间隙
$H\leqslant1000$	6.8	6.8	6.7
$1000<H\leqslant2000$	7.3	7.3	7.3
$2000<H\leqslant2500$	7.9	7.8	7.8

注　表中最小安全距离、最小组合间隙包括人体占位间隙0.5m。

3. 准备工作

3.1　危险点及其预控措施

（1）危险点——触电伤害。

预控措施：

1）工作前，工作负责人应与值班调控人员联系，停用线路直流再启动装置，并履行许可手续。

2）塔上地电位作业人员登塔前，必须仔细核对线路名称、杆塔编号、相别，确认无误后方可上塔。

3）工作中，如遇线路突然停电，作业人员应视其仍然带电。工作负责人应尽快与调控人员联系，值班调控人员未与工作负责人取得联系前不准强送电。

4）绝缘工具及绝缘绳索不得损坏、受潮、变形、失灵，不准使用非绝缘绳索（如棉纱绳、白棕绳、钢丝绳）。

5）等电位作业人员应穿着阻燃内衣，衣服外面应穿戴全套屏蔽服（包括帽、面罩、衣裤、手套、袜和鞋），且各部分应连接良好。

6）等电位作业人员在电位转移前，应得到工作负责人的许可，人体裸露部分与带电体的最小距离不小于0.5m；电位转移时，动作应迅速，严禁用头部充放电；与地电位作业人员传递工具和材料时，使用绝缘工具或绝缘绳索的有效长度不应符合表2-1-2的规定。

7）用绝缘绳索传递大件金属物品时，地电位电工及地面作业人员应将金属物品接地后再接触。

8）专责监护人应对作业人员进行不间断监护，随时纠正其不规范或违章动作。重点关注高处作业人员，使其保持足够的安全距离（符合表2-1-2的规定），禁止同时接触两个非连通的带电体或带电体与接地体。

（2）危险点——高处坠落。

预控措施：

1）高处作业人员登高前，必须具备符合本项作业要求的身体状况、精神状态和技能素质。

2）地电位电工登塔至作业点位后应打好安全绳并检查确认牢固，吊篮轨迹绳、等电位电工人体后备保护绳应布置合理且得到可靠锚固。吊篮四周应使用四根绝缘绳索稳固悬吊。吊拉绝缘绳索长度应准确计算或实地测量，使等电位作业人员头部高度不超过导线侧均压环。等电位电工系好绝缘保护绳、主保护绳，对吊篮做冲击试验合格后，方可进入吊篮。

3）监护人员应随时纠正其不规范或违章动作，重点关注作业人员在转位的过程中不得失去安全带或绝缘后备保护绳的保护，严禁低挂高用。

4）人员登塔时检查脚钉和塔材的紧固情况，登塔时手抓主材，严禁手抓脚钉。

（3）危险点——高处坠物伤人。

预控措施：

1）高处作业人员的个人工具及零星材料应装入工具袋，严禁在高处浮置物件、口中含物。

2）地面作业人员必须正确佩戴安全帽，正确使用绳结，与作业点垂直下方距离不得小于坠落半径。

3）作业现场设置围栏并挂好警示标示牌。监护人员应随时注意，禁止非工作人员及车辆进入作业区域。

3.2 工器具及材料选择

带电更换±800kV特高压输电线路直线塔单V型复合绝缘子所需工器具及材料见表1-1-4。工器具出库前，应认真核对工器具的使用电压等级和试验周期，并检查确认外观良好、连接牢固、转动灵活，且符合本次工作任务的要求；工器具出库后，应存放在工具袋或工具箱内进行运输，防止脏污、受潮；金属工具和绝缘工器具应分开装运，防止因混装运输导致工器具变形、损伤等现象发生。

表1-1-4　带电更换±800kV输电线路直线杆塔单V型复合绝缘子所需工器具及材料表

序号	名称	规格型号	单位	数量	备注
1	绝缘传递绳	TJS-10	根	1	绝缘工具
2	绝缘传递绳	TJS-16	根	3	绝缘工具
3	绝缘保护绳	TJS-16	根	2	绝缘工具
4	吊篮轨迹绳	TJS-16	根	1	绝缘工具
5	绝缘滑车	JH10-1	个	5	绝缘工具
6	绝缘吊杆		套	2	绝缘工具
7	绝缘紧线器	0.5t	把	1	绝缘工具
8	绝缘绳套		根	若干	绝缘工具
9	吊篮		副	1	绝缘工具
10	液压丝杠		根	2	金属工具
11	提线卡具		副	2	金属工具

续表

序号	名称	规格型号	单位	数量	备注
12	机动绞磨		台	1	金属工具
13	屏蔽服	屏蔽效率≥60dB（屏蔽面罩屏蔽效率≥20dB）	套	4	个人防护用具
14	安全带		副	4	个人防护用具
15	安全帽		顶	12	个人防护用具
16	绝缘电阻测试仪	5000V，电极宽 2cm、极间宽 2cm	块	1	其他工具
17	风速风向仪		块	1	其他工具
18	温湿度仪		块	1	其他工具
19	万用表		块	1	其他工具
20	防潮布	2m×4m	块	4	其他工具
21	红马甲	“工作负责人”	件	1	其他工具
22	对讲机		台	4	其他工具
23	防坠器	与杆塔防坠器装置型号对应	只	4	其他工具
24	安全围栏		套	若干	其他工具
25	个人工具		套	2	其他工具
26	警示标示牌	“在此工作”“从此进出”“从此上下”	套	1	其他工具
27	复合绝缘子		套	1	材料

3.3 作业人员分工

本任务作业人员分工如表 1-1-5 所示。

表 1-1-5　带电更换±800kV 特高压输电线路直线塔单 V 型复合绝缘子人员分工表

序号	工作岗位	数量（人）	工作职责
1	工作负责人	1	负责作业现场的各项工作
2	专责监护人	1	负责作业现场的安全把控
3	等电位电工	2	负责进入等电位完成带电端绝缘子更换工作
4	塔上地电位电工	2	负责完成接地端绝缘子更换工作，协助等电位进出电场
5	地面电工	6	负责传递工具、材料配合等电位电工进出等电位

4. 工作程序

本任务工作流程如表 1-1-6 所示。

表 1-1-6　带电更换±800kV 特高压输电线路直线塔单 V 型复合绝缘子工作流程表

序号	作业内容	作业步骤及标准	安全措施及注意事项	责任人
1	现场复勘	工作负责人负责完成以下工作： （1）现场核对线路名称、杆塔编号，相别无误；基础及杆塔完好无异常；交叉跨越距离符合安全要求；确认缺陷情况等。 （2）检测风速、湿度等现场气象条件符合作业要求。 （3）检查地形环境符合作业要求。 （4）检查工作票所列安全措施与现场实际情况相符，必要时予以补充	（1）正确穿戴安全帽、工作服、工作鞋、劳保手套。 （2）不得在危及作业人员安全的气象条件下作业。 （3）严禁非工作人员、车辆进入作业现场	

续表

序号	作业内容	作业步骤及标准	安全措施及注意事项	责任人
2	工作许可	（1）工作负责人负责联系值班调控人员，按工作票内容申请停用线路直流再启动装置。 （2）经值班调控人员许可后，方可开始带电作业	不得未经值班调控人员许可即开始工作	
3	现场布置	正确装设安全围栏并悬挂标示牌： （1）安全围栏范围应充分考虑高处坠物，以及对道路交通的影响。 （2）安全围栏出入口设置合理。 （3）妥当布置“从此进出”“在此工作”“从此上下”等标示	对道路交通安全影响不可控时，应及时联系交通管理部门强化现场交通安全管控	
4	召开班前会	（1）全体工作成员列队。 （2）工作负责人宣读工作票，明确工作任务及人员分工；讲解工作中的安全措施和技术措施；查（问）全体工作成员精神状态；告知工作中存在的危险点及采取的预控措施。 （3）全体工作成员在工作票上签名确认	（1）工作票填写、签发和许可手续规范，签名完整。 （2）全体工作成员精神状态良好。 （3）全体工作成员明确任务分工、安全措施和技术措施	
5	检查工具	（1）塔上地电位电工和等电位电工正确地穿戴好屏蔽服并检测合格，由负责人监督检查。 （2）正确佩戴个人安全用具（大小合适，锁扣自如），由负责人监督检查。 （3）测量风速风向、湿度，检查绝缘工具的绝缘性能，并做好记录	（1）金属、绝缘工具使用前，应仔细检查其是否损坏、变形、失灵。绝缘工具应使用2500V及以上绝缘电阻表进行分段绝缘检测，阻值应不低于700MΩ，并用清洁干燥的毛巾将其擦拭干净。 （2）用万用表测量屏蔽服衣裤最远端点之间的电阻值不得大于20Ω。工作负责人认真检查作业电工屏蔽服的连接情况。 （3）检查工具组装情况并确认连接可靠。 （4）现场所使用的带电作业工具应放置在防潮布上	
6	登塔	（1）核对线路名称、杆塔编号无误后，塔上地电位电工和等电位冲击检查安全带、防坠器受力情况。 （2）塔上地电位电工携带绝缘传递绳登塔、等电位电工随后登塔，至横担作业点，选择合适位置系好安全带，塔上地电位电工将绝缘滑车和绝缘传递绳安装在横担合适位置，然后配合地面电工将绝缘传递绳分开作起吊准备	（1）核对线路名称和杆塔编号无误后，方可登塔作业。 （2）登塔过程中应使用塔上安装的防坠装置；杆塔上移动及转位时，不准失去安全保护，作业人员必须攀抓牢固构件。 （3）作业电工必须穿全套合格的屏蔽服，且全套屏蔽服必须连接可靠。在横担进入等电位前，等电位电工要检查确认屏蔽服各个部位连接可靠后方能进行下一步操作	
7	安装滑车组及吊篮	（1）地面电工利用绝缘传递绳将吊篮、吊篮轨迹绳、2-2绝缘滑车组传至横担。 （2）塔上电工将2-2绝缘滑车组及吊篮安装在横担上平面合适位置，并将吊篮与组二滑车组可靠连接；将吊篮轨迹绳一端安装在横担合适位置，一端与吊篮可靠连接	（1）传递时绝缘吊绳要起吊平稳，无磕碰、缠绕。 （2）吊篮安装好后由塔上电工对吊篮情况进行认真检查核对。 （3）2-2滑车组及吊篮应在横担上合适位置可靠安装	

续表

序号	作业内容	作业步骤及标准	安全措施及注意事项	责任人
8	进入强电场	（1）一名等电位电工系好绝缘保护绳后进入吊篮，地面电工缓慢松出2-2绝缘滑车组控制绳，待吊篮距带电导线约2m处放慢速度。 （2）在吊篮向导线继续移动过程中、等电位电工面向带电导线，同时向工作负责人申请电位转移，得到许可后，等电位电工待吊篮距导线0.5m时迅速伸手抓住最近的子导线进行电位转移。 （3）等电位电工进入强电场后检查绝缘后备保护绳，同时等电位电工要控制头部不超过导线侧均压环。 （4）地面电工收紧2-2绝缘滑车组控制绳，将吊篮向上传至横担部位。2号等电位电工系好绝缘保护绳进入吊篮，用同样的方法进入强电场	（1）进入等电位前，等电位电工要再次检查确认屏蔽服各部位、电位转移棒与绝缘屏蔽服连接可靠后方能进行下一步操作。 （2）等电位电工进入电位前必须得到工作负责人的许可。 （3）等电位电工进入吊篮前必须系好绝缘保护绳。 （4）地面电工配合等电位电工进入等电位过程中收放滑车组时控制绳应平稳。 （5）等电位电工在进入电位过程中与接地体和带电体两部分间隙所组成的组合间隙应符合表1-1-3要求。 （6）专责监护人负责监护等电位电工进入强电场的安全注意事项。对塔上作业人员的危险、不规范动作应及时提醒，必要时应制止。 （7）等电位电工进入电场后不得解除绝缘保护绳，安全带不得系在子导线上	
9	安装工具并转移导线荷载	（1）地面电工将绝缘吊杆、提线卡具、液压丝杠传递至工作位置，由等电位电工和地电位电工配合将复合绝缘子更换工具进行正确安装。 （2）检查各构件连接可靠，得到工作负责人同意后，先收紧机械丝杠，待机械丝杠适当受力后等电位电工收紧液压丝杠，使之稍受力，检查受力点情况。 （3）地面电工将复合绝缘子串控制绳传递给等电位电工，等电位电工将其安装在复合绝缘子串尾部。地面电工收紧复合绝缘子串控制绳。 （4）检查承力工具受力正常，得到工作负责人同意后，等电位电工拆开导线侧碗头挂板螺栓，地面电工缓缓放松复合绝缘子串控制绳，使之自然垂直。 （5）地电位电工将绝缘传递绳系在复合绝缘子串上端，然后取出复合绝缘子串与球头挂环连接的锁紧销。地面电工与地电位电工配合脱开复合绝缘子串与球头挂环的连接	（1）上、下作业电工要密切配合，所有作业电工要听从等工作负责人的统一指挥。 （2）地电位电工对带电体、等电位电工对接地体的最小安全距离应符合表1-1-3要求。 （3）杆塔上、下传递工具绑扎绳扣应正确可靠，塔上电工不得高空落物。 （4）工具受力后应试冲击检查无误后，报告工作负责人，在得到工作负责人许可后，方可继续作业。 （5）专责监护人对塔上作业人员的危险、不规范动作应及时提醒，必要时应制止。 （6）在转移荷载过程中，作业人员应时刻注意工器具受力情况，出现异常应立即报告工作负责人	
10	更换绝缘子串	（1）地面电工控制好复合绝缘子串控制绳，利用机动绞磨缓慢将复合绝缘子串放至地面。注意控制好复合绝缘子串的控制绳，不得碰撞承力工具、导线及杆塔。 （2）地面电工将绝缘传递绳和复合绝缘子控制绳分别转移到新复合绝缘子串上，然后利用机动绞磨将新复合绝缘子串传递至塔上工作位置，地电位电工恢复新复合绝缘子串与球头挂环的连接，并恢复锁紧销。 （3）地面电工缓慢松出机动绞磨使复合绝缘子串自然垂直，然后收紧复合绝缘子串控制绳将复合绝缘子串尾部拉至导线侧等电位电工工作位置。等电位电工利用绝缘紧线器恢复绝缘子串碗头挂板与联板的连接，装好开口销	（1）绝缘子串在退出运行时，详细检查受力部件是否正常良好，检查确认无问题后征得工作负责人同意方可拆除。 （2）绝缘子串起吊过程中不得与杆塔发生碰撞，控制好绝缘子串尾绳。 （3）利用机动绞磨起吊绝缘子串时应安置平稳，尾绳应有作业经验人员控制，不可疏忽放松。 （4）必须检查绞磨及转向滑车的受力情况，无误后方可进行作业。 （5）杆塔上、下传递工具绑扎绳扣应正确可靠	

续表

序号	作业内容	作业步骤及标准	安全措施及注意事项	责任人
11	拆除工具	(1) 经检查复合绝缘子串连接可靠，得到工作负责人同意后，地电位电工松出液压丝杆。 (2) 经检查复合绝缘子串受力正常得到工作负责人的同意后，地电位电工与等电位电工配合拆除绝缘吊杆、液压丝杆等，并传至地面	(1) 复合绝缘子安装复位后，应详细检查各部位连接正常无误，并得到工作负责人的同意后方可拆除提线工具。 (2) 工具在传递过程中不得碰撞杆塔，绑扎绳扣应正确可靠	
12	退出电场	(1) 一名等电位电工系好绝缘保护绳，进入吊篮，然后保持手臂伸直状态使吊篮距子导线 0.5m。 (2) 等电位电工向工作负责人申请退出电位，得到同意后，等电位电工迅速脱开子导线。 (3) 地面电工同时迅速收紧 2-2 绝缘滑车组控制绳，将吊篮向上拉至横担部位停住，然后等电位电工登上横担，并系好安全带。 (4) 地面电工利用绝缘传递绳将吊篮传至另一名等电位电工处，等电位电工检查导线上无遗留物后进入吊篮，用同样的方法退出电位	(1) 上、下作业电工要密切配合，听从工作负责人的指挥。 (2) 等电位电工退出电位前必须得到工作负责人的许可。 (3) 等电位电工进入吊篮前必须系好保护绳。 (4) 地面电工配合等电位电工进入等电位时收放滑车组，控制绳应平稳。 (5) 等电位电工在退出电位过程中与接地体和带电体两部分间隙所组成的组合间隙应符合表 1-1-3 规定。 (6) 专责监护人负责监护等电位电工退出强电场的安全注意事项。对塔上作业人员的危险、不规范动作应及时提醒，必要时应制止	
13	拆除吊篮返回地面	(1) 塔上电工配合拆除吊篮轨迹绳、绝缘保护绳、2-2 绝缘滑车组及吊篮并传至地面。 (2) 塔上电工检查塔上无遗留物后、向工作负责人汇报，得到工作负责人同意后携带绝缘传递绳下塔	(1) 工具在传递过程中不得碰撞，绑扎绳扣应正确可靠。 (2) 登塔过程中应使用塔上安装的防坠装置；杆塔上移动及转位时，不准失去安全保护，作业人员必须抓牢固构件	
14	工作结束	(1) 清理现场及工具，认真检查杆（塔）上有无遗留物，工作负责人全面检查工作完成情况，清点人数，无误后、宣布工作结束，撤离施工现场。 (2) 通知调度工作完毕，履行工作票完工手续	不得约时恢复线路再启动装置	

二、考核标准（见表 1-1-7）

表 1-1-7　　特高压直流输电线路运检技能考核评分细则

<table>
<tr><td>考生填写栏</td><td colspan="8">编号：　　姓　名：　　所在岗位：　　单　　位：　　日　　期：　　年　　月　　日</td></tr>
<tr><td>考评员填写栏</td><td colspan="8">成绩：　　考评员：　　考评组长：　　开始时间：　　结束时间：　　操作时长：</td></tr>
<tr><td>考核模块</td><td>带电更换±800kV 特高压输电线路直线塔单 V 型复合绝缘子</td><td>考核对象</td><td>特高压±800kV 直流输电线路检修人员</td><td>考核方式</td><td>操作</td><td>考核时限</td><td colspan="2">120min</td></tr>
<tr><td>任务描述</td><td colspan="8">带电更换±800kV 特高压输电线路直线塔单 V 型复合绝缘子</td></tr>
</table>

续表

工作规范及要求	1. 带电作业工作应在良好天气下进行。如遇雷、雨、雪、雾天气不得进行带电作业。风力大于5级、湿度大于80%时，一般不宜进行带电作业。 2. 本项作业需工作负责人1名，专责监护人1人、塔上地电工2人，等电位电工2人，地面辅助电工6人，采用吊篮摆渡法进入强电场进行绝缘子更换工作。 3. 工作负责人职责：负责本次工作任务的人员分工、工作票的宣读、办理线路停用直流再启动、办理工作许可手续、召开工作班前会、工作中突发情况的处理、工作质量的监督、工作后的总结。 4. 专责监护人：负责作业现场的安全把控。 5. 等电位电工职责：配合地电位电工安装提线系统，操作液压丝杠转移导线荷载，拆装复合绝缘子串。 6. 地电位电工职责：负责安装吊篮、提线系统、绝缘磨绳及配合等电位电工进出电位，拆装复合绝缘子串。 7. 地面电工职责：负责传递工具、材料配合等电位电工进出等电位。 8. 在带电作业中，如遇雷、雨、大风或其他任何情况威胁到工作人员的安全时，工作负责人或监护人可根据情况，临时停止工作。 给定条件： 1. 培训基地：特高压交流±800kV线路塔。 2. 工作票已办理，安全措施已经完备（直流再启动已停用），工作开始、工作终结时应口头提出申请（调度或考评员）。 3. 安全、正确地使用仪器对绝缘工具进行检测。 4. 必须按工作程序进行操作，工序错误扣除应做项目分值，出现重大人身、器材和操作安全隐患，考评员可下令终止操作（考核）						
考核情景准备	1. 线路：特高压交流±800kV线路003号塔，工作内容：±800kV输电线路直线杆塔单V型复合绝缘子。 2. 所需作业工器具：绝缘传递绳1根（TJS-12），绝缘传递绳3根（TJS-16），绝缘保护绳2根（TJS-16），吊篮轨迹绳1根（TJS-16），吊篮1个，液压丝杠2只，绝缘吊杆2组，提线卡具2副，机动绞磨1台，绝缘滑车6个（JH10-1），2-2绝缘滑车2个（JH20-2），屏蔽服（屏蔽效率≥60dB）4套，绝缘检测仪1台，万用表1块，温湿度仪1台，风速仪1台，防潮布2块，个人工具2套。 3. 作业现场做好监护工作，作业现场安全措施（围栏等）已全部落实；禁止非作业人员进入现场，工作人员进入作业现场必须戴安全帽。 4. 考生自备工作服，阻燃纯棉内衣，安全帽，线手套，安全带（含后备保护绳）						
备注	1. 各项目得分均扣完为止，出现重大人身、器材和操作安全隐患，考评员可下令终止操作。 2. 设备、作业环境、安全带、安全帽、工器具、屏蔽服等不符合作业条件时，考评员可下令终止操作						
序号	项目名称	质量要求	分值	扣分标准	扣分原因	扣分	得分
1	现场复勘	（1）工作负责人到作业现场核对线路名称和杆塔编号、现场工作条件、缺陷部位等。 （2）检测风速、湿度等现场气象条件符合作业要求。 （3）检查工作票填写完整，无涂改，检查是否所列安全措施与现场实际情况相符，必要时予以补充	5	（1）未进行核对线路称号扣1分。 （2）未核实现场工作条件（气象）、缺陷部位扣1分。 （3）工作票填写出现涂改，每项扣0.5分，工作票编号有误，扣1分。工作票填写不完整，扣1.5分			
2	工作许可	（1）工作负责人联系值班调控人员，按工作票内容申请停用线路直流再启动装置。 （2）汇报内容规范、完整	2	（1）未联系调度部门（裁判）停用直流再启动装置扣2分。 （2）汇报专业用语不规范或不完整的各扣0.5分			
3	现场布置	正确装设安全围栏并悬挂标示牌： （1）安全围栏范围应充分考虑高处坠物，以及对道路交通的影响。 （2）安全围栏出入口设置合理。 （3）妥当布置"从此进出""在此工作""从此上下"等标识	3	（1）作业现场未装设围栏扣0.5分。 （2）未设立警示牌扣0.5分。 （3）未悬挂登塔作业标志扣0.5分			

续表

序号	项目名称	质量要求	分值	扣分标准	扣分原因	扣分	得分
4	召开班前会	(1) 全体工作成员全体人员正确佩戴安全帽、工作服。 (2) 工作负责人佩戴红色背心，宣读工作票，明确工作任务及人员分工；讲解工作中的安全措施和技术措施；查（问）全体工作成员精神状态；告知工作中存在的危险点及采取的预控措施。 (3) 全体工作成员在工作票上签名确认	3	(1) 工作人员着装不整齐扣0.5分，工作人员着装不整齐每人次扣0.5分。 (2) 未进行分工本项不得分，分工不明扣1分。 (3) 现场工作负责人未穿佩安全监护背心扣0.5分。 (4) 工作票上工作班成员未签字或签字不全的扣1分			
5	工器具检查	(1) 工作人员按要求将工器具放在防潮布上；防潮布应清洁、干燥。 (2) 工器具应按定置管理要求分类摆放；绝缘工器具不能与金属工具、材料混放；对工器具进行外观检查。 (3) 绝缘工具表面不应磨损、变形损坏，操作应灵活。绝缘工具应使用2500V及以上绝缘电阻表进行分段绝缘检测，阻值应不低于700MΩ，并用清洁干燥的毛巾将其擦拭干净。 (4) 塔上地电位和等电位人员按要求正确穿戴全套合格的屏蔽服、导电鞋，且各部分连接应良好，屏蔽服内不得贴身穿着化纤类衣服，并系好安全带；工作负责人应认真检查是否穿戴正确。 (5) 登塔人员再次核对线路名称、杆号、相别并报告	7	(1) 未使用防潮布并定置摆放工器具扣1分。 (2) 未检查工器具试验合格标签及外观每项扣0.5分。 (3) 未正确使用检测仪器对工器具进行检测每项扣1分。 (4) 作业人员未正确穿戴屏蔽服且各部位未连接良好？每人次扣2分。 (5) 现场工作负责人未对登塔作业人员进安全防护装备进行检查扣1分。 (6) 登塔人员未核对线路名称、杆号、相别，每人扣2分。 (7) 登塔人员未报告核对结果，每人扣2分			
6	登塔	(1) 塔上地电位电工、等电位电工穿好全套合格的屏蔽服，将安全带做冲击试验后，系好安全带后携带绝缘传递绳相继登塔。 (2) 登塔过程中系好防坠落保护装置，登塔至合适位置，系好安全带，布置好绝缘传递绳，然后配合地面电工将绝缘传递绳分开作起吊准备。 (3) 登塔过程中应系好防坠落保护装置，匀速登塔，手抓主材，将安全带挂在肩上并与带电体保持6.8m以上安全距离，工作负责人加强作业监护	5	(1) 未系安全带或安全带及后备保护绳，未进行冲击试验各扣2分。 (2) 手抓脚钉扣2分。 (3) 滑车传递绳悬挂位置不便工具取用扣1分。 (4) 传递时金属工具难以保证安全距离扣2分；工具绑扎不牢扣2分。 (5) 传递时高空落物扣2分。 (6) 传递过程工具与塔身磕碰扣2分。 (7) 传递工具绳索打结混乱扣1分。 (8) 工作负责人监护不到位扣2分。 (9) 塔上电工操作不正确扣2分			
7	安装滑车组及吊篮	(1) 传递时绝缘吊绳起吊要平稳、无磕碰、无缠绕。 (2) 吊篮安装好后由塔上电工对吊篮情况进行认真检查核对。 (3) 2-2滑车组及吊篮应在横担上合适位置可靠	5	(1) 2-2滑车组绳子缠绕扣0.5分。 (2) 轨迹绳安装位置不合理扣1分。 (3) 绝缘保护绳、长度不合适扣1分。 (4) 传递工器具不平稳、磕碰扣1分			

续表

序号	项目名称	质量要求	分值	扣分标准	扣分原因	扣分	得分
8	进入强电场	(1) 等电位再次检查确认屏蔽服各部位连接可靠后对吊篮进行冲击实验，汇报工作负责人后系好保护绳登上吊篮行。 (2) 地面电工缓慢松出 2-2 绝缘滑车组控制绳，当距离导线约 2m 处放慢速度，等电位电工在距离导线 0.5m 处向工作负责人申请电位转移，得到许可后，迅速伸手抓住最近的子导线进行电位转移。 (3) 等电位电工进入强电场后做好人体后保护，要控制头部不超过导线侧均压环。 (4) 电位电工在进入电位过程中与接地体和带电体两部分间隙所组成的组合间隙不得小于 6.8m	13	(1) 等电位电工未对吊篮进行冲击扣 1 分。 (2) 未系好绝缘保护绳扣 1 分。 (3) 地电位电工未检查等电位电工安全措施扣 2 分。 (4) 地面电工控制滑车尾绳不平稳扣 1 分。 (5) 等电位电工进入强电场前未向工作负责人申请扣 2 分；申请了但未得同意即开始进入扣 1 分。 (6) 转移电位动作不熟练扣 1 分。 (7) 等电位电工进入强电场后解开人体后备保护绳扣 2 分。 (8) 等电位电工进入强电场后头部超过导线侧均压环扣 2 分			
9	安装工具并转移导线荷载	(1) 地面电工将绝缘吊杆、提线卡具、液压丝杠传递至工作位置，由等电位电工和地电位电工配合将复合绝缘子更换工具进行正确安装。 (2) 检查各部构件可靠得到工作负责任人同意后，先收紧机械丝杠，待机械丝杠适当受力后等电位电工收紧液压丝杠，使之稍受力，检查受力点情况。 (3) 地面电工将复合绝缘子串控制绳传递给等电位电工，等电位电工将其安装在复合绝缘子串尾部。地面电工收紧复合绝缘子串控制绳。 (4) 检查承力工具受力正常得到工作负责人同意后，等电位电工拆开导线侧连接，地面电工缓缓放松复合绝缘子串控制绳，使之自然垂直。 (5) 地电位电工将绝缘传递绳系在复合绝缘子串上端，地面电工与地电位电工配合脱开复合绝缘子串接地端连接	15	(1) 工器具传递过程不平稳扣 1 分；有磕碰，每次扣 1 分。 (2) 未检查承力工具安装可靠、受力良好扣 2 分，未汇报并取得工作负责人同意扣 2 分。 (3) 地电位电工与等电位电工沟通无效扣 1 分。 (4) 拆除绝缘子串前未对承力工具进行检查扣 5 分，检查结果未汇报扣 2 分。 (5) 绝缘绳系复合绝缘子位置不合适扣 2 分。 (6) 绝缘子串传递时有磕碰每次扣 2 分。 (7) 地面电工机动绞磨控制不到位扣 1 分			

续表

序号	项目名称	质量要求	分值	扣分标准	扣分原因	扣分	得分
10	更换绝缘子串	（1）地面电工控制好复合绝缘子串控制绳，利用机动绞磨缓慢将复合绝缘子串放至地面。注意控制好复合绝缘子串的控制绳，不得碰撞承力工具、导线及杆塔。 （2）地面电工将绝缘传递绳和复合绝缘子串控制绳分别转移到新复合绝缘子上。 （3）地面电工启动机动绞磨，将新复合绝缘子串传递至塔上工作位置。地电位电工恢复新复合绝缘子串与球头挂环的连接，并复位锁紧销。 （4）地面电工缓慢松出机动绞磨使复合绝缘子串自然垂直，等电位电工恢复碗头挂板与联板的连接，并装好开口销	17	（1）地面电工未控制好绝缘子尾绳扣1分。 （2）绑扎绳扣不合理扣1分。 （3）未检查绞磨转向及滑车的受力情况扣2分。 （4）绝缘子串传递时有磕碰每次扣2分。 （5）绝缘子串安装不到位扣5分。 （6）作业人员未检查绝缘子串连接扣5分。 （7）作业人员未检查销子安装到位扣2分。 （8）专责监护人未尽监护职责扣2分			
11	退出电位	（1）一名等电位电工系好绝缘保护绳，进入吊篮，然后保持手臂伸直状态使吊篮距子导线0.5m，得到工作负责人同意后，等电位电工迅速脱开子导线。 （2）地面电工同时迅速收紧2-2绝缘滑车组控制绳，将吊篮向上拉至横担部位停住，然后等电位电工登上横担，并系好安全带。 （3）地面电工利用绝缘传递绳将吊篮传至另一名等电位电工处，等电位电工检查导线上无遗留物后进入吊篮，用同样的方法退出电位	10	（1）未报告工作结束扣2分，强电场内有遗留物，每件扣1分。 （2）等电位未系好绝缘保护绳扣1分。 （3）地面电工控制滑车尾绳不平稳扣1分。 （4）等电位电工退出强电场前未向工作负责人申请扣2分，申请了但未得到同意即开始退出扣1分。 （5）转移电位动作不熟练扣1分			
12	拆除吊篮返回地面	（1）塔上电工配合拆除吊篮轨迹绳、绝缘保护绳、2-2绝缘滑车组及吊篮并传至地面。 （2）塔上电工检查塔上无遗留物后，向工作负责人汇报，得到工作负责人同意后携带绝缘传递绳下塔	5	（1）下塔过程未使用防坠装置扣2分。 （2）塔上移位失去安全带保护的扣2分。 （3）下塔抓塔钉，每处扣1分。 （4）塔上有遗留物的扣2分			
13	工作结束	（1）工作负责人组织全体工作成员整理工器具和材料，将工器具清洁后放入专用的箱（袋）中；清理现场，做到“工完料尽场地清”。 （2）召开班后会，工作负责人进行工作总结和点评工作。点评本次工作的施工质量；点评全体工作成员的安全措施落实情况。 （3）工作负责人向值班调控人员汇报工作结束，申请恢复线路重合闸，终结工作票	10	（1）工器具未清理扣2分。 （2）工器具有遗漏扣2分。 （3）未开班后会扣2分。 （4）未拆除围栏扣2分。 （5）未向调度汇报扣2分			
	合计		100				

模块二 带电更换±800kV特高压输电线路耐张塔横担侧1～3片玻璃绝缘子培训及考核标准

一、培训标准

（一）培训要求（见表1-2-1）

表1-2-1

模块名称	带电更换±800kV特高压输电线路耐张塔横担侧1～3片玻璃绝缘子	培训类别	操作类
培训方式	实操培训	培训学时	21学时
培训目标	1. 掌握地电位作业法中电磁防护的电学意义。 2. 能独立完成带电更换±800kV特高压输电线路耐张塔横担侧1～3片玻璃绝缘子的操作（地电位作业法）		
培训场地	特高压±800kV直流实训线路		
培训内容	采用地电位作业法带电更换±800kV特高压输电线路耐张塔横担侧1～3片玻璃绝缘子的操作		
适用范围	特高压±800kV直流输电线路检修人员		

（二）引用规程规范

（1）《±800kV直流线路带电作业技术规范》（DL/T 1242—2013）。

（2）《±800kV直流架空输电线路运行规程》（GB/T 28813—2012）。

（3）《±800kV直流架空输电线路检修规程》（DL/T 251—2012）。

（4）《±800kV直流输电线路带电作业技术导则》（Q/GDW 302—2009）。

（5）《交流线路带电作业安全距离计算方法》（GB/T 19185—2008）。

（6）《带电作业用绝缘配合导则》（DL/T 867—2004）。

（7）《带电作业用绝缘工具试验导则》（DL/T 878—2004）。

（8）《国家电网公司带电作业工作管理规定（试行）》（国家电网生〔2007〕751号）。

（9）《国家电网公司电力安全工作规程（线路部分）》（Q/GDW 1799.2—2013）。

（10）《电工术语　架空线路》（GB/T 2900.51—1998）。

（11）《电工术语　带电作业》（GB/T 2900.55—2016）。

（12）《带电作业工具设备术语》（GB/T 14286—2008）。

（13）《带电作业用工具、装置和设备使用的一般要求》（DL/T 877—2004）。

（14）《带电作业工具、装置和设备预防性试验规程》（DL/T 976—2005）。

（15）《带电作业用绝缘滑车》（GB/T 13034—2008）。

（16）《带电作业用绝缘绳索》（GB 13035—2008）。

（17）《带电作业用屏蔽服装》（GB/T 6568—2008）。

（18）《1000kV交流带电作业用屏蔽服装》（GB/T 25726—2010）。

（三）培训教学设计

本设计以完成“带电更换±800kV特高压输电线路耐张塔横担侧1～3片玻璃绝缘子”为工作任务，按工作任务完成的标准化作业流程来设计各个培训阶段，每个阶段包括了具体的培训目标、培训内容、培训学时、培训方法（培训资源）、培训环境和考核评价等内容，如表1-2-2所示。

表 1-2-2　带电更换±800kV 特高压输电线路耐张塔横担侧 1～3 片玻璃绝缘子培训内容设计

培训流程	培训目标	培训内容	培训学时	培训方法与资源	培训环境	考核评价
1. 理论教学	1. 初步掌握地电位作业法中电磁防护的基本方法。 2. 熟悉±800kV 输电线路耐张杆塔横担侧 1～3 片玻璃绝缘子更换方法	1. 地电位作业法中电磁防护的电学意义。 2. ±800kV 输电线路耐张杆塔横担侧 1～3 片玻璃绝缘子更换方法和质量标准	2	培训方法：讲授法。 培训资源：PPT、相关规程规范	多媒体教室	考勤、课堂提问和作业
2. 准备工作	能完成作业前准备工作	1. 作业现场查勘。 2. 编制培训标准化作业卡。 3. 填写培训操作工作票。 4. 完成本操作的工器具及材料准备	2	培训方法： 1. 现场查勘和工器具及材料清理采用现场实操方法。 2. 编写作业卡和填写工作票采用讲授方法。 培训资源： 1. 特高压实训线路（±800kV 实训线路）。 2. 特高压工器具库房。 3. 空白工作票	1. 特高压输电实训线路； 2. 多媒体教室	
3. 作业现场准备	能完成作业现场准备工作	1. 作业现场复勘。 2. 工作申请。 3. 作业现场布置。 4. 班前会。 5. 工器具检查	1	培训方法：演示与角色扮演法。 培训资源：特高压实训线路（±800kV 实训线路）	±800kV 实训线路	
4. 培训师演示	通过现场观摩，使学员初步领会本任务操作流程	1. 地电位电工组装工器具。 2. 地电位电工完成单片玻璃绝缘子的更换工作	2	培训方法：演示法 培训资源：特高压实训线路（±800kV 实训线路）	±800kV 实训线路	
5. 学员分组训练	能完成±800kV 输电线路耐张杆塔横担侧 1～3 片玻璃绝缘子的更换工作	1. 学员分组（7 人一组）训练更换绝缘子技能操作。 2. 培训师对学员操作进行指导和安全监护	12	培训方法：角色扮演法。 培训资源：特高压实训线路（±800kV 实训线路）	±800kV 实训线路	采用技能考核评分细则对学员操作评分
6. 工作终结	通过培训： 1. 使学员进一步认识操作过程中不足之处，便于后期提升。 2. 培训学员树立安全文明生产的工作作风	1. 作业现场清理。 2. 向调度汇报工作。 3. 班后会，对今天工作任务进行点评总结	1	培训方法：讲授和归纳法	±800kV 实训线路	

（四）作业流程

1. 工作任务

带电更换±800kV 特高压输电线路耐张塔横担侧 1～3 片玻璃绝缘子。

2. 天气及作业现场要求

（1）带电更换±800kV 特高压输电线路耐张塔横担侧 1～3 片玻璃绝缘子应在良好的天气进行。如遇雷电（听见雷声、看见闪电）、雪、雹、雨、雾等，禁止进行带电作业。风力大于 5 级或空气相对湿度大于 80％时，不宜进行带电作业；恶劣天气下必须开展带电抢修时，应组织有关人员充分讨论并编制必要的安全措施，经本单位批准后方可进行。

（2）作业人员精神状态良好，熟悉工作中保证安全的组织措施和技术措施；应持有在有效期内的带电作业资质证书。

（3）工作负责人应事先组织相关人员完成现场勘察，根据勘察结果确定本次作业方法和所需工器具，以及应采取的必要措施，并办理带电作业工作票。

（4）作业现场应合理设置围栏，并妥当布置警示标示牌，禁止非工作人员入内。

（5）本项目需停用线路直流再启动装置。

（6）工作中安全距离及有效绝缘长度如表 1-2-3 所示。

表 1-2-3　带电更换±800kV 特高压输电线路耐张塔横担侧 1～3 片玻璃绝缘子的安全距离　（m）

海拔高度	等电位电工与接地构架之间的最小安全距离	绝缘工器具的最小有效绝缘长度	最小组合间隙
$H\leqslant 1000$	6.8	6.8	6.7
$1000<H\leqslant 2000$	7.3	7.3	7.3
$2000<H\leqslant 2500$	7.9	7.8	7.8

注　表中最小安全距离、最小组合间隙包括人体占位间隙 0.5m。

（7）地电位电工进入耐张绝缘子串横担侧时，人体短接绝缘子片数不得多于 4 片。耐张绝缘子串中扣除人体短接和不良绝缘子片数后，良好绝缘子最少片数应满足表 1-2-4 要求。

表 1-2-4　耐张绝缘子串良好绝缘子最少片数

海拔高度（m）	单片玻璃绝缘子结构高度（mm）	良好绝缘子串的总长度最小值（m）	良好绝缘子的最少片数
$H\leqslant 1000$	170	6.2	37
	195		32
	205		31
	240		26
$1000<H\leqslant 2000$	170	7.1	42
	195		37
	205		35
	240		30
$2000<H\leqslant 2500$	170	7.55	45
	195		39
	205		37
	240		32

3. 准备工作

3.1 危险点及其预控措施

（1）危险点——触电伤害。

预控措施：

1）工作前，工作负责人应与值班调控人员联系，停用线路直流再启动装置，并履行许可手续。

2）塔上地电位作业人员登塔前，必须仔细核对线路名称、杆塔编号、相别，确认无误后方可上塔。

3）工作中，如遇线路突然停电，作业人员应视其仍然带电。工作负责人应尽快与调控人员联系，值班调控人员未与工作负责人取得联系前不准强送电。

4）绝缘工具及绝缘绳索不得损坏、受潮、变形、失灵，不准使用非绝缘绳索（如棉纱绳、白棕绳、钢丝绳）。

5）地面电工操作绝缘工具时应戴清洁、干燥的手套，进入作业现场应将使用的带电作业工具放置在防潮的帆布或绝缘垫上，防止绝缘工具在使用中脏污和受潮。

6）地电位电工应穿着阻燃内衣，衣服外面应穿戴合格全套屏蔽服（包括帽、面罩、衣裤、手套、袜和鞋），且各部分应连接良好。

7）地电位电工进入耐张绝缘子串横担侧时，手与脚的移动必须保持对应一致，且人体和工具短接的绝缘子片数不得超过4片。

8）用绝缘绳索传递大件金属物品时，地电位电工及地面电工应将金属物品接地后再接触。

9）带电作业过程中，工作负责人（监护人）应对作业人员进行不间断监护，随时纠正其不规范或违章动作。重点关注高处作业人员，使其保持足够的安全距离（符合表1-2-3的规定），禁止同时接触两个非连通的带电体或带电体与接地体。

（2）危险点——高处坠落。

预控措施：

1）高处作业人员登高前，必须具备符合本项作业要求的身体状况、精神状态和技能素质。

2）监护人员应随时纠正其不规范或违章动作，重点关注作业人员在转位的过程中不得失去安全带或绝缘后备保护绳的保护，严禁低挂高用。

（3）危险点——高处坠物伤人。

预控措施：

1）高处作业人员的个人工具及零星材料应装入工具袋，严禁在高处浮置物件、口中含物。

2）地面作业人员必须正确佩戴安全帽，正确使用绳结，与作业点垂直下方距离不得小于坠落半径。

3）作业现场设置围栏并挂好警示标示牌。监护人员应随时注意，禁止非工作人员及车辆进入作业区域。

3.2 工器具及材料选择

带电更换±800kV特高压输电线路耐张塔横担侧1～3片玻璃绝缘子工器具及材料表见表1-2-5。工器具出库前，应认真核对工器具的使用电压等级和试验周期，并检查确认外观良好、连接牢固、转动灵活，且符合本次工作任务的要求；工器具出库后，应存放在工具袋或工具箱内进行运输，防止脏污、受潮；金属工具和绝缘工器具应分开装运，防止因混装运输导致工器具变形、损伤等现象发生。

表 1-2-5　带电更换±800kV 特高压输电线路耐张塔横担侧 1～3 片玻璃绝缘子所需工器具及材料表

序号	名称	规格型号	单位	数量	备注
1	绝缘传递绳	TJS-12	根	2	绝缘工具
2	绝缘保护绳	TJS-16	根	2	绝缘工具
3	绝缘绳套	ϕ14mm	根	2	绝缘工具
4	绝缘滑车	JH10-1	个	2	绝缘工具
5	耐张端部卡		个	1	金属工具
6	液压丝杠		根	2	金属工具
7	闭式卡（后卡）		个	1	金属工具
8	屏蔽服	屏蔽效率≥60dB（屏蔽面罩屏蔽效率≥20dB）	套	2	个人防护用具
9	导电鞋	尺码视穿着人员而定	双	2	个人防护用具
10	阻燃内衣	纯桑蚕丝	套	2	个人防护用具
11	双保险安全带	背带式	根	2	个人防护用具
12	安全帽		顶	7	个人防护用具
13	护目镜		副	2	个人防护用具
14	绝缘电阻测试仪	5000V，电极宽 2cm、极间宽 2cm	套	1	其他工具
15	风速风向仪		块	1	其他工具
16	温湿度仪		块	1	其他工具
17	万用表		块	1	其他工具
18	防潮布	2m×4m	块	2	其他工具
19	防坠器	与杆塔防坠器装置型号对应	只	2	其他工具
20	安全围栏		套	若干	其他工具
21	警示标示牌	“在此工作”“从此进出”“从此上下”	套	1	其他工具
22	红马甲	“工作负责人”	件	1	其他工具
23	个人工具	扳手、老虎钳	套	1	其他工具
24	拔销器		把	1	其他工具
25	防坠器	与杆塔防坠落装置型号对应	只	2	其他工具
26	清洁毛巾	棉质	条	1	其他工具
27	对讲机		台	3	其他工具
28	绝缘子		片	1	材料

3.3　作业人员分工

本任务作业人员分工如表 1-2-6 所示。

表 1-2-6　带电更换±800kV 特高压输电线路耐张塔横担侧 1～3 片玻璃绝缘子人员分工表

序号	工作岗位	数量（人）	工作职责
1	工作负责人	1	负责作业现场的各项工作
2	专责监护人	1	负责作业现场的安全把控
3	地电位电工	2	负责工器具安装及绝缘子更换工作
4	地面电工	3	负责传递工具、材料配合地电位电工更换绝缘子

4. 工作程序

本任务工作流程如表 1-2-7 所示。

表 1-2-7　带电更换±800kV 特高压输电线路耐张塔横担侧 1～3 片玻璃绝缘子工作流程表

序号	作业内容	作业步骤及标准	安全措施及注意事项	责任人
1	现场复勘	工作负责人负责完成以下工作： （1）现场核对线路名称、杆塔编号，相别无误；基础及杆塔完好无异常；交叉跨越距离符合安全要求；确认缺陷情况等。 （2）检测风速、湿度等现场气象条件符合作业要求。 （3）检查地形环境符合作业要求。 （4）检查工作票所列安全措施与现场实际情况相符，必要时予以补充	（1）正确穿戴安全帽、工作服、工作鞋、劳保手套。 （2）不得在危及作业人员安全的气象条件下作业。 （3）严禁非工作人员、车辆进入作业现场	
2	工作许可	（1）工作负责人负责联系值班调控人员，按工作票内容申请停用线路直流再启动装置。 （2）经值班调控人员许可后，方可开始带电作业工作	不得未经值班调控人员许可即开始工作	
3	现场布置	正确装设安全围栏并悬挂标示牌： （1）安全围栏范围应充分考虑高处坠物，以及对道路交通的影响。 （2）安全围栏出入口设置合理。 （3）妥当布置“从此进出”“在此工作”“从此上下”等标示	对道路交通安全影响不可控时，应及时联系交通管理部门强化现场交通安全管控	
4	召开班前会	（1）全体工作成员列队。 （2）工作负责人宣读工作票，明确工作任务及人员分工；讲解工作中的安全措施和技术措施；查（问）全体工作成员精神状态；告知工作中存在的危险点及采取的预控措施。 （3）全体工作成员在工作票上签名确认	（1）工作票应填写、签发和许可手续规范，签名完整。 （2）全体工作成员精神状态良好。 （3）全体工作成员明确任务分工、安全措施和技术措施	
5	检查工具	（1）地电位电工正确地穿戴好屏蔽服并检测合格，由负责人监督检查。 （2）正确佩戴个人安全用具（大小合适，锁扣自如），由负责人监督检查。 （3）测量风速风向、湿度，检查绝缘工具的绝缘性能，并做好记录	（1）金属、绝缘工具使用前，应仔细检查其是否损坏、变形、失灵。绝缘工具应使用2500V及以上绝缘电阻表进行分段绝缘检测，阻值应不低于700MΩ，并用清洁干燥的毛巾将其擦拭干净。 （2）用万用表测量屏蔽服衣裤最远端点之间的电阻值不得大于20Ω。工作负责人认真检查作业电工屏蔽服的连接情况。 （3）检查工具组装情况并确认连接可靠。 （4）现场所使用的带电作业工具应放置在防潮布上	
6	登塔	（1）核对线路名称、杆塔编号无误后，塔上地电位电工检查安全带、防坠器受力情况。 （2）地电位电工携带绝缘传递绳登塔，两人至横担作业点，选择合适位置系好安全带，塔上地电位电工将绝缘滑车和绝缘传递绳安装在横担合适位置。然后配合地面电工将绝缘传递绳分开作起吊准备	（1）核对线路名称和杆塔编号无误后，方可登塔作业。 （2）登塔过程中应使用塔上安装的防坠装置；杆塔上移动及转位时，不准失去安全保护，作业人员必须攀抓牢固构件。 （3）地电位电工必须穿全套合格的屏蔽服，且全套屏蔽服必须连接可靠。在横担进入绝缘子串前，地电位电工要检查确认屏蔽服各个部位连接可靠后方能进行下一步操作	

续表

序号	作业内容	作业步骤及标准	安全措施及注意事项	责任人
7	安装工具并转移导线张力	（1）地面电工使用绝缘传递绳将闭式卡（后卡）、液压丝杠、耐张端部卡等分别传至地电位电工。 （2）地电位电工先在牵引板上安装耐张端部卡，后将闭式卡（后卡）安装在横担侧第4片绝缘子上，并连接好液压丝杠。 （3）检查并确认承力工具各部分安装情况良好，经工作负责人许可后，操作液压丝杠使其逐渐受力，使需更换的绝缘子松弛	（1）起吊过程平稳、无磕碰、无缠绕，正确使用绳结，防止高空落物。 （2）工器具安装完成后应再次确认各部分安装牢固可靠；操作过程中，人体和工器具短接绝缘子不得超过4片，人体与带电体的最小安全距离应符合表1-2-3规定。 （3）在收紧液压丝杠的过程中应保持两边均匀同步受力，摇动丝杠应平稳有力	
8	更换绝缘子	（1）地电位电工做冲击试验，检查并确认承力工具受力正常，经工作负责人许可后，用绝缘传递绳系好旧绝缘子，取出旧绝缘子两端锁紧销，继续操作并收紧液压丝杠，直至拆除旧绝缘子。两根液压丝杠的受力应均匀，操作手柄不得敲击绝缘子。 （2）地面电工用绝缘传递绳的另一端系好新绝缘子，采用旧下、新上的方法，将新绝缘子起吊给地电位电工。 （3）地电位电工安装新绝缘子，并复位其两端锁紧销，确认安装到位	（1）在调节液压丝杠过程中应保持两边均匀同步受力，手柄不得敲击玻璃绝缘子。 （2）起吊过程平稳、无磕碰、无缠绕，正确使用绳结．地面电工相互配合，防止绝缘子发生碰撞。 （3）作业过程中时刻注意各部件受力情况	
9	拆除工具	（1）地电位电工检查并确认新绝缘子连接可靠，经工作负责人许可后，操作并松出液压丝杠，使更换的绝缘子逐渐受力。 （2）荷载转移完毕后，地电位电工做冲击试验，检查并确认新绝缘子受力情况良好，经工作负责人许可后，拆除系在绝缘子上的绝缘传递绳，并将其系牢于承力工具适当位置，拆除闭式卡（后卡）、液压丝杠、耐张端部卡等承力工具，在地面电工配合下传递至地面	（1）在拆除工器具前应检查绝缘子锁紧销是否安装到位。 （2）传递过程平稳，无磕碰、缠绕，正确使用绳结，防止高空落物伤人	
10	返回地面	塔上电工检查塔上无遗留物后，向工作负责人汇报，得到工作负责人同意后携带绝缘传递绳下塔	下塔过程中应使用塔上安装的防坠装置，杆塔上移动及转位时，不准失去安全保护，作业人员必须攀抓牢固构件	
11	工作结束	（1）工作负责人组织全体工作成员整理工器具和材料，将工器具清洁后放入专用的箱（袋）中；清理现场，做到“工完料尽场地清”。 （2）召开班后会，工作负责人进行工作总结和点评工作；点评本次工作的施工质量；点评全体工作成员的安全措施落实情况。 （3）工作负责人向值班调控人员汇报工作结束，申请恢复线路直流再启动装置，终结工作票	不得约时恢复线路直流再启动装置	

二、考核标准（见表 1-2-8）

表 1-2-8　　特高压直流输电线路运检技能考核评分细则

考生填写栏	编号：　姓　名：　所在岗位：　单　位：　日　期：　年　月　日						
考评员填写栏	成绩：　考评员：　考评组长：　开始时间：　结束时间：　操作时长：						
考核模块	带电更换±800kV 特高压输电线路耐张塔横担侧 1～3 片玻璃绝缘子	考核对象	特高压±800kV 直流输电线路检修人员	考核方式	操作	考核时限	90min
任务描述	带电更换±800kV 特高压输电线路耐张塔横担侧 1～3 片玻璃绝缘子						
工作规范及要求	1. 带电作业工作应在良好天气下进行。如遇雷、雨、雪、雾天气不得进行带电作业。风力大于 5 级、湿度大于 80%时，一般不宜进行带电作业。 2. 本项作业需工作负责人 1 名，专责监护人 1 人、塔上地电工 2 人，地面辅助电工 3 人。 3. 工作负责人职责：负责本次工作任务的人员分工、工作票的宣读、办理停用直流再启动装置、办理工作许可手续、召开工作班前会、工作中突发情况的处理、工作质量的监督、工作后的总结。 4. 专责监护人：负责作业现场的安全把控。 5. 地电位电工职责：负责工器具安装及绝缘子更换工作。 6. 地面电工职责：负责传递工具、材料配合地电位电工更换绝缘子。 7. 在带电作业中，如遇雷、雨、大风或其他任何情况威胁到工作人员的安全时，工作负责人或监护人可根据情况，临时停止工作。 给定条件： 1. 培训基地：特高压直流±800kV 线路铁塔，绝缘子型号：U500BP。 2. 工作票已办理，安全措施已经完备（再启动装置已停用），工作开始、工作终结时应口头提出申请（调度或考评员）。 3. 安全、正确地使用仪器对绝缘工具进行检测。 4. 必须按工作程序进行操作，工序错误扣除应做项目分值，出现重大人身、器材和操作安全隐患，考评员可下令终止操作（考核）						
考核情景准备	1. 线路：特高压直流±800kV 线路铁塔，工作内容：更换±800kV 输电线路耐张杆塔横担侧 1～3 片玻璃绝缘子，绝缘子型号：U500BP。 2. 所需作业工器具：绝缘传递绳 2 根（TJS-12），绝缘保护绳 2 根（TJS-16），绝缘滑车 2 个（JH10-1），闭式卡具 1 套，液压丝杠 2 根，屏蔽服 2 套，绝缘电阻测试仪 1 台，万用表 1 台，温湿度仪 1 台，风速仪 1 台，防潮布 2 块，个人工具 1 套。 3. 作业现场做好监护工作，作业现场安全措施（围栏等）已全部落实；禁止非作业人员进入现场，工作人员进入作业现场必须戴安全帽。 4. 考生自备工作服、阻燃纯棉内衣、安全帽、线手套、安全带（含后备保护绳）						
备注	1. 各项目得分均扣完为止，出现重大人身、器材和操作安全隐患，考评员可下令终止操作。 2. 设备、作业环境、安全带、安全帽、工器具、屏蔽服等不符合作业条件考评员可下令终止操作						
序号	项目名称	质量要求	分值	扣分标准	扣分原因	扣分	得分
1	现场复勘	（1）工作负责人到作业现场核对线路名称和杆塔编号、现场工作条件、缺陷部位等。 （2）检测风速、湿度等现场气象条件是否符合作业要求。 （3）检查工作票填写完整，无涂改，检查所列安全措施是否与现场实际情况相符，必要时予以补充	5	（1）未核对线路称号扣 1 分。 （2）未核实现场工作条件（气象）、缺陷部位扣 1 分。 （3）工作票填写出现涂改，每项扣 0.5 分；工作票编号有误，扣 1 分；工作票填写不完整，扣 1.5 分			
2	工作许可	（1）工作负责人联系值班调控人员，按工作票内容申请停用线路直流再启动装置。 （2）汇报内容规范、完整	2	（1）未联系调度部门（裁判）停用再启动装置扣 2 分。 （2）汇报专业用语不规范或不完整的各扣 0.5 分			

续表

序号	项目名称	质量要求	分值	扣分标准	扣分原因	扣分	得分
3	现场布置	正确装设安全围栏并悬挂标示牌： (1) 安全围栏范围应充分考虑高处坠物，以及对道路交通的影响。 (2) 安全围栏出入口设置合理。 (3) 妥当布置“从此进出”“在此工作”“从此上下”等标示	3	(1) 作业现场未装设围栏扣0.5分。 (2) 未设立警示牌扣0.5分。 (3) 未悬挂登塔作业标志扣0.5分			
4	召开班前会	(1) 全体工作成员全体人员正确佩戴安全帽、工作服。 (2) 工作负责人佩戴红色背心，宣读工作票，明确工作任务及人员分工；讲解工作中的安全措施和技术措施；查（问）全体工作成员精神状态；告知工作中存在的危险点及采取的预控措施。 (3) 全体工作成员在工作票上签名确认	3	(1) 工作人员着装不整齐扣0.5分，工作人员着装不整齐的每人次扣0.5分。 (2) 未进行分工本项不得分，分工不明扣1分。 (3) 现场工作负责人未穿佩安全监护背心扣0.5分。 (4) 工作票上工作班成员未签字或签字不全的扣1分			
5	工器具检查	(1) 工作人员按要求将工器具放在防潮布上；防潮布应清洁、干燥。 (2) 工器具应按定置管理要求分类摆放；绝缘工器具不能与金属工具、材料混放；对工器具进行外观检查。 (3) 绝缘工具表面不应磨损、变形损坏，操作应灵活。绝缘工具应使用2500V及以上绝缘电阻表进行分段绝缘检测，阻值应不低于700MΩ，并用清洁干燥的毛巾将其擦拭干净。 (4) 塔上地电位人员按要求正确穿戴全套合格的屏蔽服、导电鞋，且各部分连接应良好，屏蔽服内不得贴身穿着化纤类衣服，并系好安全带；工作负责人应认真检查是否穿戴正确。 (5) 登塔人员再次核对线路名称、杆号、相别并报告	7	(1) 未使用防潮布并定置摆放工器具扣1分。 (2) 未检查工器具试验合格标签及外观检查扣每项扣0.5分。 (3) 未正确使用检测仪器对工器具进行检测每项扣1分。 (4) 作业人员未正确穿戴屏蔽服且各部位未连接良好每人次扣2分。 (5) 现场工作负责人未对登塔作业人员进安全防护装备进行检查扣1分。 (6) 登塔人员未核对线路名称、杆号、相别每人扣2分。 (7) 登塔人员未报告核对结果每人扣2分			
6	登塔	(1) 塔上地电位电工穿好全套合格的屏蔽服，将安全带做冲击试验后，系好安全带后携带绝缘传递绳相继登塔。 (2) 登塔过程中系好防坠落保护装置，登塔至合适位置，系好安全带，布置好绝缘传递绳，然后配合地面电工将绝缘传递绳分开作起吊准备。 (3) 登塔过程中应系好防坠落保护装置，匀速登塔，手抓主材，将安全带挂在肩上并与带电体保持6.8m以上安全距离，工作负责人应加强作业监护	5	(1) 未系安全带或安全带及后备保护绳未进行冲击试验各扣2分。 (2) 手抓脚钉扣2分。 (3) 滑车传递绳悬挂位置不便工具取用扣1分。 (4) 传递时金属工具难以保证安全距离扣2分；工具绑扎不牢扣2分。 (5) 传递时高空落物扣2分。 (6) 传递过程工具与塔身磕碰扣2分。 (7) 传递工具绳索打结混乱扣1分。 (8) 工作负责人监护不到位扣2分。 (9) 塔上电工操作不正确扣2分			

续表

序号	项目名称	质量要求	分值	扣分标准	扣分原因	扣分	得分
7	安装工具	(1) 地面电工使用绝缘传递绳将闭式卡(后卡)、液压丝杠、耐张端部卡等分别起吊给地电位电工。起吊过程平稳、无磕碰、无缠绕,正确使用绳结。 (2) 地电位电工先在牵引板上安装耐张端部卡,后将闭式卡(后卡)安装在横担侧第4片绝缘子上,并连接好液压丝杠。承力工具各部分安装牢固可靠。 (3) 检查并确认承力工具各部分安装情况良好,经工作负责人许可后,操作液压丝杠使其逐渐受力,使需更换的绝缘子松弛。两根液压丝杠的受力应均匀	20	(1) 起吊过程不平稳,出现磕碰、缠绕,扣1分/次。 (2) 高处坠物,扣2分/次。 (3) 卡具安装不正确、固定不到位,扣2分。 (4) 未检查承力工具安装情况,扣3分;检查了未报告,扣1分;报告了但工作负责人未同意即开始收紧丝杠,扣1分。 (5) 作业过程短接绝缘子片数超过4片,扣3分/次。 (6) 安装卡具出现绝缘子碰撞破损,扣2分。 (7) 未均衡收紧丝杠,扣2分			
8	更换绝缘子	(1) 地电位电工做冲击试验,检查并确认承力工具受力正常,经工作负责人许可后,用绝缘传递绳系好旧绝缘子,取出旧绝缘子两端锁紧销,继续操作并收紧液压丝杠,直至拆除旧绝缘子。两根液压丝杠的受力应均匀,操作手柄不得敲击绝缘子。 (2) 地面电工用绝缘传递绳的另一端系好新绝缘子,采用旧下、新上的方法,将新绝缘子起吊给地电位电工。起吊过程平稳、无磕碰、无缠绕,正确使用绳结。 (3) 地电位电工安装新绝缘子,并复位其两端锁紧销	20	(1) 未检查承力工具受力情况,扣3分;检查了未报告,扣2分;报告了但工作负责人未同意即取出旧绝缘子两端锁紧销,扣1分。 (2) 未均衡收紧丝杆,扣2分。 (3) 操作手柄敲击绝缘子,扣1分/次。 (4) 绳结错误,扣1分。 (5) 高处坠物,扣2分/次。 (6) 新旧绝缘子相互碰撞,扣1分。 (7) 传递绝缘子与塔身相互碰撞,扣1分/次。 (8) 绝缘绳缠绕,扣2分			
9	拆除工具	(1) 地电位电工检查新绝缘子连接可靠,经工作负责人许可后,操作并松出液压丝杠,使更换的绝缘子逐渐受力。 (2) 荷载转移完毕后,等电位电工做冲击试验,检查并确认新绝缘子受力情况良好,经工作负责人许可后,拆除系在绝缘子上的绝缘传递绳,并将其系牢于承力工具适当位置,拆除闭式卡(后卡)、液压丝杠、耐张端部卡等承力工具,在地面电工配合下传递至地面。传递过程平稳、无磕碰、无缠绕,正确使用绳结	20	(1) 未检查新绝缘子连接情况,扣3分;检查了未报告,扣2分;报告了但工作负责人未同意即松液压丝杠,扣1分。 (2) 未检查新绝缘子受力情况,扣3分;检查了未报告,扣2分;报告了但工作负责人未同意即拆除液压丝杠,扣1分。 (3) 捆扎工具时,未正确使用绳结,扣1分。 (4) 高处坠物,扣2分/次。 (5) 工器具相互碰撞扣,扣1分/次;工器具与带电体或塔身相互碰撞,扣1分/次;绝缘绳缠绕,扣2分			
10	返回地面	地电位电工检查塔上无遗留物,拆除绝缘传递绳。经工作负责人许可后,挂好防坠器,解开并整理好安全带,正确携带绝缘传递绳,脚踩脚钉、手抓主材、匀步下塔至地面	5	(1) 下塔过程未使用防坠器,扣5分。 (2) 塔上移位失去安全带保护,扣5分。 (3) 下塔手抓脚钉,扣1分/次。 (4) 塔上有遗留物,扣2分			

续表

序号	项目名称	质量要求	分值	扣分标准	扣分原因	扣分	得分
11	工作结束	(1) 工作负责人组织全体工作成员整理工器具和材料，将工器具清洁后放入专用的箱(袋)中；清理现场，做到“工完料尽场地清”。 (2) 召开班后会，工作负责人进行工作总结和点评工作。点评本次工作的施工质量；点评全体工作成员的安全措施落实情况。 (3) 工作负责人向值班调控人员汇报工作结束，申请恢复线路再启动，终结工作票	10	(1) 工器具未清理，扣2分。 (2) 工器具有遗漏，扣2分。 (3) 未开班后会，扣2分。 (4) 未拆除围栏，扣2分。 (5) 未向调度汇报，扣2分			
	合计		100				

模块三　带电更换±800kV特高压输电线路耐张塔导线侧1～3片玻璃绝缘子培训及考核标准

一、培训标准

（一）培训要求（见表1-3-1）

表1-3-1　　培　训　要　求

模块名称	带电更换±800kV特高压输电线路耐张塔导线侧1～3片玻璃绝缘子	培训类别	操作类
培训方式	实操培训	培训学时	21学时
培训目标	1. 掌握沿耐张绝缘子串进、出±800kV强电场时采用"跨二短三"作业方式，以及电位转移的电学意义。 2. 能完成沿耐张绝缘子串进入±800kV等电位作业点。 3. 能独立完成带电更换±800kV特高压输电线路耐张塔导线侧1～3片玻璃绝缘子（等电位作业法）		
培训场地	特高压直流实训线路		
培训内容	采用"跨二短三"作业方式沿耐张绝缘子串进入等电位，采用等电位作业法带电更换±800kV特高压输电线路耐张塔导线侧1～3片玻璃绝缘子的操作		
适用范围	特高压直流输电线路检修人员		

（二）引用规程规范

(1)《±800kV直流线路带电作业技术规范》(DL/T 1242—2013)。
(2)《±800kV直流架空输电线路运行规程》(GB/T 28813—2012)。
(3)《±800kV直流架空输电线路检修规程》(DL/T 251—2012)。
(4)《±800kV直流输电线路带电作业技术导则》(Q/GDW 302—2009)。
(5)《交流线路带电作业安全距离计算方法》(GB/T 19185—2008)。
(6)《带电作业用绝缘配合导则》(DL/T 867—2004)。
(7)《带电作业用绝缘工具试验导则》(DL/T 878—2004)。
(8)《国家电网公司带电作业工作管理规定（试行）》(国家电网生〔2007〕751号)。
(9)《国家电网公司电力安全工作规程（线路部分）》(Q/GDW 1799.2—2013)。
(10)《电工术语　架空线路》(GB/T 2900.51—1998)。
(11)《电工术语　带电作业》(GB/T 2900.55—2016)。
(12)《带电作业工具设备术语》(GB/T 14286—2008)。
(13)《带电作业用工具、装置和设备使用的一般要求》(DL/T 877—2004)。
(14)《带电作业工具、装置和设备预防性试验规程》(DL/T 976—2005)。
(15)《带电作业用绝缘滑车》(GB/T 13034—2008)。
(16)《带电作业用绝缘绳索》(GB 13035—2008)。
(17)《带电作业用屏蔽服装》(GB/T 6568—2008)。
(18)《1000kV交流带电作业用屏蔽服装》(GB/T 25726—2010)。

（三）培训教学设计

本设计以完成"带电更换±800kV特高压输电线路耐张塔导线侧1～3片玻璃绝缘子"为工作任务，按工作任务完成的标准化作业流程来设计各个培训阶段，每个阶段包括了具体的培训目标、培训内容、培训学时、培训方法（培训资源）、培训环境和考核评价等内容，如表1-3-2所示。

表 1-3-2　带电更换±800kV特高压输电线路耐张塔导线侧1～3片玻璃绝缘子

培训流程	培训目标	培训内容	培训学时	培训方法与资源	培训环境	考核评价
1. 理论教学	1. 初步掌握沿绝缘子串进出±800kV强电场基本方法。 2. 熟悉转移电位的方法。 3. 熟悉输电线路耐张单片绝缘子更换方法	1. 沿绝缘子进出强电场"跨二短三"作业方式的电学意义。 2. 电位转移棒的使用方法。 3. 输电线路耐张单片绝缘子更换方法和质量标准	2	培训方法：讲授法。 培训资源：PPT、相关规程规范	多媒体教室	考勤、课堂提问和作业
2. 准备工作	能完成作业前准备工作	1. 作业现场查勘。 2. 编制培训标准化作业卡。 3. 填写培训操作工作票。 4. 完成本操作的工器具及材料准备	1	培训方法： 1. 现场查勘和工器具及材料清理采用现场实操方法。 2. 编写作业卡和填写工作票采用讲授方法。 培训资源： 1. ±800kV实训线路。 2. 特高压工器具库房。 3. 空白工作票	1. 特高压输电实训线路。 2. 多媒体教室	
3. 作业现场准备	能完成作业现场准备工作	1. 作业现场复勘。 2. 工作申请。 3. 作业现场布置。 4. 班前会。 5. 工器具及材料检查	1	培训方法：演示与角色扮演法。 培训资源：±800kV实训线路	±800kV实训线路	
4. 培训师演示	通过现场观摩，使学员初步领会本任务操作流程	1. 等电位电工沿耐张绝缘子串进、出强电场。 2. 等电位电工组装工器具。 3. 等电位电工完成单片玻璃绝缘子的更换工作	2	培训方法：演示法。 培训资源：±800kV实训线路	±800kV实训线路	
5. 学员分组训练	1. 能完成进、出±800kV强电场操作。 2. 能完成单片玻璃绝缘子的更换工作	1. 学员分组（6人一组）训练进、出±800kV强电场和更换绝缘子技能操作。 2. 培训师对学员操作进行指导和安全监护	14	培训方法：角色扮演法。 培训资源：±800kV实训线路	±800kV实训线路	采用技能考核评分细则对学员操作评分
6. 工作终结	1. 使学员进一步辨析操作过程中不足之处，便于后期提升。 2. 培训学员树立安全文明生产的工作作风	1. 作业现场清理。 2. 向调度汇报工作。 3. 班后会，对本次工作任务进行点评总结	1	培训方法：讲授和归纳法	±800kV实训线路	

（四）作业流程

1. 工作任务

带电更换±800kV 特高压输电线路耐张塔导线侧 1～3 片玻璃绝缘子。

2. 天气及作业现场要求

（1）带电更换±800kV 特高压输电线路耐张塔导线侧 1～3 片玻璃绝缘子应在良好的天气进行。如遇雷电（听见雷声、看见闪电）、雪、雹、雨、雾等，禁止进行带电作业。风力大于 5 级，不宜进行带电作业；相对湿度大于 80%的天气，若需进行带电作业，应采用具有防潮性能的绝缘工具。恶劣天气下必须开展带电抢修时，应组织有关人员充分讨论并编制必要的安全措施，经本单位批准后方可进行。带电作业过程中如遇天气突然变化，有可能危及人身或设备安全时，应立即停止工作；在保证人身安全的情况下，尽快恢复设备正常状态，或采取其他措施。

（2）作业人员精神状态良好，熟悉工作中保证安全的组织措施和技术措施，掌握高处应急救援及触电急救的方法；应持有在有效期内的带电作业资质证书。

（3）工作负责人应事先组织相关人员完成现场勘察，根据勘察结果确定本次作业方法和所需工器具，以及应采取的必要措施，并办理带电作业工作票。

（4）作业现场应合理设置围栏，并妥当布置警示标示牌，禁止非工作人员入内。

（5）本项目须停用直流再启动保护装置。

（6）作业方式：等电位作业。

（7）工作中安全距离及有效绝缘长度如表 1-3-3 所示。

表 1-3-3　带电更换±800kV 特高压输电线路耐张塔导线侧 1～3 片玻璃绝缘子的安全距离　（m）

海拔高度	等电位电工与接地构架之间的最小安全距离	绝缘工器具的最小有效绝缘长度	最小组合间隙
$H \leqslant 1000$	6.8	6.8	6.7
$1000 < H \leqslant 2000$	7.3	7.3	7.3
$2000 < H \leqslant 2500$	7.9	7.8	7.8

注　表中最小安全距离、最小组合间隙包括人体占位间隙 0.5m。

（8）等电位电工沿耐张绝缘子串进入等电位时，人体短接绝缘子片数不得多于 4 片。耐张绝缘子串中扣除人体短接和不良绝缘子片数后，良好绝缘子最少片数应满足表 1-3-4 的规定。

表 1-3-4　最小组合间隙和良好绝缘子的最小片数

海拔高度（m）	单片玻璃绝缘子结构高度（mm）	良好绝缘子串的总长度最小值（m）	良好绝缘子的最少片数
$H \leqslant 1000$	170	6.2	37
	195		32
	205		31
	240		26
$1000 < H \leqslant 2000$	170	7.1	42
	195		37
	205		35
	240		30

续表

海拔高度（m）	单片玻璃绝缘子结构高度（mm）	良好绝缘子串的总长度最小值（m）	良好绝缘子的最少片数
2000＜H≤2500	170	7.55	45
	195		39
	205		37
	240		32

注　表中数值不包括人体占位间隙，作业中需考虑人体占位间隙不得小于0.5m。

3. 准备工作

3.1　危险点及其预控措施

（1）危险点——触电伤害。

预控措施：

1）工作前，工作负责人应与值班调控人员联系，停用直流再启动保护装置，并履行许可手续，严禁约时停用或恢复直流再启动保护装置。工作结束后应及时向调度汇报。

2）塔上作业人员登塔前，必须仔细核对线路双重命名、杆塔编号，确认无误后方可上塔。

3）工作中，如遇线路突然停电，作业人员应视其仍然带电。工作负责人应尽快与调控人员联系，值班调控人员未与工作负责人取得联系前不准强送电。

4）绝缘工具及绝缘绳索不得损坏、受潮、变形、失灵，其有效长度应符合表1-3-3规定。不准使用非绝缘绳索（如棉纱绳、白棕绳、钢丝绳）。

5）地面电工操作绝缘工具时应戴清洁、干燥的手套，进入作业现场应将使用的带电作业工具放置在防潮的帆布或绝缘垫上，防止绝缘工具在使用中脏污和受潮。

6）等电位电工应穿着阻燃内衣，衣服外面应穿戴合格全套屏蔽服（包括帽、衣裤、手套、袜和鞋），且各部分应连接良好。

7）等电位电工沿绝缘子串移动时，手与脚的位置必须保持对应一致，且人体和工具短接后的完好绝缘子片数应符合表1-3-4规定。

8）等电位电工采用"跨二短三"作业方式（也称自由作业法）进入强电场。当作业人员平行移动至距导线侧均压环三片绝缘子处，应停止移动，利用电位转移棒进行电位转移，电位转移棒长度为0.4m，电位转移时，人体面部与带电体距离不得小于0.5m。

9）用绝缘绳索传递大件金属物品时，地面作业人员应将金属物品接地后再接触。

10）带电作业过程中，工作负责人（监护人）应对作业人员进行不间断监护，随时纠正其不规范或违章动作。重点关注高处作业人员，使其保持足够的安全距离及组合间隙（符合表1-3-3的规定），禁止同时接触两个非连通的带电体或带电体与接地体。

（2）危险点——高处坠落。

预控措施：

1）高处作业人员登高前，必须具备符合本项作业要求的身体状况、精神状态和技能素质。

2）高处作业人员应使用双保险安全带。上、下塔时，应手抓主材、脚踩脚钉，匀速行进。

3）等电位电工作业前应认真检查液压丝杠、闭式卡、导线端部卡等，确保承力工具合格；沿绝缘子串移动时，手与脚的位置必须保持对应一致，安全带应系挂在手扶的绝缘子串上，并同步移动；更换绝缘子时，承力工具安装应可靠，荷载转移前、后应做冲击试验判定其可靠性，并及时向工作负责人汇报，得到工作负责人许可后方可实施。

4）监护人员应随时纠正其不规范或违章动作，重点关注高处作业人员在转位的过程中不得失去安全带或绝缘后备保护绳的保护，严禁低挂高用。

（3）危险点——高处落物伤人。

预控措施：

1）高处作业人员的个人工具及零星材料应装入工具袋，严禁在高处浮置物件、口中含物。

2）以上下循环交换方式传递较重的工器具时，均应系好控制绳，防止被传递物品相互碰撞及误碰处于工作状态的承力工器具。

3）地面作业人员必须正确佩戴安全帽，正确使用绳结，与作业点垂直下方距离不得小于坠落半径。

4）作业现场设置围栏并挂好警示标示牌。监护人员应随时注意，禁止非工作人员及车辆进入作业区域。

3.2 工器具及材料选择

带电更换±800kV特高压输电线路耐张塔导线侧1～3片玻璃绝缘子所需工器具及材料见表1-3-5。工器具出库前，应认真核对工器具的使用电压等级和试验周期，并检查确认外观良好、连接牢固、转动灵活，且符合本次工作任务的要求；工器具出库后，应存放在工具袋或工具箱内进行运输，防止脏污、受潮；金属工具和绝缘工器具应分开装运，防止因混装运输导致工器具变形、损伤等现象发生。

表1-3-5　带电更换±800kV特高压输电线路耐张塔导线侧1～3片玻璃绝缘子所需工器具及材料表

序号	名称	规格型号	单位	数量	备注
1	屏蔽服	屏蔽效率≥60dB（屏蔽面罩屏蔽效率≥20dB）	套	2	个人防护用具
2	导电鞋	尺码视穿着人员而定	双	2	个人防护用具
3	阻燃内衣	纯桑蚕丝	套	2	个人防护用具
4	双保险安全带	背带式	根	2	个人防护用具
5	安全帽		顶	6	个人防护用具
6	护目镜		副	2	个人防护用具
7	绝缘传递绳	TJS-12	根	1	绝缘工具
8	绝缘后备保护绳	ϕ16mm	根	2	绝缘工具
9	绝缘绳套	ϕ14mm	根	1	绝缘工具
10	绝缘滑车	JH10-1B	个	1	绝缘工具
11	导线端部卡		个	1	金属工具
12	液压丝杠	8t	根	2	金属工具
13	闭式卡（前卡）	Tc4	个	1	金属工具
14	电位转移棒		根	2	其他工具
15	拔销器		把	1	其他工具
16	绝缘电阻测试仪	5000V，电极宽2cm、极间宽2cm	套	1	其他工具
17	万用表		套	1	其他工具
18	风速、温湿度测试仪		只	1	其他工具
19	安全围网		套	若干	其他工具

续表

序号	名称	规格型号	单位	数量	备注
20	警示标示牌	“在此工作”“从此进出”“车辆慢行”“车辆绕行”	套	1	其他工具
21	红马甲	“工作负责人”“专责监护人”	件	1	其他工具
22	防潮布	3m×3m	块	2	其他工具
23	个人工具	扳手、老虎钳	套	1	其他工具
24	防坠器	与杆塔防坠落装置型号对应	只	2	其他工具
25	毛巾	棉质	条	1	其他工具
26	绝缘子		片	1	材料

3.3 作业人员分工

本任务作业人员分工如表 1-3-6 所示。

表 1-3-6　带电更换±800kV 特高压输电线路耐张塔导线侧 1～3 片玻璃绝缘子人员分工表

序号	工作岗位	数量（人）	工作职责
1	工作负责人	1	负责本次工作任务的人员分工、工作票的宣读、办理线路停用重合闸、办理工作许可手续、召开工作班前会、工作中突发情况的处理、工作质量的监督、工作后的总结
2	专责监护人	1	负责作业现场的安全把控
3	等电位电工	2	负责工器具安装及绝缘子更换工作
4	地面电工	2	负责本次作业过程的地面辅助工作

4. 工作程序

本任务工作流程如表 1-3-7 所示。

表 1-3-7　带电更换±800kV 特高压输电线路耐张塔导线侧 1～3 片玻璃绝缘子工作流程表

序号	作业内容	作业步骤及标准	安全措施及注意事项	责任人
1	现场复勘	工作负责人负责完成以下工作： （1）现场核对线路名称、杆塔编号，双重编号无误；基础及杆塔完好无异常；交叉跨越距离符合安全要求；确认缺陷情况及导地线规格型号等。 （2）检测风速、湿度等现场气象条件符合作业要求。 （3）检查地形环境符合作业要求。 （4）检查工作票所列安全措施与现场实际情况相符，必要时予以补充	（1）正确穿戴安全帽、工作服、工作鞋、劳保手套。 （2）不得在危及作业人员安全的气象条件下作业。 （3）严禁非工作人员、车辆进入作业现场	
2	工作许可	（1）工作负责人负责联系值班调控人员，按工作票内容申请停用线路直流再启动保护装置。 （2）经值班调控人员许可后，方可开始带电作业工作	不得未经值班调控人员许可即开始工作	
3	现场布置	正确装设安全围栏并悬挂标示牌： （1）安全围栏范围应充分考虑高处坠物，以及对道路交通的影响。 （2）安全围栏出入口设置合理。 （3）妥当布置“从此进出”“在此工作”“车辆慢行”或“车辆绕行”等标示	对道路交通安全影响不可控时，应及时联系交通管理部门强化现场交通安全管控	

续表

序号	作业内容	作业步骤及标准	安全措施及注意事项	责任人
4	召开班前会	(1) 全体工作成员列队。 (2) 工作负责人宣读工作票，明确工作任务及人员分工；讲解工作中的安全措施和技术措施；查（问）全体工作成员精神状态；告知工作中存在的危险点及采取的预控措施。 (3) 全体工作成员在工作票上签名确认	(1) 工作票填写、签发和许可手续应规范，签名应完整。 (2) 全体工作成员精神状态良好。 (3) 全体工作成员明确任务分工、安全措施和技术措施	
5	检查工器具	(1) 在防潮布上，将工器具按作业要求准备齐备，并分类定置摆放整齐。检查工器具外观和试验合格证，无遗漏。 (2) 使用绝缘电阻测试仪检测绝缘工具及绝缘绳索的表面绝缘电阻值，方法正确，不得低于700MΩ。 (3) 将新绝缘子擦拭干净，外观检查完好，不得有锈蚀、裂纹及破损。使用绝缘电阻测试仪测试其绝缘电阻值，方法正确，不得低于700MΩ。 (4) 使用万用表检测全套屏蔽服内阻，方法正确，不得大于20Ω。 (5) 检查人员向工作负责人汇报各项检查，结果应符合作业要求	(1) 防潮布数量足够，设置位置合理，保持清洁、干燥。 (2) 金属、绝缘工器具在使用前，应仔细检查其是否无损伤、受潮、变形、失灵现象，合格证应在有效期内。 (3) 绝缘工具及绝缘绳索检测合格。 (4) 屏蔽服外观完好且检测合格	
6	登塔	(1) 1号、2号等电位电工再次核对线路双重名称及相别，检查并确认脚钉齐全、牢固；系好安全带、加挂防坠器；对安全带、后备保护绳、防坠器做冲击检查，方法正确；工作负责人检查并确认等电位电工穿戴的双保险安全带合屏蔽服各连接点各部件的连接情况良好，大小合适，锁扣自如。 (2) 背上工具包，携带绝缘传递绳（含绝缘滑车），方法正确。 (3) 将安全带主带和后备保护绳斜跨肩上。 (4) 清洁鞋底，经工作负责人许可后登塔。 (5) 脚踩脚钉、手抓主材、匀步登塔至横担适当位置，系好安全带，脱离防坠器。地面电工控制好尾绳，避免传递绳与脚钉、塔材打绞	(1) 安全带、后备保护绳、防坠器冲击检查合格。 (2) 防止安全带、绝缘传递绳钩挂塔材。 (3) 人体与导线保持的最小安全距离应符合表1-3-3的规定。 (4) 禁止手抓脚钉。 (5) 正确使用防坠器。 (6) 转位时，不得失去安全带的保护	
7	进入强电场	(1) 1号等电位电工携带绝缘传递绳，转位至耐张绝缘子串挂点处，将安全带主带系挂在绝缘子串连接金具上，将后备保护绳系留在横担适当位置。 (2) 再次检查并确认屏蔽服各部分连接良好、绝缘子串连接良好及故障绝缘子位置，经工作负责人许可后，双手抓扶一串，双脚踩另一串，采用“跨二短三”作业方式，沿绝缘子串进入强电场，短接绝缘子不得超过4片。当作业人员到达导线侧均压环外三片绝缘子处时，应停止移动，使用电位转移棒勾住导线端连接金具进行电位转移，实现作业人员与导线等电位。 (3) 2号等电位电工按相同方式进入电场	(1) 防止安全带、绝缘传递绳钩挂塔材。 (2) 转位时，不得失去安全带的保护。 (3) 人体与接地体之间的安全距离、人体与接地体和带电体间的组合间隙应符合表1-3-3的规定。 (4) 进行电位转移前，应得到工作负责人许可，电位转移棒应与屏蔽服电气连接，动作应平稳、准确、快速。 (5) 电位转移时，人体面部与带电体距离不得小于0.5m	

续表

序号	作业内容	作业步骤及标准	安全措施及注意事项	责任人
8	安装承力工具	(1) 1号、2号等电位电工进入电场后系好安全带，在适当位置布置绝缘传递绳，牢固可靠，方便作业。地面电工使用绝缘传递绳将闭式卡（前卡）、液压丝杠、导线端部卡等分别起吊给等电位电工。起吊过程平稳、无磕碰、无缠绕，正确使用绳结。 (2) 1号、2号等电位电工相互配合，在导线侧合适位置上安装导线端部卡，将闭式卡（前卡）安装在导线侧第3片绝缘子上，连接好液压丝杠。承力工具各部分安装牢固可靠。 (3) 检查并确认承力工具各部分安装情况良好，经工作负责人许可后，操作液压丝杠使其逐渐受力，使需更换的绝缘子松弛。两根液压丝杠的受力应均匀	(1) 人体与接地体之间的安全距离、绝缘传递绳的有效绝缘长度应符合表1-3-3的规定。 (2) 上下传递物件应用绳索拴牢传递，防止高处坠物。 (3) 扣除劣质绝缘子、人体操作和工具短接的绝缘子后，良好绝缘子片数应符合表1-3-4的规定	
9	更换绝缘子	(1) 1号、2号等电位电工做冲击试验，检查并确认承力工具受力正常，经工作负责人许可后，用绝缘传递绳系牢旧绝缘子，取出旧绝缘子两端锁紧销，继续操作并收紧液压丝杠，直至拆除旧绝缘子。两根液压丝杠的受力应均匀，操作手柄不得敲击绝缘子。 (2) 地面电工用绝缘传递绳的另一端系牢新绝缘子，采用旧下、新上的方法，将新绝缘子传给中间电位电工。起吊过程平稳、无磕碰、无缠绕，正确使用绳结。 (3) 安装新绝缘子，并复位其两端锁紧销	(1) 人体与接地体之间的安全距离应符合表1-3-3的规定。 (2) 上下传递工具过程中不得碰撞，绑扎绳应正确可靠，防止高处坠物	
10	拆除工具	(1) 等电位电工检查新绝缘子连接可靠，经工作负责人许可后，操作并松出液压丝杠，使更换的绝缘子逐渐受力。 (2) 荷载转移完毕后，等电位电工做冲击试验，检查并确认新绝缘子受力情况良好，经工作负责人许可后，拆除系在绝缘子上的绝缘传递绳，并将其系牢于承力工具适当位置，拆除液压丝杠、闭式卡、导线端部卡等承力工具，在地面电工配合下传递至地面。传递过程平稳、无磕碰、无缠绕，正确使用绳结	(1) 人体与接地体之间的安全距离应符合表1-3-3的规定。 (2) 上下传递工具过程中不得碰撞，绑扎绳应正确可靠，防止高处坠物	
11	退出强电场	(1) 等电位电工检查作业部位无遗留物后，拆除并整理绝缘传递绳。 (2) 转移安全带主带，系挂在绝缘子串适当位置，越过均压环回到绝缘子串上，将电位转移棒钩紧均压环适当位置，沿绝缘子串向横担侧移动到均压环外三片绝缘子时，停止移动；一只手抓紧绝缘子，另一只手握紧电位转移棒，利用电位转移棒快速脱离等电位。 (3) 按照“跨二短三”作业方式沿绝缘子串到达横担	(1) 人体与接地体和带电体间的组合间隙应符合表1-3-3的规定。 (2) 转位时，不得失去安全带的保护	

续表

序号	作业内容	作业步骤及标准	安全措施及注意事项	责任人
12	撤离杆塔	等电位电工检查塔上无遗留物，经工作负责人许可后，挂好防坠器，解开并整理好安全带，正确携带绝缘传递绳，脚踩脚钉、手抓主材、匀步下塔至地面	（1）转位时不得失去安全带保护。 （2）防止手滑脱、脚踏空，禁止手抓脚钉。 （3）正确使用防坠器。 （4）防止绝缘传递绳、安全带钩挂塔材或脚钉	
13	工作结束	（1）工作负责人组织全体工作成员整理工器具和材料，将工器具清洁后放入专用的箱（袋）中；清理现场，做到“工完料尽场地清”。 （2）召开班后会，工作负责人进行工作总结和点评工作。点评本次工作的施工质量；点评全体工作成员的安全措施落实情况。 （3）工作负责人向值班调控人员汇报工作结束，终结工作票		

二、考核标准（见表1-3-8）

表1-3-8　　特高压直流输电线路运检技能考核评分细则

<table>
<tr><td>考生填写栏</td><td colspan="8">编号：　姓　名：　所在岗位：　单　位：　日　期：　年　月　日</td></tr>
<tr><td>考评员填写栏</td><td colspan="8">成绩：　考评员：　考评组长：　开始时间：　结束时间：　操作时长：</td></tr>
<tr><td>考核模块</td><td>带电更换±800kV特高压输电线路耐张塔导线侧1～3片玻璃绝缘子</td><td>考核对象</td><td>特高压直流输电线路检修人员</td><td>考核方式</td><td>操作</td><td>考核时限</td><td colspan="2">90min</td></tr>
<tr><td>任务描述</td><td colspan="8">带电更换±800kV输电线路耐张塔导线侧1～3片玻璃绝缘子</td></tr>
<tr><td>工作规范及要求</td><td colspan="8">1. 带电作业工作应在良好天气下进行。如遇雷、雨、雪、雾天气不得进行带电作业。风力大于5级时，也不宜进行带电作业。湿度大于80%时，若需进行带电作业，应采用具有防潮性能的绝缘工具。
2. 本项作业需6人，其中工作负责人1名，专责监护人1名，等电位电工2人，地面电工2名。
3. 工作负责（监护）人职责：负责本次工作任务的人员分工、工作票的宣读、办理线路停用重合闸、办理工作许可手续、召开工作班前会、负责作业过程中的安全监督、工作中突发情况的处理、工作质量的监督、工作后的总结。
4. 在带电作业中，遇雷、雨、大风或其他任何情况威胁到工作人员的安全时，工作负责人或监护人可根据情况，临时停止工作。
给定条件：
1. 工作票已办理，安全措施已经完备（重合闸已停用），工作开始、工作终结时应口头提出申请（调度或考评员）。
2. 安全、正确地使用仪器对绝缘工具进行检测。
3. 必须按工作程序进行操作，工序错误扣除应做项目分值，出现重大人身、器材和操作安全隐患，考评员可下令终止操作（考核）</td></tr>
<tr><td>考核情景准备</td><td colspan="8">1. 塔形：±800kV耐张塔；
2. 所需作业工器具：安全带（含后备保护绳）2根，屏蔽服2套，防潮布2张，万用表1，绝缘电阻检测仪1个，风速仪、温湿度二合一1台，液压丝杠2根，绝缘绳1根，绝缘绳套1根，导线端部卡1个，闭式卡（前卡）1个，滑车1个，电位转移棒2把，护目镜2个，拔销器1把，手动工具1套。
3. 作业现场做好监护工作，作业现场安全措施（围栏等）已全部落实；禁止非作业人员进入现场，工作人员进入作业现场必须戴安全帽。
4. 考生自备工作服、安全帽、线手套</td></tr>
<tr><td>备注</td><td colspan="8">1. 各项目得分均扣完为止，出现重大人身、器材和操作安全隐患，考评员可下令终止操作。
2. 设备、作业环境、安全带、安全帽、工器具、屏蔽服等不符合作业条件考评员可下令终止操作</td></tr>
</table>

续表

序号	项目名称	质量要求	分值	扣分标准	扣分原因	扣分	得分
1	现场复勘	（1）工作负责人到作业现场核对线路名称、杆塔编号、现场工作条件、缺陷部位等无误。 （2）检测风速、湿度等现场气象条件应符合作业要求。 （3）检查工作票填写完整、无涂改，检查是否所列安全措施与现场实际情况相符，必要时予以补充	5	（1）未核对线路名称、杆塔编号、现场工作条件、缺陷部位等，每项扣1分。 （2）未检测风速、湿度等现场气象条件，扣1分/项。 （3）工作票填写出现涂改，每处扣0.5分；工作票编号有误，扣1分；工作票填写不完整，扣1.5分			
2	工作许可	（1）工作负责人联系值班调控人员（裁判），按工作票内容申请停用线路重合闸。 （2）汇报内容应规范、完整	2	（1）未联系调度部门（裁判）停用重合闸，扣2分。 （2）汇报专业用语不规范或不完整，扣1分			
3	现场布置	正确装设安全围栏并悬挂标示牌： （1）安全围栏范围应充分考虑高处坠物，以及对道路交通的影响。 （2）安全围栏出入口设置合理。 （3）妥当布置“从此进出”“在此工作”“从此上下”等标示	3	（1）作业现场未装设围栏，扣1分。 （2）未设立警示牌，扣1分。 （3）未悬挂登塔作业标志，扣1分			
4	召开班前会	（1）全体工作成员全体人员正确佩戴安全帽、工作服。 （2）工作负责人佩戴红色背心，宣读工作票，明确工作任务及人员分工；讲解工作中的安全措施和技术措施；查（问）全体工作成员精神状态；告知工作中存在的危险点及采取的预控措施。 （3）全体工作成员在工作票上签名确认	3	（1）工作人员着装不整齐，每人扣0.5分。 （2）未进行分工，扣3分；分工不明确，扣1分。 （3）现场工作负责人未穿佩安全监护背心，扣1分。 （4）工作票上工作班成员未签字或签字不全，扣1分			
5	工器具检查	（1）在防潮布上，将工器具按作业要求准备齐备，并分类定置摆放整齐。检查工器具外观和试验合格证，无遗漏。 （2）使用绝缘电阻测试仪检测绝缘工具及绝缘绳索的表面绝缘电阻值，方法正确，不得低于700MΩ。 （3）将新绝缘子擦拭干净，外观检查完好，不得有锈蚀、裂纹及破损。使用绝缘电阻测试仪测试其绝缘电阻值，方法正确，不得低于700MΩ。 （4）使用万用表检测全套屏蔽服内阻，方法正确，不得大于20Ω。 （5）检查人员向工作负责人汇报各项检查结果确认符合作业要求	7	（1）未使用防潮布并定置摆放工器具，扣1分。 （2）未检查工器具外观及试验合格证，每项扣0.5分。 （3）未正确使用检测仪器对工器具进行检测，每项扣1分。 （4）汇报检测结果不规范，扣1分；不完整，每项扣0.5分			

续表

序号	项目名称	质量要求	分值	扣分标准	扣分原因	扣分	得分
6	登塔	（1）1、2号等电位电工再次核对线路双重名称及相别，检查并确认脚钉齐全、牢固；系好安全带、加挂防坠器；对安全带、后备保护绳、防坠器做冲击检查，方法正确；工作负责人检查并确认等电位电工穿戴的双保险安全带合屏蔽服各连接点各部件的连接情况良好，大小合适，锁扣自如。 （2）背上工具包，携带绝缘传递绳（含绝缘滑车），方法正确。 （3）将安全带主带和后备保护绳斜跨肩上。 （4）清洁鞋底，经工作负责人许可后登塔。 （5）脚踩脚钉、手抓主材、匀步登塔至横担适当位置，系好安全带，脱离防坠器。地面电工控制好尾绳，避免传递绳与脚钉、塔材打绞	5	（1）等电位电工未核对线路双重名称、杆号、相别、塔材情况，每项扣1分；核对完未汇报，扣1分。 （2）双保险安全带及防坠器未进行冲击试验，每项扣2分。 （3）现场工作负责人未对等电位电工进行安全防护装备进行检查，扣1分。 （4）手抓脚钉，每次扣0.5分。 （5）滑车传递绳悬挂位置不合理，扣1分。 （6）转位时失去安全带保护，扣5分			
7	进入强电场	（1）1号等电位电工携带绝缘传递绳，转位至耐张绝缘子串挂点处，将安全带主带系挂在绝缘子串连接金具上，将后备保护绳系留在横担适当位置。 （2）再次检查并确认屏蔽服各部分连接良好、绝缘子串连接良好及故障绝缘子位置，经工作负责人许可后，双手抓扶一串，双脚踩另一串，采用“跨二短三”作业方式，沿绝缘子串进入强电场，短接绝缘子不得超过4片。当作业人员到达导线侧均压环外三片绝缘子处时，应停止移动，使用电位转移棒勾住导线端连接金具进行电位转移，实现作业人员与导线等电位。 （3）2号等电位电工按相同方式进入电场	5	（1）安全带后背保护绳系留位置不合理、使用不规范，扣2分。 （2）等电位电工未检查屏蔽服连接情况、绝缘子串连接情况及故障绝缘子位置，每项扣1分。 （3）未得到工作负责人许可就进入强电场，扣5分。 （4）等电位电工进入等电位动作不正确，反复放电，每次扣2分。 （5）电位转移动作不正确，扣3分；未汇报，扣2分；汇报了但工作负责人未同意即进行电位转移，扣1分。 （6）绝缘传递绳安装位置不合理，扣1分。 （7）高处坠物，每次扣2分。 （8）转位时失去安全带保护，扣5分			

续表

序号	项目名称	质量要求	分值	扣分标准	扣分原因	扣分	得分
8	安装工具	（1）1、2号等电位电工进入电场后系好安全带，在适当位置布置绝缘传递绳，牢固可靠，方便作业。地面电工使用绝缘传递绳将闭式卡（前卡）、液压丝杠、导线端部卡等分别起吊给等电位电工。起吊过程平稳、无磕碰、无缠绕，正确使用绳结。 （2）1、2号等电位电工相互配合，在导线侧合适位置上安装导线端部卡，将闭式卡（前卡）安装在导线侧第3片绝缘子上，连接好液压丝杠。承力工具各部分安装牢固可靠。 （3）检查并确认承力工具各部分安装情况良好，经工作负责人许可后，操作液压丝杠使其逐渐受力，使需更换的绝缘子松弛。两根液压丝杠的受力应均匀	15	（1）起吊过程不平稳，出现磕碰、缠绕，每次扣1分。 （2）高处坠物，每次扣2分。 （3）卡具安装不正确、固定不到位，扣2分。 （4）未检查承力工具安装情况，扣3分；检查了未报告，扣1分；报告了但工作负责人未同意即开始收紧丝杠，扣1分。 （5）作业过程短接绝缘子片数超过4片，每次扣3分。 （6）安装卡具出现绝缘子碰撞破损，扣2分。 （7）未均衡收紧丝杠，扣2分			
9	更换绝缘子	（1）1、2号等电位电工做冲击试验，检查并确认承力工具受力正常，经工作负责人许可后，用绝缘传递绳系牢旧绝缘子，取出旧绝缘子两端锁紧销，继续操作并收紧液压丝杠，直至拆除旧绝缘子。两根液压丝杠的受力应均匀，操作手柄不得敲击绝缘子。 （2）地面电工用绝缘传递绳的另一端系牢新绝缘子，采用旧下、新上的方法，将新绝缘子传给中间电位电工。起吊过程平稳、无磕碰、无缠绕，正确使用绳结。 （3）安装新绝缘子，并复位其两端锁紧销	20	（1）未检查承力工具受力情况，扣3分；检查了未报告，扣2分；报告了但工作负责人未同意即取出旧绝缘子两端锁紧销，扣1分。 （2）未均衡收紧丝杆，扣2分。 （3）操作手柄敲击绝缘子，每次扣1分。 （4）绳结错误，扣1分。 （5）高处坠物，每次扣2分。 （6）新旧绝缘子相互碰撞，扣1分。 （7）传递绝缘子与塔身相互碰撞，每次扣1分。 （8）绝缘绳缠绕，扣2分			
10	拆除工具	（1）等电位电工检查新绝缘子连接可靠，经工作负责人许可后，操作并松出液压丝杠，使更换的绝缘子逐渐受力。 （2）荷载转移完毕后，等电位电工做冲击试验，检查并确认新绝缘子受力情况良好，经工作负责人许可后，拆除系在绝缘子上的绝缘传递绳，并将其系牢于承力工具适当位置，拆除液压丝杠、闭式卡、导线端部卡等承力工具，在地面电工配合下传递至地面。传递过程平稳、无磕碰、无缠绕，正确使用绳结	15	（1）未检查新绝缘子连接情况，扣3分；检查了未报告，扣2分；报告了但工作负责人未同意即松液压丝杠，扣1分。 （2）未检查新绝缘子受力情况，扣3分；检查了未报告，扣2分；报告了但工作负责人未同意即拆除液压丝杠，扣1分。 （3）捆扎工具时，未正确使用绳结，扣1分。 （4）高处坠物，每次扣2分。 （5）工器具相互碰撞扣，每次扣1分；工器具与带电体或塔身相互碰撞，每次扣1分；绝缘绳缠绕，扣2分			

续表

序号	项目名称	质量要求	分值	扣分标准	扣分原因	扣分	得分
11	退出强电场	(1) 等电位电工检查作业部位无遗留物后，拆除并整理绝缘传递绳。 (2) 转移安全带主带，系挂在绝缘子串适当位置，越过均压环回到绝缘子串上，将电位转移棒钩紧均压环适当位置，沿绝缘子串向横担侧移动到均压环外三片绝缘子时，停止移动；一只手抓紧绝缘子，另一只手握紧电位转移棒，利用电位转移棒快速脱离等电位。 (3) 按照“跨二短三”作业方式沿绝缘子串到达横担	5	(1) 未向工作负责人申请即进行电位转移扣2分；向工作负责人申请了但未得同意即进行电位转移扣1分。 (2) 申请电位转移位置不合适扣1分。 (3) 等电位电工退出强电场动作不正确，反复放电扣2分。 (4) 未有效控制后备保护绳扣1分			
12	返回地面	塔上电工检查塔上无遗留物后，向工作负责人汇报，得到工作负责人同意后携带绝缘传递绳下塔	5	(1) 下塔过程未使用防坠装置扣2分。 (2) 塔上移位失去安全带保护的扣2分。 (3) 下塔抓塔钉，每处扣1分。 (4) 塔上有遗留物的，扣2分			
13	工作结束	(1) 工作负责人组织全体工作成员整理工器具和材料，将工器具清洁后放入专用的箱（袋）中；清理现场，做到“工完料尽场地清”。 (2) 召开班后会，工作负责人进行工作总结和点评工作。点评本次工作的施工质量；点评全体工作成员的安全措施落实情况。 (3) 工作负责人向值班调控人员汇报工作结束，申请恢复线路重合闸，终结工作票	10	(1) 工器具未清理扣2分。 (2) 工器具有遗漏扣2分。 (3) 未开班后会扣2分。 (4) 未拆除围栏扣2分。 (5) 未向调度汇报扣2分			
	合计		100				

模块四　带电更换±800kV特高压输电线路耐张玻璃绝缘子串任意单片绝缘子培训及考核标准

一、培训标准

（一）培训要求（见表1-4-1）

表1-4-1　培训要求

模块名称	带电更换±800kV特高压输电线路耐张玻璃绝缘子串任意单片绝缘子	培训类别	操作类
培训方式	实操培训	培训学时	21学时
培训目标	1. 掌握沿耐张绝缘子串进、出±800kV强电场时采用“跨二短三”作业方式的电学意义。 2. 能完成沿耐张绝缘子串进入±800kV中间电位作业点。 3. 能独立完成带电更换±800kV特高压输电线路耐张玻璃绝缘子串任意单片绝缘子的操作（中间电位作业法）		
培训场地	特高压实训线路		
培训内容	采用“跨二短三”作业方式沿耐张绝缘子串进入强电场，采用中间电位作业法带电更换±800kV特高压输电线路耐张玻璃绝缘子串任意单片绝缘子		
适用范围	特高压输电线路检修人员		

（二）引用的规程规范

(1)《±800kV直流线路带电作业技术规范》(DL/T 1242—2013)。
(2)《±800kV直流架空输电线路运行规程》(GB/T 28813—2012)。
(3)《±800kV直流架空输电线路检修规程》(DL/T 251—2012)。
(4)《±800kV直流输电线路带电作业技术导则》(Q/GDW 302—2009)。
(5)《交流线路带电作业安全距离计算方法》(GB/T 19185—2008)。
(6)《带电作业用绝缘配合导则》(DL/T 867—2004)。
(7)《带电作业用绝缘工具试验导则》(DL/T 878—2004)。
(8)《国家电网公司带电作业工作管理规定（试行）》(国家电网生〔2007〕751号)。
(9)《国家电网公司电力安全工作规程（线路部分）》(Q/GDW 1799.2—2013)。
(10)《电工术语　架空线路》(GB/T 2900.51—1998)。
(11)《电工术语　带电作业》(GB/T 2900.55—2016)。
(12)《带电作业工具设备术语》(GB/T 14286—2008)。
(13)《带电作业用工具、装置和设备使用的一般要求》(DL/T 877—2004)。
(14)《带电作业工具、装置和设备预防性试验规程》(DL/T 976—2005)。
(15)《带电作业用绝缘滑车》(GB/T 13034—2008)。
(16)《带电作业用绝缘绳索》(GB 13035—2008)。
(17)《带电作业用屏蔽服装》(GB/T 6568—2008)。
(18)《1000kV交流带电作业用屏蔽服装》(GB/T 25726—2010)。

（三）培训教学设计

本设计以完成“带电更换±800kV特高压输电线路耐张玻璃绝缘子串任意单片绝缘子”为工作任务，按工作任务完成的标准化作业流程来设计各个培训阶段，每个阶段包括了具体的培训目标、培训内容、培训学时、培训方法（培训资源）、培训环境和考核评价等内容，如表 1-4-2 所示。

表 1-4-2　　带电更换±800kV 特高压输电线路耐张玻璃绝缘子串任意单片绝缘子

培训流程	培训目标	培训内容	培训学时	培训方法与资源	培训环境	考核评价
1. 理论教学	1. 初步掌握沿绝缘子串进出±800kV 强电场基本方法。 2. 熟悉输电线路耐张单片玻璃绝缘子更换方法	1. 沿绝缘子进出强电场“跨二短三”作业方式的电学意义。 2. 输电线路耐张单片玻璃绝缘子更换方法和质量标准	2	培训方法：讲授法。 培训资源：PPT、相关规程规范	多媒体教室	考勤、课堂提问和作业
2. 准备工作	能完成作业前准备工作	1. 作业现场查勘。 2. 编制培训标准化作业卡。 3. 填写培训操作工作票。 4. 完成本操作的工器具及材料准备	1	培训方法： 1. 现场查勘和工器具及材料清理采用现场实操方法。 2. 编写作业卡和填写工作票采用讲授方法。 培训资源： 1. ±800kV 实训线路。 2. 特高压工器具库房。 3. 空白工作票	1. 特高压输电实训线路。 2. 多媒体教室	
3. 作业现场准备	能完成作业现场准备工作	1. 作业现场复勘。 2. 工作申请。 3. 作业现场布置。 4. 班前会。 5. 工器具及材料检查	1	培训方法：演示与角色扮演法。 培训资源：±800kV 实训线路	±800kV 实训线路	
4. 培训师演示	通过现场观摩，使学员初步领会本任务操作流程	1. 中间电位电工沿耐张绝缘子串进、出强电场。 2. 中间电位电工组装工器具。 3. 中间电位电工完成单片玻璃绝缘子的更换工作	2	培训方法：演示法。 培训资源：±800kV 实训线路	±800kV 实训线路	
5. 学员分组训练	1. 能完成进、出±800kV强电场操作。 2. 能完成单片玻璃绝缘子的更换工作	1. 学员分组（6 人一组）训练进、出±800kV 强电场和更换绝缘子技能操作。 2. 培训师对学员操作进行指导和安全监护	14	培训方法：角色扮演法。 培训资源：±800kV 实训线路	±800kV 实训线路	采用技能考核评分细则对学员操作评分
6. 工作终结	1. 使学员进一步辨析操作过程中不足之处，便于后期提升。 2. 培训学员树立安全文明生产的工作作风	1. 作业现场清理。 2. 向调度汇报工作终结。 3. 班后会，对本次工作任务进行点评总结	1	培训方法：讲授和归纳法	±800kV 实训线路	

（四）作业流程

1. 工作任务

带电更换±800kV特高压输电线路耐张玻璃绝缘子串任意单片绝缘子。

2. 天气及作业现场要求

（1）带电更换±800kV特高压输电线路耐张玻璃绝缘子串任意单片绝缘子应在良好的天气进行。如遇雷电（听见雷声、看见闪电）、雪、雹、雨、雾等，禁止进行带电作业。风力大于5级时，不宜进行带电作业；相对湿度大于80%的天气时，若需进行带电作业，应采用具有防潮性能的绝缘工具。恶劣天气下必须开展带电抢修时，应组织有关人员充分讨论并编制必要的安全措施，经本单位批准后方可进行。带电作业过程中如遇天气突然变化，有可能危及人身或设备安全时，应立即停止工作。在保证人身安全的情况下，尽快恢复设备正常状态或采取其他措施。

（2）作业人员精神状态良好，熟悉工作中保证安全的组织措施和技术措施，掌握高处应急救援及触电急救的方法；应持有在有效期内的带电作业资质证书。

（3）工作负责人应事先组织相关人员完成现场勘察，根据勘察结果确定本次作业方法和所需工器具，以及应采取的必要措施，并办理带电作业工作票。

（4）作业现场应合理设置围栏，并妥当布置警示标示牌，禁止非工作人员入内。

（5）本项目须停用线路再启动装置。

（6）作业方式：中间电位作业。

（7）工作中安全距离及有效绝缘长度如表1-4-3所示。

表1-4-3　带电更换±800kV特高压输电线路耐张玻璃绝缘子串任意单片绝缘子的安全距离　（m）

海拔高度	等电位电工与接地构架之间的最小安全距离	绝缘工器具的最小有效绝缘长度	最小组合间隙
$H \leqslant 1000$	6.8	6.8	6.7
$1000 < H \leqslant 2000$	7.3	7.3	7.3
$2000 < H \leqslant 2500$	7.9	7.8	7.8

注　表中最小安全距离包括人体占位间隙0.5m。

（8）中间电位作业人员沿耐张绝缘子串进入±800kV强电场时，人体短接绝缘子片数不得多于4片。耐张绝缘子串中扣除人体短接和不良绝缘子片数后，良好绝缘子最少片数应满足表1-4-4的规定。

表1-4-4　最小组合间隙和良好绝缘子的最小片数

海拔高度（m）	单片玻璃绝缘子结构高度（mm）	良好绝缘子串的总长度最小值（m）	良好绝缘子的最少片数
$H \leqslant 1000$	170	6.2	37
	195		32
	205		31
	240		26
$1000 < H \leqslant 2000$	170	7.1	42
	195		37
	205		35
	240		30
$2000 < H \leqslant 2500$	170	7.55	45
	195		39
	205		37
	240		32

注　表中数值不包括人体占位间隙，作业中需考虑人体占位间隙不得小于0.5m。

3. 准备工作

3.1 危险点及其预控措施

（1）危险点——触电伤害。

预控措施：

1）工作前，工作负责人应与值班调控人员联系，停用直流再启动保护装置，并履行许可手续，严禁约时停用或恢复直流再启动保护装置。工作结束后应及时向调度汇报。

2）塔上作业人员登塔前，必须仔细核对线路双重命名、杆塔编号，确认无误后方可上塔。

3）工作中如遇线路突然停电，作业人员应视其仍然带电。工作负责人应尽快与调控人员联系，值班调控人员未与工作负责人取得联系前不准强送电。

4）绝缘工具及绝缘绳索不得损坏、受潮、变形、失灵，其有效长度应符合表1-4-3规定。不准使用非绝缘绳索（如棉纱绳、白棕绳、钢丝绳）。

5）地面电工操作绝缘工具时应戴清洁、干燥的手套，进入作业现场应将使用的带电作业工具放置在防潮的帆布或绝缘垫上，防止绝缘工具在使用中脏污和受潮。

6）中间电位电工应穿着阻燃内衣，衣服外面应穿戴合格全套屏蔽服（包括帽、衣裤、手套、袜和鞋），且各部分应连接良好。

7）中间电位作业人员沿绝缘子串移动时，手与脚的位置必须保持对应一致，且人体和工具短接的绝缘子片数应符合表1-4-4规定。

8）采用"跨二短三"作业方式（也称自由作业法）进入强电场。

9）用绝缘绳索传递大件金属物品时，地面电工应将金属物品接地后再接触。

10）带电作业过程中，工作负责人（监护人）应对作业人员进行不间断监护，随时纠正其不规范或违章动作。重点关注高处作业人员，使其保持足够的安全距离及组合间隙（应符合表1-4-3的规定），禁止同时接触两个非连通的带电体或带电体与接地体。

（2）危险点——高处坠落。

预控措施：

1）高处作业人员登高前，必须具备符合本项作业要求的身体状况、精神状态和技能素质。

2）高处作业人员应使用双保险安全带。上、下塔时，应手抓主材、脚踩脚钉，匀速行进。

3）中间电位作业人员作业前应认真检查液压丝杠、闭式卡等，确保承力工具合格；沿绝缘子串移动时，手与脚的位置必须保持对应一致，安全带应系挂在手扶的绝缘子串上，并同步移动；更换绝缘子时，承力工具安装应可靠，荷载转移前、后应做冲击试验判定其可靠性，并及时向工作负责人汇报，得到工作负责人许可后方可实施。

4）监护人员应随时纠正其不规范或违章动作，重点关注高处作业人员在转位的过程中不得失去安全带或绝缘后备保护绳的保护，严禁低挂高用。

（3）危险点——高处坠物伤人。

预控措施：

1）高处作业人员的个人工具及零星材料应装入工具袋，严禁在高处浮置物件、口中含物。

2）以上下循环交换方式传递较重的工器具时，均应系好控制绳，防止被传递物品相互碰撞及误碰处于工作状态的承力工器具。

3）地面作业人员必须正确佩戴安全帽，正确使用绳结，与作业点垂直下方距离不得小于坠落半径。

4）作业现场设置围栏并挂好警示标示牌。监护人员应随时注意，禁止非工作人员及车辆进入作业区域。

3.2 工器具及材料选择

带电更换±800kV特高压输电线路耐张玻璃绝缘子串任意单片绝缘子所需工器具及材料见表1-4-5。工器具出库前，应认真核对工器具的使用电压等级和试验周期，并检查确认外观良好、连接牢固、转动灵活，且符合本次工作任务的要求；工器具出库后，应存放在工具袋或工具箱内进行运输，防止脏污、受潮；金属工具和绝缘工器具应分开装运，防止因混装运输导致工器具变形、损伤等现象发生。

表1-4-5　带电更换±800kV特高压输电线路耐张玻璃绝缘子串任意单片绝缘子所需工器具及材料表

序号	名称	规格型号	单位	数量	备注
1	屏蔽服	屏蔽效率≥40dB （屏蔽面罩屏蔽效率≥20dB）	套	2	个人防护用具
2	导电鞋	尺码视穿着人员而定	双	2	个人防护用具
3	阻燃内衣	纯桑蚕丝	套	2	个人防护用具
4	双保险安全带	背带式	根	2	个人防护用具
5	安全帽		顶	6	个人防护用具
6	护目镜		副	2	个人防护用具
7	绝缘传递绳	ϕ14mm，长度与起吊高度匹配	根	1	绝缘工具
8	绝缘后备保护绳	ϕ16mm	根	2	绝缘工具
9	绝缘绳套	ϕ14mm	根	2	绝缘工具
10	绝缘滑车	1t	个	1	绝缘工具
11	液压丝杠	8t	根	2	金属工具
12	闭式卡	Tc4	套	1	金属工具
13	拔销器		把	1	其他工具
14	绝缘电阻测试仪	5000V，电极宽2cm、极间宽2cm	套	1	其他工具
15	万用表		套	1	其他工具
16	风速、温湿度测试仪		只	1	其他工具
17	安全围网		套	若干	其他工具
18	警示标示牌	“在此工作”“从此进出” “车辆慢行”“车辆绕行”	套	1	其他工具
19	红马甲	“工作负责人”“专责监护人”	件	1	其他工具
20	防潮布	3m×3m	块	2	其他工具
21	个人工具	扳手、老虎钳	套	1	其他工具
22	防坠器	与杆塔防坠落装置型号对应	只	2	其他工具
23	毛巾	棉质	条	1	其他工具
24	绝缘子	与被更换绝缘子同型号	片	1	材料

3.3 作业人员分工

本任务作业人员分工如表1-4-6所示。

表 1-4-6　带电更换±800kV 特高压输电线路耐张玻璃绝缘子串任意单片绝缘子人员分工表

序号	工作岗位	数量（人）	工作职责
1	工作负责人	1	负责本次工作任务的人员分工、工作票的宣读、办理线路停用再启动、办理工作许可手续、召开工作班前会、工作中突发情况的处理、工作质量的监督、工作后的总结
2	专责监护人	1	负责作业现场的安全把控
3	中间电位电工	2	负责工器具安装及绝缘子更换工作
4	地面电工	2	负责本次作业过程的地面辅助工作

4. 工作程序

本任务工作流程如表 1-4-7 所示。

表 1-4-7　带电更换±800kV 特高压输电线路耐张玻璃绝缘子串任意单片绝缘子工作流程表

序号	作业内容	作业步骤及标准	安全措施及注意事项	责任人
1	现场复勘	工作负责人负责完成以下工作： （1）现场核对线路名称、杆塔编号，双重编号无误；基础及杆塔完好无异常；交叉跨越距离符合安全要求；确认缺陷情况及导地线规格型号等。 （2）检测风速、湿度等现场气象条件符合作业要求。 （3）检查地形环境应符合作业要求。 （4）检查工作票所列安全措施与现场实际情况相符，必要时予以补充	（1）正确穿戴安全帽、工作服、工作鞋、劳保手套。 （2）不得在危及作业人员安全的气象条件下作业。 （3）严禁非工作人员、车辆进入作业现场	
2	工作许可	（1）工作负责人负责联系值班调控人员，按工作票内容申请直流再启动保护装置。 （2）经值班调控人员许可后，方可开始带电作业工作	不得未经值班调控人员许可即开始工作	
3	现场布置	正确装设安全围栏并悬挂标示牌： （1）安全围栏范围应充分考虑高处坠物，以及对道路交通的影响。 （2）安全围栏出入口设置合理。 （3）妥当布置“从此进出”“在此工作”“车辆慢行”或“车辆绕行”等标示	对道路交通安全影响不可控时，应及时联系交通管理部门强化现场交通安全管控	
4	召开班前会	（1）全体工作成员列队。 （2）工作负责人宣读工作票，明确工作任务及人员分工；讲解工作中的安全措施和技术措施；查（问）全体工作成员精神状态；告知工作中存在的危险点及采取的预控措施。 （3）全体工作成员在工作票上签名确认	（1）工作票填写、签发和许可手续应规范，签名应完整。 （2）全体工作成员精神状态良好。 （3）全体工作成员明确任务分工、安全措施和技术措施	
5	检查工器具	（1）在防潮布上，将工器具按作业要求准备齐备，并分类定置摆放整齐。检查工器具外观和试验合格证，无遗漏。 （2）使用绝缘电阻测试仪检测绝缘工具及绝缘绳索的表面绝缘电阻值，方法正确，不得低于700MΩ。 （3）将新绝缘子擦拭干净，外观检查完好，不得有锈蚀、裂纹及破损。使用绝缘电阻测试仪测试其绝缘电阻值，方法正确，不得低于700MΩ。	（1）防潮布数量足够，设置位置合理，保持清洁、干燥。 （2）金属、绝缘工器具在使用前，应仔细检查其是否无损伤、受潮、变形、失灵现象，合格证在有效期内。	

续表

序号	作业内容	作业步骤及标准	安全措施及注意事项	责任人
5	检查工器具	(4) 使用万用表检测全套屏蔽服内阻，方法正确，不得大于20Ω。 (5) 检查人员向工作负责人汇报各项检查，结果符合作业要求	(3) 绝缘工具及绝缘绳索检测合格	
6	登塔	(1) 中间电位电工再次核对线路双重名称及相别，检查并确认脚钉齐全、牢固；系好安全带、加挂防坠器；对安全带、防坠器做冲击试验，方法正确；工作负责人检查并确认中间电位电工穿戴的双保险安全带各部件的连接情况良好，包括肩带、胸带、腰带、腿带、后背保护绳、扣和环。 (2) 背上工具包，携带绝缘传递绳（含绝缘滑车），方法正确。 (3) 将安全带主带和后备保护绳斜跨肩上。 (4) 清洁鞋底，经工作负责人许可后登塔。 (5) 脚踩脚钉、手抓主材、匀步登塔至横担适当位置，系好安全带，脱离防坠器	(1) 安全带、防坠器冲击试验合格。 (2) 防止安全带、绝缘传递绳钩挂塔材。 (3) 人体与导线保持的最小安全距离应符合表1-4-3的规定。 (4) 禁止手抓脚钉。 (5) 正确使用防坠器。 (6) 转位时，不得失去安全带的保护	
7	进入强电场	(1) 中间电位电工携带绝缘传递绳，转位至作业相耐张绝缘子串挂点处，将安全带主带系挂在绝缘子串连接金具上，将安全带后备保护绳系留在横担适当位置。 (2) 中间电位电工再次检查并确认屏蔽服各部分连接良好、绝缘子串连接良好及故障绝缘子位置，经工作负责人许可后，双手抓扶一串，双脚踩另一串，采用“跨二短三”作业方式，沿绝缘子串平稳移动到作业点；手与脚的位置必须保持对应一致，安全带主带系挂在手扶的绝缘子串上，并同步移动。 (3) 中间电位电工到达作业点后，在绝缘子串适当位置用绝缘绳套固定绝缘滑车，穿入绝缘传递绳；安装牢固可靠，便于工作	(1) 防止安全带、绝缘传递绳钩挂塔材。 (2) 转位时，不得失去安全带的保护。 (3) 人体与带电体之间的安全距离，人体与接地体和带电体间的组合间隙应符合表1-4-3的规定	
8	安装工具并转移导线张力	(1) 地面电工使用绝缘传递绳将闭式卡、液压丝杠等分别传给中间电位电工。起吊过程平稳、无磕碰、无缠绕，正确使用绳结。 (2) 中间电位电工将闭式卡前卡安装在需要更换绝缘子后两片绝缘子的卡槽内，后卡安装在需要更换绝缘子前一片绝缘子的钢帽上，并连接好液压丝杠。承力工具各部分安装牢固可靠。 (3) 检查并确认承力工具各部分安装情况良好，经工作负责人许可后，操作液压丝杠使其逐渐受力，使需更换的绝缘子松弛。两根液压丝杠的受力应均匀	(1) 人体与接地体和带电体间的组合间隙应符合表1-4-3的规定。 (2) 防止高处坠物。 (3) 扣除劣质绝缘子、人体操作和工具短接的绝缘子后，良好绝缘子片数应符合表1-4-4的规定	
9	更换绝缘子	(1) 中间电位电工做冲击试验，检查并确认承力工具受力正常；经工作负责人许可后，用绝缘传递绳系好旧绝缘子，取出旧绝缘子两端锁紧销，继续操作并收紧液压丝杠，直至拆除旧绝缘子。两根液压丝杠的受力应均匀，操作手柄不得敲击绝缘子。 (2) 地面电工用绝缘传递绳的另一端系好新绝缘子，采用旧下、新上的方法，将新绝缘子传给中间电位电工。起吊过程平稳、无磕碰、无缠绕，正确使用绳结。 (3) 中间电位电工安装新绝缘子，复位其两端锁紧销，并确认其安装到位	(1) 人体与接地体和带电体间的组合间隙应符合表1-4-3的规定。 (2) 防止高处坠物	

续表

序号	作业内容	作业步骤及标准	安全措施及注意事项	责任人
10	拆除工具	(1) 中间电位电工检查新绝缘子连接可靠，经工作负责人许可后，操作并松出液压丝杠，使更换的绝缘子逐渐受力。 (2) 荷载转移完毕后，中间电位电工做冲击试验；检查并确认新绝缘子受力情况良好，经工作负责人许可后，拆除系在绝缘子上的绝缘传递绳，并将其系牢于承力工具适当位置，拆除液压丝杠、闭式卡等承力工具，在地面电工配合下传递至地面。传递过程平稳、无磕碰、无缠绕，正确使用绳结	(1) 人体与接地体和带电体间的组合间隙应符合表1-4-3的规定。 (2) 防止高处坠物	
11	退出强电场	(1) 中间电位电工检查作业部位无遗留物后，拆除绝缘传递绳。 (2) 携带绝缘传递绳，按照“跨二短三”的作业方式沿绝缘子串回到横担上	(1) 人体与接地体和带电体间的组合间隙应符合表1-4-3的规定。 (2) 转位时，不得失去安全带的保护	
12	撤离杆塔	中间电位电工检查塔上无遗留物，经工作负责人许可后，挂好防坠器，解开并整理好安全带，正确携带绝缘传递绳，脚踩脚钉、手抓主材、匀步下塔至地面	(1) 转位时不得失去安全带保护。 (2) 防止手滑脱、脚踏空，禁止手抓脚钉。 (3) 正确使用防坠器。 (4) 防止绝缘传递绳、安全带钩挂塔材或脚钉	
13	工作结束	(1) 工作负责人组织全体工作成员整理工器具和材料，将工器具清洁后放入专用的箱（袋）中；清理现场，做到“工完料尽场地清”。 (2) 召开班后会，工作负责人进行工作总结和点评工作。点评本次工作的施工质量；点评全体工作成员的安全措施落实情况。 (3) 工作负责人向值班调控人员汇报工作结束，并申请恢复线路再启动，终结工作票		

二、考核标准（见表1-4-8）

表1-4-8　　特高压直流输电线路运检技能考核评分细则

<table>
<tr><td>考生填写栏</td><td colspan="7">编号：　　姓　名：　　所在岗位：　　单　位：　　日　期：　　年　月　日</td></tr>
<tr><td>考评员填写栏</td><td colspan="7">成绩：　　考评员：　　考评组长：　　开始时间：　　结束时间：　　操作时长：</td></tr>
<tr><td>考核模块</td><td>带电更换±800kV特高压输电线路耐张玻璃绝缘子串任意单片绝缘子</td><td>考核对象</td><td>特高压直流输电线路检修人员</td><td>考核方式</td><td>操作</td><td>考核时限</td><td>90min</td></tr>
<tr><td>任务描述</td><td colspan="7">带电更换±800kV输电线路耐张塔玻璃绝缘子串任意单片玻璃绝缘子</td></tr>
<tr><td>工作规范及要求</td><td colspan="7">1. 带电作业工作应在良好天气下进行。如遇雷、雨、雪、雾天气不得进行带电作业。风力大于5级时，不宜进行带电作业。湿度大于80%时，若需进行带电作业，应采用具有防潮性能的绝缘工具。
2. 本项作业需6人，其中工作负责人1名，专责监护人1名，中间电位电工2人，地面电工2名。
3. 工作负责（监护）人职责：负责本次工作任务的人员分工、工作票的宣读、办理线路停用再启动、办理工作许可手续、召开工作班前会、负责作业过程中的安全监督、工作中突发情况的处理、工作质量的监督、工作后的总结。
4. 在带电作业中，遇雷、雨、大风或其他任何情况威胁到工作人员的安全时，工作负责人或监护人可根据情况临时停止工作。
给定条件：
1. 工作票已办理，安全措施已经完备（再启动已停用），工作开始、工作终结时应口头提出申请（调度或考评员）。</td></tr>
</table>

续表

工作规范及要求	2. 安全、正确地使用仪器对绝缘工具进行检测。 3. 必须按工作程序进行操作，工序错误扣除应做项目分值，出现重大人身、器材和操作安全隐患，考评员可下令终止操作（考核）						
考核情景准备	1. 塔形：±800kV 耐张塔。 2. 所需作业工器具：双保险安全带2根，屏蔽服2套，防潮布2张，万用表1块，绝缘电阻检测仪1个，风速仪、温湿度二合一1台，液压丝杠2根，绝缘绳2根，闭式卡1套，滑车1个，护目镜2个，拔销器1把，手动工具1套。 3. 作业现场做好监护工作，作业现场安全措施（围栏等）已全部落实；禁止非作业人员进入现场，工作人员进入作业现场必须戴安全帽。 4. 考生自备工作服、安全帽、线手套						
备注	1. 各项目得分均扣完为止，出现重大人身、器材和操作安全隐患，考评员可下令终止操作。 2. 设备、作业环境、安全带、安全帽、工器具、屏蔽服等不符合作业条件考评员可下令终止操作						
序号	项目名称	质量要求	分值	扣分标准	扣分原因	扣分	得分
1	现场复勘	（1）工作负责人到作业现场核对线路名称、杆塔编号、现场工作条件、缺陷部位等无误。 （2）检测风速、湿度等现场气象条件应符合作业要求。 （3）检查工作票填写完整，无涂改，检查是否所列安全措施与现场实际情况相符，必要时予以补充	5	（1）未核对线路名称、杆塔编号、现场工作条件、缺陷部位等，每项扣1分。 （2）未检测风速、湿度等现场气象条件，每项扣1分。 （3）工作票填写出现涂改，每处扣0.5分；工作票编号有误，扣1分；工作票填写不完整，扣1.5分			
2	工作许可	（1）工作负责人联系值班调控人员（裁判），按工作票内容申请停用线路再启动。 （2）汇报内容应规范、完整	2	（1）未联系调度部门（裁判）停用再启动，扣2分。 （2）汇报专业用语不规范或不完整，扣1分			
3	现场布置	正确装设安全围栏并悬挂标示牌： （1）安全围栏范围应充分考虑高处坠物，以及对道路交通的影响。 （2）安全围栏出入口设置合理。 （3）妥当布置“从此进出”“在此工作”“从此上下”等标示	3	（1）作业现场未装设围栏，扣1分。 （2）未设立警示牌，扣1分。 （3）未悬挂登塔作业标志，扣1分			
4	召开班前会	（1）全体工作成员全体人员正确佩戴安全帽、工作服。 （2）工作负责人佩戴红色背心，宣读工作票，明确工作任务及人员分工；讲解工作中的安全措施和技术措施；查（问）全体工作成员精神状态；告知工作中存在的危险点及采取的预控措施。 （3）全体工作成员在工作票上签名确认	3	（1）工作人员着装不整齐，每人扣0.5分。 （2）未进行分工，扣3分；分工不明确，扣1分。 （3）现场工作负责人未穿佩安全监护背心，扣1分。 （4）工作票上工作班成员未签字或签字不全，扣1分			

续表

序号	项目名称	质量要求	分值	扣分标准	扣分原因	扣分	得分
5	工器具检查	（1）在防潮布上，将工器具按作业要求准备齐备，并分类定置摆放整齐。检查工器具外观和试验合格证，无遗漏。 （2）使用绝缘电阻测试仪检测绝缘工具及绝缘绳索的表面绝缘电阻值，方法正确，不得低于700MΩ。 （3）将新绝缘子擦拭干净，外观检查完好，不得有锈蚀、裂纹及破损。使用绝缘电阻测试仪测试其绝缘电阻值，方法正确，不得低于700MΩ。 （4）使用万用表检测全套屏蔽服内阻，方法正确，不得大于20Ω。 （5）检查人员向工作负责人汇报各项检查结果，应符合作业要求	7	（1）未使用防潮布并定置摆放工器具，扣1分。 （2）未检查工器具外观及试验合格证，每项扣0.5分。 （3）未正确使用检测仪器对工器具进行检测，每项扣1分。 （4）汇报检测结果不规范，扣1分；不完整，每项扣0.5分			
6	登塔	（1）中间电位电工再次核对线路双重名称及相别，检查并确认脚钉齐全、牢固；系好安全带、加挂防坠器；对双保险安全带、防坠器做冲击试验，方法正确；并进行汇报。工作负责人检查并确认中间电位电工穿戴的双保险安全带各部件的连接情况良好，包括肩带、胸带、腰带、腿带、后背保护绳、扣和环。 （2）背上工具包，携带绝缘传递绳（含绝缘滑车），方法正确。 （3）登塔过程中系好防坠落保护装置，脚踩脚钉、手抓主材、匀步登塔至合适位置，系好安全带，脱离防坠器	5	（1）中间电位电工未核对线路双重名称、杆号、相别、塔材情况，每项扣1分；核对完未汇报，扣1分。 （2）双保险安全带及防坠器未进行冲击试验，每项扣2分。 （3）现场工作负责人未对中间电位电工进行安全防护装备进行检查，扣1分。 （4）手抓脚钉，每次扣0.5分。 （5）滑车传递绳悬挂位置不合理，扣1分。 （6）转位时失去安全带保护，扣5分			
7	进入强电场	（1）中间电位电工携带绝缘传递绳，转位至作业相耐张绝缘子串挂点处，将安全带主带系挂在绝缘子串连接金具上，将安全带后备保护绳系留在横担适当位置。 （2）中间电位电工再次检查并确认屏蔽服各部分连接良好、绝缘子串连接良好及故障绝缘子位置，经工作负责人许可后，双手抓扶一串，双脚踩另一串，采用"跨二短三"作业方式，沿绝缘子串平稳移动到作业点；手与脚的位置必须保持对应一致，安全带主带系挂在手扶的绝缘子串上，并同步移动。 （3）中间电位电工到达作业点后，在绝缘子串适当位置用绝缘绳套固定绝缘滑车，穿入绝缘传递绳；安装牢固可靠，便于工作	5	（1）安全带后背保护绳系留位置不合理、使用不规范，扣2分。 （2）中间电位电工未检查屏蔽服连接情况、绝缘子串连接情况及故障绝缘子位置，每项扣1分。 （3）未得到工作负责人许可就进入强电场，扣5分。 （4）中间电位电工进入强电场动作不正确，反复放电，每次扣2分。 （5）绝缘传递绳安装位置不合理，扣1分。 （6）高处坠物，每次扣2分。 （7）转位时失去安全带保护，扣5分			

续表

序号	项目名称	质量要求	分值	扣分标准	扣分原因	扣分	得分
8	安装工具	（1）地面电工使用绝缘传递绳将闭式卡、液压丝杠等工具分别传至中间电位电工，起吊过程平稳、无磕碰、无缠绕，正确使用绳结。 （2）中间电位电工将闭式卡前卡安装在需要更换绝缘子后两片绝缘子的卡槽内，后卡安装在需要更换绝缘子前一片绝缘子的钢帽上，并连接好液压丝杠。承力工具各部分安装牢固可靠。 （3）检查并确认承力工具各部分安装情况良好，经工作负责人许可后，操作液压丝杠使其逐渐受力，使需更换的绝缘子松弛。两根液压丝杠的受力应均匀	15	（1）起吊过程不平稳，出现磕碰、缠绕，每次扣1分。 （2）高处坠物，每次扣2分。 （3）卡具安装不正确、固定不到位，扣2分。 （4）未检查承力工具安装情况，扣3分；检查了未报告，扣1分；报告了但工作负责人未同意即开始收紧丝杠，扣1分。 （5）作业过程短接绝缘子片数超过4片，每次扣3分。 （6）安装卡具出现绝缘子碰撞破损，扣15分。 （7）未均衡收紧丝杠，扣2分			
9	更换绝缘子	（1）中间电位电工做冲击试验，检查并确认承力工具受力正常，经工作负责人许可后，用绝缘传递绳系好旧绝缘子，取出旧绝缘子两端锁紧销，继续操作并收紧液压丝杠，直至拆除旧绝缘子。两根液压丝杠的受力应均匀，操作手柄不得敲击绝缘子。 （2）地面电工用绝缘传递绳的另一端系好新绝缘子，采用旧下、新上的方法，将新绝缘子传给中间电位电工。起吊过程平稳、无磕碰、无缠绕，正确使用绳结。 （3）安装新绝缘子，并复位其两端锁紧销	20	（1）未检查承力工具受力情况，扣3分；检查了未报告，扣2分；报告了但工作负责人未同意即取出旧绝缘子两端锁紧销，扣1分。 （2）未均衡收紧丝杆，扣2分。 （3）操作手柄敲击绝缘子，每次扣1分。 （4）绳结错误，扣1分。 （5）高处坠物，每次扣2分。 （6）新旧绝缘子相互碰撞，扣1分。 （7）传递绝缘子与塔身相互碰撞，每次扣1分。 （8）绝缘绳缠绕，扣2分			
10	拆除工具	（1）中间电位电工检查新绝缘子连接可靠，经工作负责人许可后，操作并松出液压丝杠，使更换的绝缘子逐渐受力。 （2）荷载转移完毕后，中间电位电工做冲击试验，检查并确认新绝缘子受力情况良好，经工作负责人许可后，拆除系在绝缘子上的绝缘传递绳，并将其系牢于承力工具适当位置，拆除液压丝杠、闭式卡等承力工具，在地面电工配合下传递至地面。传递过程平稳、无磕碰、无缠绕，正确使用绳结	15	（1）未检查新绝缘子连接情况，扣3分；检查了未报告，扣2分；报告了但工作负责人未同意即松液压丝杠，扣1分。 （2）未检查新绝缘子受力情况，扣3分；检查了未报告，扣2分；报告了但工作负责人未同意即拆除液压丝杠，扣1分。 （3）捆扎工具时，未正确使用绳结，扣1分。 （4）高处坠物，每次扣2分。 （5）工器具相互碰撞扣，每次扣1分；工器具与带电体或塔身相互碰撞，每次扣1分；绝缘绳缠绕，扣2分			

续表

序号	项目名称	质量要求	分值	扣分标准	扣分原因	扣分	得分
11	退出强电场	(1) 中间电位电工检查作业部位无遗留物后，带好绝缘传递绳，作退出电位准备。 (2) 中间电位电工按照“跨二短三”作业方式退出等电位	5	(1) 未向工作负责人申请即退出强电场，扣2分；申请了但未得同意即开始退出强电场，扣1分。 (2) 中间电位电工退出强电场动作不正确，反复放电，每次扣2分。 (3) 未有效控制后备保护绳，扣1分			
12	返回地面	塔上电工检查塔上无遗留物后，经工作负责人许可后携带绝缘传递绳下塔	5	(1) 下塔过程未使用防坠器，扣5分。 (2) 塔上移位失去安全带保护，扣5分。 (3) 下塔手抓脚钉，每次扣1分。 (4) 塔上有遗留物，扣2分			
13	工作结束	(1) 工作负责人组织全体工作成员整理工器具和材料，将工器具清洁后放入专用的箱（袋）中；清理现场，做到“工完料尽场地清”。 (2) 召开班后会，工作负责人进行工作总结和点评工作。点评本次工作的施工质量；点评全体工作成员的安全措施落实情况。 (3) 工作负责人向值班调控人员汇报工作结束，申请恢复线路再启动，终结工作票	10	(1) 工器具未清理，扣2分。 (2) 工器具有遗漏，扣2分。 (3) 未开班后会，扣2分。 (4) 未拆除围栏，扣2分。 (5) 未向调度汇报，扣2分			
	合计		100				

模块五　带电更换±800kV特高压输电线路导线间隔棒培训及考核标准

一、培训标准

（一）培训要求（见表1-5-1）

表1-5-1　　培训要求

模块名称	带电更换±800kV特高压输电线路导线间隔棒	培训类别	操作类
培训方式	实操培训	培训学时	21学时
培训目标	1. 掌握沿耐张绝缘子串进、出±800kV强电场时采用“跨二短三”作业方式的电学意义。 2. 能完成沿耐张绝缘子串进入±800kV等电位作业点。 3. 能独立完成更换导线间隔棒的操作（等电位作业法）		
培训场地	特高压直流实训线路		
培训内容	采用“跨二短三”作业方式沿耐张绝缘子串进入强电场，采用等电位作业法带电更换±800kV特高压直流输电线路八分裂导线间隔棒		
适用范围	特高压直流输电线路检修人员		

（二）引用规程规范

（1）《±800kV直流架空输电线路设计规范》（GB/T 50790—2013）。

（2）《±800kV直流架空输电线路检修规程》（DL/T 251—2012）。

（3）《±800kV直流架空输电线路运行规程》（GB/T 28813—2012）。

（4）《±800kV直流线路带电作业技术规范》（DL/T 1242—2013）。

（5）《±800kV特高压输电线路金具技术规范》（GB/T 31235—2014）。

（6）《国家电网公司带电作业工作管理规定（试行）》（国家电网生〔2007〕751号）。

（7）《国家电网公司电力安全工作规程（线路部分）》（Q/GDW 1799.2—2013）。

（8）《电工术语　架空线路》（GB/T 2900.51—1998）。

（9）《电工术语　带电作业》（GB/T 2900.55—2016）。

（10）《带电作业工具设备术语》（GB/T 14286—2002）。

（11）《带电作业用绝缘滑车》（GB/T 13034—2008）。

（12）《带电作业用绝缘绳索》（GB 13035—2008）。

（13）《带电作业用工具、装置和设备使用的一般要求》（DL/T 877—2004）。

（14）《带电作业工具、装置和设备预防性试验规程》（DL/T 976—2005）。

（15）《±800kV特高压输电线路带电作业技术导则》（Q/GDW 302—2009）。

（16）《带电作业用屏蔽服装》（GB/T 6568—2008）。

（17）《带电作业工具基本技术要求与设计导则》（GB 18037—2008）。

（18）《带电设备红外线诊断应用规范》（DL/T 664—2016）。

（三）培训教学设计

本设计以完成“带电更换±800kV特高压输电线路导线间隔棒”为工作任务，按工作任务完成的标准化作业流程来设计各个培训阶段，每个阶段包括了具体的培训目标、培训内容、培训学时、培训方法（培训资源）、培训环境和考核评价等内容，如表1-5-2所示。

表 1-5-2　　带电更换±800kV 特高压输电线路导线间隔棒培训内容设计

培训流程	培训目标	培训内容	培训学时	培训方法与资源	培训环境	考核评价
1. 理论教学	1. 初步掌握沿绝缘子串进出±800kV强电场基本方法。 2. 熟悉电位转移的方法。 3. 熟悉输电线路受损导线间隔棒更换方法。 4. 熟悉特高压直流线路带电作业的安全距离、危险点辨识及预控	1. 沿绝缘子进出强电场"跨二短三"作业方式的电学意义。 2. 进、出特高压强电场时电位转移棒的使用方法。 3. 输电线路导线间隔棒更换方法和质量标准。 4. 特高压直流线路带电作业安全距离、危险点分析及预控措施	2	培训方法：讲授法。 培训资源：PPT、相关规程、规范及技术导则	多媒体教室	考勤、课堂提问和作业
2. 准备工作	能完成作业前准备工作	1. 作业现场查勘。 2. 编制培训标准化作业卡。 3. 填写培训操作工作票。 4. 完成本操作的工器具及材料准备	1	培训方法： 1. 现场查勘和工器具及材料准备采用现场实操方法。 2. 编写作业卡和填写工作票采用讲授方法。 培训资源： 1. ±800kV 实训线路。 2. 特高压工器具库房。 3. 空白工作票	1. ±800kV实训线路 2. 多媒体教室	
3. 作业现场准备	能完成作业现场准备工作	1. 作业现场复勘。 2. 工作申请。 3. 作业现场布置。 4. 班前会。 5. 工器具及材料检查。 6. 间隔棒专用扳手使用方法	1	培训方法：演示与角色扮演法。 培训资源：±800kV实训线路	±800kV 实训线路	
4. 培训师演示	通过现场观摩，使学员初步领会本任务操作流程	1. 等电位电工沿耐张绝缘子串进、出强电场及电位转移。 2. 等电位电工采用走线方式到达间隔棒更换位置。 3. 等电位电工用专用工具完成导线间隔棒更换	2	培训方法：演示法。 培训资源：±800kV实训线路	±800kV 实训线路	
5. 学员分组训练	1. 能完成沿绝缘子串进、出±800kV强电场及电位转移操作。 2. 能完成±800kV输电线路导线间隔棒更换作业	1. 学员分组（6人一组）训练进、出±800kV强电场、电位转移和更换导线间隔棒技能操作。 2. 培训师对学员操作进行指导和安全监护	14	培训方法：角色扮演法。 培训资源：±800kV实训线路	±800kV 实训线路	采用技能考核评分细则对学员操作评分

续表

培训流程	培训目标	培训内容	培训学时	培训方法与资源	培训环境	考核评价
6. 工作终结	1. 使学员进一步辨析操作过程中不足之处，便于后期提升。 2. 培养学员树立安全文明生产的工作作风	1. 作业现场清理。 2. 向调度汇报工作。 3. 班后会，对本次工作任务进行点评总结	1	培训方法：讲授和归纳法	±800kV 实训线路	

（四）作业流程

1. 工作任务

采用“跨二短三”的作业方式沿耐张绝缘子串进入强电场、到达作业点，采用等电位作业法带电更换±800kV 特高压输电线路八分裂导线间隔棒。本作业任务适用于海拔 1000m 及以下地区±800kV 直流单回输电线路耐张塔边相导线第一个间隔棒作业点位。

2. 天气及作业现场要求

（1）带电更换±800kV 特高压输电线路导线八分裂间隔棒应在良好的天气进行。

如遇雷电（听见雷声、看见闪电）、雪、雹、雨、雾等，不应进行带电作业。风力大于 5 级时，不宜进行带电作业；相对湿度大于 80%的天气时，如需进行带电作业应采用具有防潮性能的绝缘工具；恶劣天气下必须开展带电抢修时，应组织有关人员充分讨论并编制必要的安全措施，经本单位批准后方可进行。

（2）作业人员精神状态良好，熟悉工作中保证安全的组织措施和技术措施；应持有在有效期内的带电作业资质证书。

（3）工作负责人应事先组织相关人员完成现场勘察，根据勘察结果确定本次作业方法和所需工器具，以及应采取的必要措施，并办理带电作业工作票。

（4）作业现场应合理设置围栏，并妥当布置警示标示牌，禁止非工作人员入内。

（5）本项目需停用直流再启动装置。

（6）工作中安全距离及有效绝缘长度如表 1-5-3 所示。

表 1-5-3　带电更换±800kV 特高压输电线路导线间隔棒的安全距离　（m）

电压等级	人身与带电体安全距离	与邻相导线的最小距离	最小有效绝缘长度		最小组合间隙	转移电位时人体裸露部分与带电体的最小距离
			绝缘操作杆	绝缘承力工具、绝缘绳索		
±800kV	6.8（7.3）	6.8（7.3）	6.8	6.8	6.6	0.5

注　1. 海拔高度 1000m 以上时，±800kV 直流单回输电线路带电作业中的安全距离采用括号内 7.3m 的数据、绝缘工具最小有效绝缘长度采用括号内 7.3m 的数据、组合间隙采用括号内 7.2m 的数据。
2. 因为±800kV 特高压线路相间距离足够大（一般控制相地距离即可），不做重要安全因素考虑，所以《安规》没有给出“与邻相导线的最小距离”的数据，实际工作中可以参考 750kV 的数据。

（7）在±800kV 输电线路上作业，应保证作业相良好绝缘子片数不少于 37 片（单片绝缘子高度 170mm）、32 片（单片绝缘子高度 195mm）、31 片（单片绝缘子高度 205mm）、26 片（单片绝缘子高度 240mm）。

3. 准备工作

3.1　危险点及其预控措施

（1）危险点——触电伤害。

预控措施：

1）工作前，工作负责人应与值班调控人员联系，停用线路直流再启动装置，并履行许可手续。

2）塔上等电位作业人员登塔前，必须仔细核对线路名称、杆塔编号、相别，确认无误后方可登塔。

3）工作中，如遇线路突然停电，作业人员应视其仍然带电。工作负责人应尽快与调控人员联系，值班调控人员未与工作负责人取得联系前不准强送电。

4）地面电工操作绝缘工具时应戴清洁、干燥的防汗手套，绝缘工具及绝缘绳索不得损坏、受潮、变形、失灵，不准使用非绝缘绳索（如棉纱绳、白棕绳、钢丝绳），现场所使用的带电作业工具应放置在防潮布上，防止绝缘工具在使用中脏污和受潮。

5）等电位作业人员应穿着阻燃内衣，衣服外面应穿戴全套±800kV带电作业用屏蔽服（包括连衣裤帽、面罩、手套、导电袜和导电鞋），且各部分应连接良好，全套屏蔽服衣裤最远端点之间的电阻值不得大于20Ω。

6）等电位作业人员在电位转移前，应得到工作负责人的许可，人体裸露部分与带电体的最小距离不小于0.5m；电位转移时，应使用电位转移棒，动作应迅速，严禁用头部充放电；与地电位作业人员传递工具和材料时，使用绝缘工具或绝缘绳索的有效长度应符合表1-5-3的规定。

7）用绝缘绳索传递大件金属物品时，地电位作业人员应将金属物品接地后再与绝缘绳接触。

8）专责监护人应对作业人员进行不间断监护，随时纠正其不规范或违章动作。重点关注高处作业人员，使其保持足够的安全距离（应符合表1-5-3的规定），禁止同时接触两个非连通的带电体或带电体与接地体。

（2）危险点——高处坠落。

预控措施：

1）高处作业人员登高前，必须具备符合本项作业要求的身体状况、精神状态和技能素质。

2）高处作业人员登塔前对安全带和防坠器进行外观检查和冲击试验检查，确保其机械强度符合要求。

3）高处作业人员应先检查脚钉是否齐全牢固、鞋底是否清洁，防坠装置是否牢固可靠并加挂防坠器；上下塔时，手抓主材、脚踩脚钉、匀步登（下）塔。

4）监护人员应随时纠正其不规范或违章动作，重点关注高处作业人员在转位的过程中不得失去安全带或绝缘后备保护绳的保护，安全带系在牢固部件上，严禁低挂高用。

5）等电位作业人员在绝缘子串上平行移动通常采取双手抓扶一串，双脚踩另一串的姿势匀速进入强电场，移动过程中，后备保护绳兜住二串绝缘子，避免大挥手、大迈步等动作发生。

6）等电位作业人员沿导线走线，必须系好安全带，并使后备保护绳需将子导线全部兜住；走线过程中应控制重心，防止导线翻转。

（3）危险点——高处坠物伤人。

预控措施：

1）高处作业人员的个人工具及零星材料应装入工具袋，严禁在高处浮置物件、口中含物。

2）地面作业人员必须正确佩戴安全帽，正确使用绳结传递工器具及材料，与作业点垂直下方距离不得小于坠落半径。

3）作业现场设置围栏并挂好警示标示牌。监护人员应时刻注意，禁止非工作人员及车辆进入作业区域。

3.2 工器具及材料选择

带电更换±800kV 特高压输电线路八分裂导线间隔棒所需工器具及材料见表 1-5-4。工器具出库前，应认真核对工器具的使用电压等级和试验周期，并检查确认外观良好、连接牢固、转动灵活，且符合本次工作任务的要求；工器具出库后，应存放在工具袋或工具箱内进行运输，防止脏污、受潮；金属工具和绝缘工器具应分开装运，防止因混装运输导致工器具变形、损伤等现象发生。

表 1-5-4　带电更换±800kV 特高压输电线路导线间隔棒所需工器具及材料表

序号	名称	规格型号	单位	数量	备注
1	绝缘传递绳	TJS-12，长度与起吊高度匹配	根	2	绝缘工具
2	绝缘后备保护绳	TJS-16，加缓冲器	根	2	绝缘工具
3	绝缘滑车	JH10-0.5	只	2	绝缘工具
4	绝缘绳套	TJS-14	根	2	绝缘工具
5	电位转移棒	0.4m	根	1	绝缘工具
6	绝缘千斤绳		根	4	绝缘工具
7	Ⅰ型屏蔽服（连衣裤帽、面罩、手套和导电袜）	屏蔽效率≥60dB（屏蔽面罩屏蔽效率≥20dB）	套	2	个人防护用具
8	导电鞋	尺码视穿着人员而定	双	2	个人防护用具
9	阻燃内衣	纯桑蚕丝	套	2	个人防护用具
10	双保险安全带	全身背带式	副	2	个人防护用具
11	防坠器	与杆塔防坠器装置型号对应	只	2	个人防护用具
12	安全帽		顶	6	个人防护用具
13	间隔棒专用扳手	八分裂间隔棒用	个	1	专用工具
14	绝缘电阻测试仪	5000V，电极宽 2cm、极间宽 2cm	套	1	其他工具
15	风速、温湿度测试仪	HT-8321	套	1	其他工具
16	万用表		只		其他工具
17	对讲机	视工作需要	套	2	其他工具
18	防潮布	2m×4m	块	2	其他工具
19	安全围栏		套	若干	其他工具
20	警示标示牌	“在此工作”“从此进出”“从此上下”	套	1	其他工具
21	红马甲	“工作负责人”	件	1	其他工具
22	清洁毛巾	棉质	条	1	其他工具
23	鞋套		双	若干	其他工具
24	工作手套		双	若干	其他工具
25	个人工具	工具袋、平口钳、记号笔	套	2	其他工具
26	八分裂间隔棒	与被更换间隔棒同型号	只	1	材料

注　绝缘工器具的电气及机械强度应满足 Q/GDW 1799.2—2013《国家电网公司电力安全工作规程（线路部分）》要求，试验合格并在有效期内。

3.3 作业人员分工

本任务作业人员分工如表 1-5-5 所示。

表 1-5-5　　带电更换±800kV特高压输电线路导线间隔棒人员分工表

序号	工作岗位	数量（人）	工作职责
1	工作负责人	1	负责本次工作任务的人员分工、工作票的宣读、办理线路停用重合闸、办理工作许可手续、召开工作班前会、工作中突发情况的处理、工作质量的监督、工作后的总结
2	专责监护人	1	负责作业过程中的安全监督及把控
3	等电位电工	1	负责进入等电位更换八分裂导线间隔棒工作
4	塔上地电位电工	1	协助等电位电工进出强电场
5	地面电工	2	负责执行现场安全措施、布置作业现场、检查工器具、传递工具及材料，配合等电位电工进出等电位

4. 工作程序

本任务工作流程如表 1-5-6 所示。

表 1-5-6　　带电更换±800kV特高压输电线路导线间隔棒工作流程表

序号	作业内容	作业步骤及标准	安全措施及注意事项	责任人
1	现场复勘	工作负责人负责完成以下工作： （1）现场核对线路名称、杆塔编号，相别无误；基础及杆塔完好无异常；交叉跨越距离符合安全要求；确认缺陷情况及导地线规格型号等。 （2）检测风速、湿度等现场气象条件符合作业要求。 （3）检查地形环境符合作业要求。 （4）检查工作票所列安全措施与现场实际情况相符，必要时予以补充	（1）正确穿戴安全帽、工作服、工作鞋、劳保手套。 （2）不得在危及作业人员安全的气象条件下作业。 （3）严禁非工作人员、车辆进入作业现场	
2	工作许可	（1）工作负责人负责联系值班调控人员，按工作票内容申请停用线路重合闸。 （2）经值班调控人员许可后，方可开始带电作业工作	不得未经值班调控人员许可即开始工作	
3	现场布置	正确装设安全围栏并悬挂标示牌： （1）安全围栏范围应充分考虑高处坠物，以及对道路交通的影响。 （2）安全围栏出入口设置合理。 （3）妥当布置齐备“从此进出”“在此工作”“从此上下”等标示	对道路交通安全影响不可控时，应及时联系交通管理部门强化现场交通安全管控	
4	召开班前会	（1）全体工作成员列队。 （2）工作负责人宣读工作票，明确工作任务及人员分工；讲解工作中的安全措施和技术措施；查（问）全体工作成员精神状态；告知工作中存在的危险点及采取的预控措施。 （3）全体工作成员在工作票上签名确认	（1）工作票填写、签发和许可手续规范，签名完整。 （2）全体工作成员精神状态良好。 （3）全体工作成员明确任务分工、安全措施和技术措施	
5	检查工器具	（1）塔上地电位电工和等电位电工正确地穿戴好屏蔽服并检测合格，由负责人监督检查。 （2）正确佩戴个人安全用具（大小合适，锁扣自如），由负责人监督检查。	（1）金属、绝缘工具使用前，应仔细检查其是否损坏、变形、失灵。绝缘工具应使用5000V及以上绝缘电阻测试仪进行分段绝缘检测，阻值应不低于700MΩ，并用清洁干燥的毛巾将其擦拭干净。	

续表

序号	作业内容	作业步骤及标准	安全措施及注意事项	责任人
5	检查工器具	（3）测量风速风向、湿度，检查绝缘工具的绝缘性能，并做好记录	（2）用万用表测量屏蔽服衣裤最远端点之间的电阻值不得大于20Ω。工作负责人认真检查作业电工屏蔽服的连接情况。 （3）检查工具组装情况并确认连接可靠。 （4）现场所使用的带电作业工具应放置在防潮布上	
6	登塔	（1）核对线路名称、杆塔编号无误后，塔上地电位电工和等电位电工冲击检查安全带、防坠器受力情况。 （2）塔上地电位电工携带绝缘传递绳登塔、等电位电工随后登塔，两人至横担作业点，选择合适位置系好安全带，塔上地电位电工将绝缘滑车和绝缘传递绳安装在横担合适位置，然后配合地面电工将绝缘传递绳分开作起吊准备	（1）核对线路名称和杆塔编号无误后，方可登塔作业。 （2）登塔过程中应使用塔上安装的防坠装置；杆塔上移动及转位时，不准失去安全保护，作业人员必须攀抓牢固构件。 （3）作业电工必须穿全套合格的屏蔽服，且全套屏蔽服必须连接可靠。在横担进入等电位前，等电位电工再次检查确认屏蔽服各部位连接可靠后方能进行下一步操作	
7	进入强电场	（1）等电位电工将安全带转移到绝缘子连接金具上，并携带电位转移棒、绝缘滑车和绝缘传递绳。 （2）等电位电工检查屏蔽服各部分连接良好后报经工作负责人同意后，双手抓扶一串，双脚踩另一串，采用“跨二短三”作业方式沿绝缘子串进入强电场。 （3）当作业人员平行移动至距导线侧均压环3片绝缘子时，应停止移动，利用电位转移棒进行电位转移	（1）等电位电工进入电位前必须得到工作负责人的许可。 （2）等电位电工进入绝缘子串时应交替使用安全带和后备保护绳（用后备保护绳兜住两串绝缘子、手抓扶其中一串，脚踩另一串），不得失去安全带的保护；并调整好绝缘传递绳和电位转移棒。 （3）等电位电工在进入电位过程中手和脚应协调配合，速度均匀，避免大挥手、大迈步等动作发生；与接地体和带电体两部分间隙所组成的组合间隙边相应大于6.6m。 （4）与相邻导线的最小距离大于6.8m。 （5）等电位电工进行电位转移前应检查电位转移棒与屏蔽服的电气连接是否可靠，人体裸露部分与带电体的最小距离应大于0.5m，并得到工作负责人的许可；电位转移时不得失去安全带的保护，进入强电场瞬间动作准确、平稳、迅速	
8	更换导线八分裂间隔棒	（1）等电位电工进入等电位后，将安全带系在上子导线上，并装好走线绝缘保护绳（需将子导线全部兜住）。 （2）等电位电工携带绝缘传递绳沿导线走线至更换间隔棒作业点，先将绝缘绳套安装在子导线上合适位置，其次连接绝缘滑车和绝缘传递绳，再将绝缘滑车钩挂在绝缘绳套内。 （3）等电位电工对导线上旧间隔棒安装点使用记号笔4点对称画印进行标记。 （4）等电位电工在旧间隔棒旁合适位置采用两两对应的方式安装4根绝缘千斤，将子导线可靠固定。	（1）等电位电工不得失去安全带的保护。 （2）等电位电工与地面电工要密切配合，听从工作负责人的指挥。 （3）与相邻导线的最小距离大于6.8m。 （4）导线间隔棒在上下传递过程中不得磕碰，绝缘传递绳索不得相互缠绕。	

续表

序号	作业内容	作业步骤及标准	安全措施及注意事项	责任人
8	更换导线八分裂间隔棒	(5) 等电位电工先利用绝缘传递绳采用活结的方式绑牢旧间隔棒，然后利用间隔棒专用扳手将旧间隔棒拆除，与地面电工配合利用绝缘传递绳将其放至地面。 (6) 地面电工起吊新间隔棒至等电位电工处，等电位电工对应画印标记，正确安装新间隔棒，安装完毕后，应保持间隔棒的平面与子导线垂直。 (7) 等电位电工依次拆除绝缘千斤、绝缘滑车、绝缘传递绳及绳套。 (8) 等电位作业过程中不得掉落工器具和材料	(5) 上下传递工具时，绑扎绳结应正确可靠，防止高处坠物。 (6) 传递工器具及材料过程中，地面电工禁止站立在等电位电工工作点位正下方	
9	退出强电场	(1) 经检查间隔棒安装牢固，作业点无遗留物后经工作负责人许可后，等电位电工携带绝缘传递绳沿导线返回均压环处，作退出电位准备。 (2) 等电位电工利用电位转移棒钩紧均压环，并进入距均压环的第3片绝缘子，一只手抓紧绝缘子，另一只手握电位转移棒，利用电位转移棒快速脱离等电位。 (3) 等电位电工按照“跨二短三”作业方式退出强电场	(1) 等电位电工退出电位前必须得到工作负责人的许可。 (2) 等电位电工返回绝缘子串时应交替使用安全带和后备保护绳，电位转移时不得失去安全带的保护，退出强电场瞬间动作准确、平稳、迅速。 (3) 等电位电工在脱离电位过程中手和脚应协调配合，速度均匀，避免大挥手、大迈步等动作发生；与接地体和带电体两部分间隙所组成的组合间隙边相应大于6.6m；人体裸露部分与带电体的最小距离应大于0.5m。 (4) 等电位电工沿绝缘子串移动时，用后备保护绳兜住两串绝缘子、手要抓牢，脚要踏实。 (5) 与相邻导线的最小距离应大于6.8m。 (6) 等电位电工返回横担时不得同时失去安全带或后备保护绳的保护	
10	返回地面	塔上电工检查塔上无遗留物后，向工作负责人汇报，得到工作负责人同意后携带绝缘传递绳下塔	下塔过程中应使用塔上安装的防坠装置，杆塔上移动及转位时，不得失去安全保护，作业人员必须攀抓牢固构件	
11	工作结束	(1) 工作负责人组织全体工作成员整理工器具和材料，将工器具清洁后放入专用的箱（袋）中；清理现场，做到“工完料尽场地清”。 (2) 召开班后会，工作负责人进行工作总结和点评工作。点评本次工作的施工质量；点评全体工作成员的安全措施落实情况。 (3) 工作负责人向值班调控人员汇报工作结束，申请恢复线路重合闸，终结工作票	严禁约时恢复线路再启动装置	

二、考核标准（见表1-5-7）

表1-5-7　　特高压直流输电线路运检技能考核评分细则

考生填写栏	编号：　姓　名：　所在岗位：　单　位：　日　期：　年　月　日						
考评员填写栏	成绩：　考评员：　考评组长：　开始时间：　结束时间：　操作时长：						
考核模块	带电更换±800kV特高压输电线路导线间隔棒	考核对象	特高压直流输电线路检修人员	考核方式	操作	考核时限	90min
任务描述	沿耐张绝缘子串进入强电场对±800kV特高压输电线路受损导线八分裂间隔棒进行带电更换（等电位作业法）						
工作规范及要求	1. 带电作业工作应在良好天气下进行。如遇雷、雨、雪、雾天气不得进行带电作业。风力大于5级或湿度大于80%时，一般不宜进行带电作业。 2. 本项作业需工作负责人1名，专责监护人1人、塔上地电工1人，等电位电工1人，地面辅助电工2人，采用沿绝缘子串进入强电场对±800kV特高压输电线路受损导线八分裂间隔棒进行带电更换。 3. 工作负责人职责：负责本次工作任务的人员分工、工作票的宣读、办理线路停用重合闸、办理工作许可手续、召开工作班前会、工作中突发情况的处理、工作质量的监督、工作后的总结。 4. 专责监护人：负责作业过程中的安全监督及把控。 5. 等电位电工职责：负责沿绝缘子串进入强电场对导线八分裂间隔棒进行更换。 6. 塔上地电工职责：协助等电位电工进、出强电场。 7. 地面电工职责：负责执行现场安全措施、布置作业现场、检查工器具、传递工具及材料，配合等电位电工进出等电位。 8. 在带电作业中，如遇雷、雨、大风或其他任何情况威胁到工作人员的安全时，工作负责人或监护人可根据情况，临时停止工作。 给定条件： 1. 培训基地：特高压直流±800kV实训线路耐张塔大号侧A相导线第1个八分裂间隔棒，导线型号：8×JL/G1A-630/45。 2. 工作票已办理，安全措施已经完备（重合闸已停用），工作开始、工作终结时应口头提出申请（调度或考评员）。 3. 作业现场装设安全围栏，悬挂“在此工作”“从此进出”等标示牌，安全措施已完备。 4. 安全、正确地使用仪器仪表对绝缘工具进行检测。 5. 上下塔过程中应使用防坠落装置，防止高处坠落。 6. 必须按标准化作业程序进行操作，工序错误扣除应做项目分值，出现重大人身、器材和操作安全隐患，考评员可下令终止操作（考核），本模块考核成绩记为“不合格”						
考核情景准备	1. 线路：特高压直流±800kV实训线路耐张塔大号侧A相导线，工作内容：带电更换±800kV受损导线间隔棒，导线型号：8×JL/G1A-630/45。 2. 所需作业工器具：绝缘传递绳2根（TJS-12），绝缘后备保护绳2根（TJS-16、加缓冲器），绝缘滑车2只（JH10-0.5），绝缘绳套2根（TJS-14），绝缘千斤4根，电位转移棒1根（0.4m），I型屏蔽服2套（连衣裤帽、面罩、手套和导电袜），导电鞋2双，防坠器2只，间隔棒专用扳手1个，绝缘电阻测试仪1套（5000V型），风速、温湿度测试仪1套（HT-8321），万用表1只，防潮布2块（2m×4m），红马甲1件（工作负责人），清洁毛巾2条，个人工具2套（工具袋、平口钳、记号笔），同型号八分裂间隔棒1只。 3. 作业现场做好监护工作，作业现场安全措施（围栏等）已全部落实；禁止非作业人员进入现场，工作人员进入作业现场必须戴安全帽。 4. 考生自备工作服，阻燃纯棉内衣，安全帽，线手套，安全带（含后备保护绳）						
备注	1. 本模块总分为100分，各项得分均以对应分值扣完即止，在规定时间内不能完成任务应立即终止考试，本模块成绩按已完成项实际得分统计，未完成项不得分。 2. 考核过程中因设备、作业环境、安全措施、安全防护、安全距离等不符合作业要求，或人为误操作，出现可能危及作业安全的任意情况，考评员应下令终止操作。 3. 考试前统一组织参考人员进行现场查勘，并提前办理工作票						

续表

序号	项目名称	质量要求	分值	扣分标准	扣分原因	扣分	得分
1	现场复勘	(1) 工作负责人到作业现场核对线路名称和杆塔编号、现场工作条件、缺陷部位等。 (2) 检测风速、湿度等现场气象条件符合作业要求。 (3) 检查工作票填写完整，无涂改，检查是否所列安全措施与现场实际情况相符，必要时予以补充	5	(1) 无工作票，本项不得分。 (2) 未核对双重称号，扣1分。 (3) 未核实现场工作条件（气象）、缺陷部位，每项扣1分。 (4) 工作票填写出现涂改、不整洁，每处扣0.5分；工作票编号有误，扣1分；工作票填写漏项，每项扣1分			
2	工作许可	(1) 工作负责人联系值班调控人员，按工作票内容申请停用线路重合闸。 (2) 汇报内容规范、完整，声音清楚洪亮。 (3) 及时履行相关许可手续	2	(1) 未取得调度部门（考评员）工作许可擅自开工，本项不得分。 (2) 汇报专业用语不规范、不完整或声音清楚洪亮各扣0.5分。 (3) 未申请停用重合闸，扣1分。 (4) 未复诵许可内容，扣1分。 (5) 复诵内容漏项，每项扣0.5分（许可人姓名、许可时间、工作任务、重合闸状态）。 (6) 未及时完善工作票，扣1分			
3	现场布置	正确装设安全围栏并悬挂标示牌： (1) 安全围栏范围应充分考虑高处坠物，以及对道路交通的影响。 (2) 安全围栏出入口设置合理。 (3) 妥当布置“从此进出”“在此工作”“从此上下”等标示	3	(1) 未装设作业现场安全围栏，扣2分。 (2) 作业现场安全围栏设置不合理，每处扣1分。 (3) 未设悬挂标示牌，扣1.5分。 (4) 悬挂标示牌不齐，每块0.5分。 (5) 非作业人员进入围栏区，每人扣0.5分			
4	召开班前会	(1) 全体工作成员正确佩戴安全帽、工作服。 (2) 工作负责人穿（戴）安全红马甲，宣读工作票，明确工作任务及人员分工；讲解工作中的安全措施和技术措施；查（问）全体工作成员精神状态；告知工作中存在的危险点及采取的预控措施。 (3) 全体工作成员在工作票上签名确认	3	(1) 工作成员安全帽佩戴不正确，每人扣0.5分，着装不整齐，每人次扣0.5分。 (2) 工作负责人和专责监护人未穿（戴）安全红马甲，每人扣0.5分。 (3) 未明确工作任务及分工，本项不得分。 (4) 人员分工不明确，扣1分。 (5) 安全措施、预控措施交代不全，扣1分。 (6) 未告知工作中存在的危险点，扣1分。 (7) 未确认工作班成员精神状态，扣1分。 (8) 工作班成员未签字或签字不全，扣1分			
5	工器具检查	(1) 工作班成员在合适位置正确设置防潮布，防潮布应清洁、干燥，严禁踩踏苫布。 (2) 工器具应按定置管理要求分类、整齐摆放于防潮布上；绝缘工器具不能与金属工具、材料混放；对工器具及仪器仪表进行外观检查。	7	(1) 防潮布设置位置不合适，扣1分。 (2) 踩踏防潮布，每次扣0.5分。 (3) 工器具未分类定置摆放，扣1分。 (4) 未检查工器具及仪器仪表试验合格标签和外观检查，每件扣1分。			

续表

序号	项目名称	质量要求	分值	扣分标准	扣分原因	扣分	得分
5	工器具检查	(3) 各种工具均试验合格，并在试验有效时间内。绝缘工具表面不应磨损、变形损坏，操作应灵活。绝缘工具应使用5000V及以上绝缘电阻表进行分段绝缘检测，阻值应不低于700MΩ，并用清洁干燥的毛巾将其擦拭干净。 (4) 塔上地电位和等电位人员按要求正确穿戴全套合格的屏蔽服、导电鞋，且各部分连接应良好，屏蔽服内不得贴身穿着化纤类衣服，并系好安全带；工作负责人应认真检查确认是否穿戴正确、各部连接良好。 (5) 全套屏蔽服应使用万用表进行测试，其最远两点之间阻值不大于20Ω，单件不大于15Ω。 (6) 登塔电工对安全带及后备保护绳、防坠器进行外观检查，并经冲击试验合格	7	(5) 工器具及仪器仪表检查漏项，每件扣0.5分。 (6) 仪器仪表、工器具检查方法不正确，每件扣0.5分。 (7) 未对硬质绝缘工具进行清洁、擦拭，每件扣0.5分。 (8) 未戴清洁干燥的棉线手套持、拿绝缘工具，每次扣0.5分。 (9) 未正确使用检测仪器对工器具及全套屏蔽服进行检测，每项扣1分。 (10) 登塔电工未正确穿戴屏蔽服或连接部分未检查，每人扣2分。 (11) 安全带及后备保护绳、防坠器未外观检查和冲击试验（或方式不正确），每项扣1分 (12) 工作负责人未检查或漏查登塔电工安全防护装备，每项扣1分			
6	登塔	(1) 登塔人员再次核对双重名称、杆号、相别并向工作负责人报告及申请登塔。 (2) 塔上地电位电工、等电位电工携带绝缘传递绳相继登塔。 (3) 登塔过程中必须使用防坠落装置，手抓主材、匀步登塔，安全带及后备保护绳挂在肩上并与带电体保持6.8m以上安全距离，工作负责人加强作业监护。 (4) 登塔至合适位置，正确使用安全带，布置好绝缘传递绳，然后塔上地电位电工配合地面电工将绝缘传递绳分开作起吊准备。 (5) 工作负责人认真监护并提醒整个登塔过程	5	(1) 登塔电工未核对线路双重名称、塔号、相别，每项扣1分。 (2) 登塔电工未报告核对结果，未申请登塔，每项扣1分。 (3) 未使用防坠落装置登塔，考评员应下令终止操作（考核）。 (4) 手抓脚钉登塔，每次扣0.5分。 (5) 登塔踩滑、踏空，每次扣1分。 (6) 安全带主带和后备保护绳未挂肩上，每人扣1分。 (7) 安全带及后备保护绳发生缠绕、勾住，每次扣1分。 (8) 安全带及后备保护绳低挂高用，每次扣1分。 (9) 安全带及后备保护绳系在同一构件上，每次扣1分。 (10) 高处作业失去安全带的保护，本项不得分。 (11) 安装滑车未使用绝缘绳套，扣1分。 (12) 滑车传递绳悬挂位置不便于工具取用，扣1分。 (13) 工作负责人监护及提醒不到位，扣1分。 (14) 安全距离不够，考评员应下令终止操作（考核）			

续表

序号	项目名称	质量要求	分值	扣分标准	扣分原因	扣分	得分
7	进入强电场	（1）进入电位前检查屏蔽服各部分连接良好后，报经工作负责人同意。 （2）等电位电工将安全带转移到绝缘子连接金具上，并携带电位转移棒、绝缘滑车和绝缘传递绳。 （3）等电位电工进入绝缘子串前必须系好保护绳（用后备保护绳兜住两串绝缘子、双手抓扶其中一串，脚踩另一串）。 （4）采用“跨二短三”作业方式沿绝缘子串平行移动至距导线侧均压环3片绝缘子时，应停止移动，得到工作负责人许可后，利用电位转移棒进行电位转移。 （5）等电位电工在进入电位过程中与接地体和带电体两部分间隙所组成的组合间隙边相不得小于6.6m，进入强电场必须用电位转移棒进行电位转移，人体裸露部分与带电体的最小距离不得小0.5m。 （6）进入强电场过程不得失去安全带的保护	10	（1）等电位电工未检查屏蔽服各连接部分，扣2分。 （2）等电位电工转移到绝缘子连接金具上失去安全带的保护，扣2分。 （3）等电位电工与接地体和带电体两部分间隙所组成的组合间隙不够，扣2分。 （4）等电位电工进入强电场动作不正确、不熟练，每次扣2分。 （5）等电位电工电位转移过程中裸露部分距离不够，导致反复放电，扣2分。 （6）转移电位动作不熟练，扣1分。 （7）电位转移过程未使用电位转移棒，扣5分。 （8）未得到工作负责人许可就进行电位转移，扣3分。 （9）等电位电工进入强电场过程失去安全带的保护，扣2分。 （10）工作负责人监护及提醒不到位，扣2分			
8	更换导线八分裂间隔棒	（1）等电位电工进入等电位后，将围杆带系在上子导线上，并装好走线绝缘保护绳（需将子导线全部兜住）。 （2）等电位电工携带绝缘传递绳走线至更换间隔棒作业点，将绝缘绳套正确装在子导线合适位置，并挂好绝缘滑车和绝缘传递绳。 （3）等电位电工使用记号笔对旧间隔棒固定点对称画印，做好标记。 （4）等电位电工在旧间隔棒旁合适位置采用两两对应的方式安装4根绝缘千斤，将子导线可靠固定。 （5）等电位电工首先采用活结的方式将绝缘传递绳绑牢于旧间隔棒上，然后利用间隔棒专用扳手拆除旧间隔棒，与地面电工配合将其放至地面防潮布上。 （6）地面电工起吊新间隔棒传递给等电位电工。 （7）等电位电工对应画印及标记，正确使用间隔棒专用扳手安装新间隔棒，安装质量应保持间隔棒的平面与子导线垂直。 （8）等电位电工依次拆除绝缘千斤、绝缘滑车及绝缘传递绳、绳套。	40	（1）绝缘保护绳未将子导线全部兜住，扣3分。 （2）走线过程围杆带未系在上子，扣2分。 （3）走线动作不熟练，扣2分。 （4）绝缘滑车直接钩挂在导线上，扣5分。 （5）绝缘绳套安装方式错误或位置不合适，每项扣1分。 （6）绝缘滑车钩挂绝缘绳套内后未闭锁，扣1分。 （7）未画印及标记，扣3分。 （8）未安装4根绝缘千斤进行子导线固定，每根扣2分。 （9）未系绳结就开始拆除间隔棒，扣5分。 （10）拆除工器具时动作慌乱，扣2分。 （11）发生高处坠物，每件扣3分。 （12）发生高处抛掷旧间隔棒，本模块不得分。 （13）地面电工站立在等电位电工工作点位正下方，每人次扣2分。 （14）旧间隔棒未落放在防潮布上，扣1分。 （15）上下传递工具时绑扎绳结方式错误，扣1分。 （16）未安装完新间隔棒就解开绳结，扣5分。			

续表

序号	项目名称	质量要求	分值	扣分标准	扣分原因	扣分	得分
8	更换导线八分裂间隔棒	(9) 等电位作业过程中不得掉落工器具和材料		(17) 安装新间隔棒偏离原间隔棒位置，扣3分。 (18) 安装完后，新间隔棒的平面与子导线不垂直，扣3分。 (19) 未拆除绝缘千斤、绝缘滑车及绝缘传递绳、绳套，每件扣1分。 (20) 未按顺序拆除绝缘千斤、绝缘滑车及绝缘传递绳、绳套，扣2分。 (21) 未完成新旧间隔棒的更换工作，本模块不得分。 (22) 与相邻导线安全距离不够，考评员应下令终止操作，考试不及格			
9	退出强电场	(1) 经检查间隔棒安装牢固，作业点无遗留物后经工作负责人许可，等电位电工携带绝缘传递绳沿导线返回均压环处，作退出电位准备。 (2) 等电位电工利用电位转移棒钩紧均压环，并进入距均压环的第3片绝缘子，一只手抓紧绝缘子，另一只手握电位转移棒，利用电位转移棒快速脱离等电位。 (3) 退出强电场过程不得失去安全带的保护。 (4) 等电位电工按照“跨二短三”作业方式沿绝缘子串退出强电场，转移到横担上。 (5) 等电位电工在退出电位过程中与接地体和带电体两部分间隙所组成的组合间隙边相不得小于6.6m，退出强电场必须用电位转移棒进行电位转移，人体裸露部分与带电体的最小距离不得小于0.5m	10	(1) 作业点有遗留物，每件扣2分。 (2) 未向工作负责人申请即进行电位转移，扣3分。 (3) 未得到工作负责人许可就进行电位转移，扣2分。 (4) 电位转移过程未使用电位转移棒，扣5分。 (5) 转移电位动作不熟练，扣1分。 (6) 等电位电工退出强电场过程失去安全带的保护，扣2分。 (7) 等电位电工电位转移过程中裸露部分距离不够，导致反复放电，扣2分。 (8) 等电位电工退出强电场动作不正确、不熟练，每次扣2分。 (9) 等电位电工与接地体和带电体两部分间隙所组成的组合间隙不够，扣2分。 (10) 等电位电工转移到横担上失去安全带的保护，扣2分。 (11) 工作负责人监护及提醒不到位，扣2分			
10	返回地面	(1) 塔上电工检查塔上无遗留物后，向工作负责人汇报，得到工作负责人同意后，携带绝缘传递绳相继下塔。 (2) 下塔过程中必须使用防坠落装置，手抓主材、匀步下塔，安全带及后备保护绳挂在肩上并与带电体保持6.8m以上安全距离，工作负责人加强作业监护	5	(1) 塔上有遗留物，每件扣2分。 (2) 登塔电工未报告遗留物检查结果，未申请下塔，每项扣1分。 (3) 未使用防坠落装置下塔，考评员应下令终止操作（考核），考试不及格。 (4) 手抓脚钉下塔，每次扣0.5分。 (5) 下塔踩滑、踏空，每次扣1分。 (6) 安全带主带和后备保护绳未挂肩上，每人扣1分			

续表

序号	项目名称	质量要求	分值	扣分标准	扣分原因	扣分	得分
11	工作结束	(1) 工作负责人组织全体工作成员整理工器具和材料，将工器具清洁后放入专用的箱（袋）中；清理现场，做到“工完料尽场地清”。 (2) 召开班后会，工作负责人进行工作总结和点评。点评本次工作的施工质量；点评全体工作成员的安全措施落实情况。 (3) 工作负责人向值班调控人员汇报工作结束，申请恢复线路重合闸，终结工作票	10	(1) 对绝缘工器具未进行清洁、擦拭，每件扣0.5分。 (2) 工器具未归类整理摆放，每件扣1分。 (3) 工器具乱丢乱扔或踩踏防潮布，每次扣0.5分。 (4) 未拆除围栏及标示牌或有遗留物，每件扣1分。 (5) 未开班后会，扣2分。 (6) 集合站队不整齐、注意力不集中，扣1分。 (7) 工作班成员参加班后会人员不齐，缺一人扣1分。 (8) 点评不到位，扣1分。 (9) 未向调度部门（考评员）汇报工作结束，申请恢复线路重合闸，扣1分。 (10) 汇报专业用语不规范、不完整或声音不洪亮，各扣0.5分。 (11) 未复诵许可内容，扣1分。 (12) 复诵内容漏项，每项扣0.5分（单位名称、负责人姓名、时间、线路名称、工作完成情况、设备已恢复正常、人员已撤离、可恢复重合闸）。 (13) 未及时完善工作票终结手续或填写错误，每项扣1分			
	合计		100				

模块六　带电更换±800kV特高压输电线路导线防振锤培训及考核标准

一、培训标准

（一）培训要求（见表1-6-1）

表1-6-1　　培训要求

模块名称	带电更换±800kV特高压输电线路导线防振锤	培训类别	操作类
培训方式	实操培训	培训学时	21学时
培训目标	1. 掌握沿耐张绝缘子串进、出±800kV强电场时采用“跨二短三”作业方式的电学意义。 2. 能完成沿耐张绝缘子串进入±800kV等电位作业点		
培训场地	特高压直流实训线路		
培训内容	采用“跨二短三”作业方式沿耐张绝缘子串进入强电场，采用等电位作业法带电更换±800kV特高压直流输电线路导线防振锤		
适用范围	特高压直流输电线路检修人员		

（二）引用规程规范

（1）《±800kV直流架空输电线路设计规范》（GB/T 50790—2013）。

（2）《±800kV直流架空输电线路检修规程》（DL/T 251—2012）。

（3）《±800kV直流架空输电线路运行规程》（GB/T 28813—2012）。

（4）《±800kV直流线路带电作业技术规范》（DL/T 1242—2013）。

（5）《±800kV特高压输电线路金具技术规范》（GB/T 31235—2014）。

（6）《国家电网公司带电作业工作管理规定（试行）》（国家电网生〔2007〕751号）。

（7）《国家电网公司电力安全工作规程（线路部分）》（Q/GDW 1799.2—2013）。

（8）《电工术语　架空线路》（GB/T 2900.51—1998）。

（9）《电工术语　带电作业》（GB/T 2900.55—2016）。

（10）《带电作业工具设备术语》（GB/T 14286—2002）。

（11）《带电作业用绝缘滑车》（GB/T 13034—2008）。

（12）《带电作业用绝缘绳索》（GB 13035—2008）。

（13）《带电作业用工具、装置和设备使用的一般要求》（DL/T 877—2004）。

（14）《带电作业工具、装置和设备预防性试验规程》（DL/T 976—2005）。

（15）《±800kV特高压输电线路带电作业技术导则》（Q/GDW 302—2009）。

（16）《带电作业用屏蔽服装》（GB/T 6568—2008）。

（17）《带电作业工具基本技术要求与设计导则》（GB 18037—2008）。

（18）《带电设备红外线诊断应用规范》（DL/T 664—2016）。

（三）培训教学设计

本设计以完成“带电更换±800kV特高压输电线路导线防振锤”为工作任务，按工作任务完成的标准化作业流程来设计各个培训阶段，每个阶段包括了具体的培训目标、培训内容、培训学时、培训方法（培训资源）、培训环境和考核评价等内容，如表1-6-2所示。

表 1-6-2 带电更换±800kV特高压输电线路导线防振锤培训内容设计

培训流程	培训目标	培训内容	培训学时	培训方法与资源	培训环境	考核评价
1. 理论教学	1. 初步掌握沿绝缘子串进出±800kV强电场基本方法。 2. 熟悉电位转移的方法。 3. 熟悉输电线路受损导线防振锤更换方法。 4. 熟悉特高压直流线路带电作业的安全距离、危险点辨识及预控	1. 沿绝缘子进出强电场“跨二短三”作业方式的电学意义。 2. 进、出特高压强电场时电位转移棒的使用方法。 3. 输电线路导线防振锤更换方法和质量标准。 4. 特高压直流线路带电作业安全距离、危险点分析及预控措施	2	培训方法：讲授法。 培训资源：PPT、相关规程、规范及技术导则	多媒体教室	考勤、课堂提问和作业
2. 准备工作	能完成作业前准备工作	1. 作业现场查勘。 2. 编制培训标准化作业卡。 3. 填写培训操作工作票。 4. 完成本操作的工器具及材料准备	1	培训方法： 1. 现场查勘和工器具及材料准备采用现场实操方法。 2. 编写作业卡和填写工作票采用讲授方法。 培训资源： 1. ± 800kV 实训线路。 2. 特高压工器具库房。 3. 空白工作票	1. ± 800kV实训线路。 2. 多媒体教室	
3. 作业现场准备	能完成作业现场准备工作	1. 作业现场复勘。 2. 工作申请。 3. 作业现场布置。 4. 班前会。 5. 工器具及材料检查。 6. 防振锤专用扳手使用方法	1	培训方法：演示与角色扮演法。 培训资源：±800kV实训线路	±800kV实训线路	
4. 培训师演示	通过现场观摩，使学员初步领会本任务操作流程	1. 个人工器具穿戴、登塔。 2. 等电位电工沿耐张绝缘子串进、出强电场及电位转移。 3. 等电位电工采用走线方式到达防振锤更换位置。 4. 等电位电工用专用工具完成导线防振锤更换	2	培训方法：演示法。 培训资源：±800kV实训线路	±800kV实训线路	

续表

培训流程	培训目标	培训内容	培训学时	培训方法与资源	培训环境	考核评价
5. 学员分组训练	1. 能完成沿绝缘子串进、出±800kV强电场及电位转移操作。 2. 能完成±800kV输电线路导线防振锤更换作业	1. 学员分组（6人一组）训练进、出±800kV强电场、电位转移和更换导线防振锤技能操作。 2. 培训师对学员操作进行指导和安全监护	14	培训方法：角色扮演法。 培训资源：±800kV实训线路	±800kV实训线路	采用技能考核评分细则对学员操作评分
6. 工作终结	1. 使学员进一步辨析操作过程中不足之处，便于后期提升。 2. 培养学员树立安全文明生产的工作作风	1. 作业现场清理。 2. 向调度汇报工作。 3. 班后会，对本次工作任务进行点评总结	1	培训方法：讲授和归纳法	±800kV实训线路	

（四）作业流程

1. 工作任务

采用“跨二短三”的作业方式沿耐张绝缘子串进入强电场到达作业点，采用等电位作业法带电更换±800kV特高压输电线路导线防振锤。

2. 天气及作业现场要求

（1）带电更换±800kV特高压输电线路导线防振锤应在良好的天气进行。

如遇雷电（听见雷声、看见闪电）、雪、雹、雨、雾等，不应进行带电作业。风力大于5级时，不宜进行带电作业；相对湿度大于80%的天气时，如需进行带电作业应采用具有防潮性能的绝缘工具；恶劣天气下必须开展带电抢修时，应组织有关人员充分讨论并编制必要的安全措施，经本单位批准后方可进行。

（2）作业人员精神状态良好，熟悉工作中保证安全的组织措施和技术措施；应持有在有效期内的带电作业资质证书。

（3）工作负责人应事先组织相关人员完成现场勘察，根据勘察结果确定本次作业方法和所需工器具，以及应采取的必要措施，并办理带电作业工作票。

（4）作业现场应合理设置围栏，并妥当布置警示标示牌，禁止非工作人员入内。

（5）本项目需停用直流再启动装置。

（6）工作中安全距离及有效绝缘长度如表1-6-3所示。

表1-6-3　带电更换±800kV特高压输电线路导线防振锤的安全距离　（m）

电压等级	人身与带电体安全距离	与邻相导线的最小距离	绝缘工具最小有效绝缘长度	最小组合间隙	转移电位时人体裸露部分与带电体的最小距离
±800kV	6.8（7.3）	6.9	6.8（7.3）	6.6（7.2）	0.5

注 1. 海拔高度1000m以上时，±800kV直流单回输电线路带电作业中的安全距离采用括号内7.3m的数据、绝缘工具最小有效绝缘长度采用括号内7.3m的数据、组合间隙采用括号内7.2m的数据。
2. 因为±800kV特高压线路相间距离足够大（一般控制相地距离即可），不做重要安全因素考虑，所以《安规》没有给出“与邻相导线的最小距离”的数据，实际工作中可以参考750kV的数据。

(7) 在±800kV输电线路上作业，应保证作业相良好绝缘子片数不少于37片（单片绝缘子高度170mm）、32片（单片绝缘子高度195mm）、31片（单片绝缘子高度205mm）、26片（单片绝缘子高度240mm）。

3. 准备工作

3.1 危险点及其预控措施

(1) 危险点——触电伤害。

预控措施：

1）工作前，工作负责人应与值班调控人员联系，停用直流再启动装置，并履行许可手续。

2）塔上等电位作业人员登塔前，必须仔细核对线路名称、杆塔编号、相别，确认无误后方可上塔。

3）工作中，如遇线路突然停电，作业人员应视其仍然带电。工作负责人应尽快与调控人员联系，值班调控人员未与工作负责人取得联系前不准强送电。

4）地面电工操作绝缘工具时应戴清洁、干燥的防汗手套，绝缘工具及绝缘绳索不得损坏、受潮、变形、失灵，不准使用非绝缘绳索（如棉纱绳、白棕绳、钢丝绳），现场所使用的带电作业工具应放置在防潮布上，防止绝缘工具在使用中脏污和受潮。

5）等电位作业人员应穿着阻燃内衣，衣服外面应穿戴全套±800kV带电作业用屏蔽服（包括连衣裤帽、面罩、手套、导电袜和导电鞋），且各部分应连接良好，全套屏蔽服衣裤最远端点之间的电阻值不得大于20Ω。

6）等电位作业人员在电位转移前，应得到工作负责人的许可，人体裸露部分与带电体的最小距离不小于0.5m；电位转移时，应使用电位转移棒，动作应迅速，严禁用头部充放电；与地电位作业人员传递工具和材料时，使用绝缘工具或绝缘绳索的有效长度应符合表1-6-3的规定。

7）用绝缘绳索传递大件金属物品时，地电位作业人员应将金属物品接地后再与绝缘绳接触。

8）专责监护人应对作业人员进行不间断监护，随时纠正其不规范或违章动作。重点关注高处作业人员，使其保持足够的安全距离（应符合表1-6-3的规定），禁止同时接触两个非连通的带电体或带电体与接地体。

(2) 危险点——高处坠落。

预控措施：

1）高处作业人员登高前，必须具备符合本项作业要求的身体状况、精神状态和技能素质。

2）高处作业人员登塔前对安全带和防坠器进行外观检查和冲击试验检查，确保其机械强度符合要求。

3）高处作业人员应先检查脚钉是否齐全牢固、鞋底是否清洁，防坠装置是否牢固可靠并加挂防坠器；上下塔时，手抓主材、脚踩脚钉、匀步登（下）塔。

4）监护人员应随时纠正其不规范或违章动作，重点关注高处作业人员在转位的过程中不得失去安全带或绝缘后备保护绳的保护，安全带系在牢固部件上，严禁低挂高用。

5）等电位作业人员在绝缘子串上平行移动通常采取双手抓扶一串，双脚踩另一串的姿势匀速进入强电场，移动过程中，后备保护绳兜住二串绝缘子，避免大挥手、大迈步等动作发生。

6）等电位作业人员沿导线走线，必须系好安全带，并使后备保护绳需将子导线全部兜住；走线过程中应控制重心，防止导线翻转。

（3）危险点——高处坠物伤人。

预控措施：

1）高处作业人员的个人工具及零星材料应装入工具袋，严禁在高处浮置物件、口中含物。

2）地面作业人员必须正确佩戴安全帽，正确使用绳结传递工器具及材料，与作业点垂直下方距离不得小于坠落半径。

3）作业现场设置围栏并挂好警示标示牌。监护人员应时刻注意，禁止非工作人员及车辆进入作业区域。

3.2 工器具及材料选择

带电更换±800kV特高压输电线路导线防振锤所需工器具及材料见表1-6-4。工器具出库前，应认真核对工器具的使用电压等级和试验周期，并检查确认外观良好、连接牢固、转动灵活，且符合本次工作任务的要求；工器具出库后，应存放在工具袋或工具箱内进行运输，防止脏污、受潮；金属工具和绝缘工器具应分开装运，防止因混装运输导致工器具变形、损伤等现象发生。

表1-6-4　带电更换±800kV特高压输电线路导线防振锤所需工器具及材料表

序号	名称	规格型号	单位	数量	备注
1	绝缘传递绳	TJS-12，长度与起吊高度匹配	根	2	绝缘工具
2	绝缘后备保护绳	TJS-16，加缓冲器	根	2	绝缘工具
3	绝缘滑车	JH10-0.5	只	2	绝缘工具
4	绝缘绳套	TJS-14	根	2	绝缘工具
5	电位转移棒	0.4m	根	1	绝缘工具
6	Ⅰ型屏蔽服（连衣裤帽、面罩、手套和导电袜）	屏蔽效率≥60dB（屏蔽面罩屏蔽效率≥20dB）	套	2	个人防护用具
7	导电鞋	尺码视穿着人员而定	双	2	个人防护用具
8	阻燃内衣	纯桑蚕丝	套	2	个人防护用具
9	双保险安全带	全身背带式	副	2	个人防护用具
10	防坠器	与杆塔防坠器装置型号对应	只	2	个人防护用具
11	安全帽		顶	6	个人防护用具
12	防振锤专用扳手		个	1	专用工具
13	绝缘电阻测试仪	5000V，电极宽2cm、极间宽2cm	套	1	其他工具
14	风速、温湿度测试仪	HT-8321	套	1	其他工具
15	万用表		只		其他工具
16	对讲机	视工作需要	套	2	其他工具
17	防潮布	2m×4m	块	2	其他工具
18	安全围栏		套	若干	其他工具
19	警示标示牌	“在此工作”“从此进出”“从此上下”	套	1	其他工具
20	红马甲	“工作负责人”	件	1	其他工具
21	清洁毛巾	棉质	条	1	其他工具
22	鞋套		双	若干	其他工具

续表

序号	名称	规格型号	单位	数量	备注
23	工作手套		双	若干	其他工具
24	个人工具	工具袋、平口钳、记号笔	套	2	其他工具
25	防振锤	与被更换防振锤同型号	只	1	材料
26	铝包带		米	适量	材料

注 绝缘工器具的电气及机械强度应满足 Q/GDW 1799.2—2013《国家电网公司电力安全工作规程（线路部分）》要求，试验合格并在有效期内。

3.3 作业人员分工

本任务作业人员分工如表 1-6-5 所示。

表 1-6-5 带电更换±800kV 特高压输电线路导线防振锤人员分工表

序号	工作岗位	数量（人）	工作职责
1	工作负责人	1	负责本次工作任务的人员分工、工作票的宣读、办理停用直流再启动装置手续、办理工作许可手续、召开工作班前会、工作中突发情况的处理、工作质量的监督、工作后的总结
2	专责监护人	1	负责作业过程中的安全监督及把控
3	等电位电工	1	负责进入等电位更换导线防振锤工作
4	塔上地电位电工	1	负责协助等电位进出强电场
5	地面电工	2	负责执行现场安全措施、布置作业现场、检查工器具、传递工具及材料，配合等电位电工进出等电位

4. 工作程序

本任务工作流程如表 1-6-6 所示。

表 1-6-6 带电更换±800kV 特高压输电线路导线防振锤工作流程表

序号	作业内容	作业步骤及标准	安全措施及注意事项	责任人
1	现场复勘	工作负责人负责完成以下工作： （1）现场核对线路名称、杆塔编号，相别无误；基础及杆塔完好无异常；交叉跨越距离符合安全要求；确认缺陷情况及导地线规格型号等。 （2）检测风速、湿度等现场气象条件符合作业要求。 （3）检查地形环境符合作业要求。 （4）检查工作票所列安全措施与现场实际情况相符，必要时予以补充	（1）正确穿戴安全帽、工作服、工作鞋、劳保手套。 （2）不得在危及作业人员安全的气象条件下作业。 （3）严禁非工作人员、车辆进入作业现场	
2	工作许可	（1）工作负责人负责联系值班调控人员，按工作票内容申请停用直流再启动装置。 （2）经值班调控人员许可后，方可开始带电作业工作	不得未经值班调控人员许可即开始工作	
3	现场布置	正确装设安全围栏并悬挂标示牌： （1）安全围栏范围应充分考虑高处坠物，以及对道路交通的影响。 （2）安全围栏出入口设置合理。 （3）妥当布置齐备“从此进出”“在此工作”“从此上下”等标示	对道路交通安全影响不可控时，应及时联系交通管理部门强化现场交通安全管控	

续表

序号	作业内容	作业步骤及标准	安全措施及注意事项	责任人
4	召开班前会	（1）全体工作成员列队。 （2）工作负责人宣读工作票，明确工作任务及人员分工；讲解工作中的安全措施和技术措施；查（问）全体工作成员精神状态；告知工作中存在的危险点及采取的预控措施。 （3）全体工作成员在工作票上签字确认	（1）工作票填写、签发和许可手续应规范，签字应完整。 （2）全体工作成员精神状态良好。 （3）全体工作成员明确任务分工、安全措施和技术措施	
5	检查工器具	（1）塔上地电位电工和等电位电工正确地穿戴好屏蔽服并检测合格，由负责人监督检查。 （2）正确佩戴个人安全用具（大小合适，锁扣自如），由负责人监督检查。 （3）测量风速风向、湿度，检查绝缘工具的绝缘性能，并做好记录	（1）金属、绝缘工具使用前，应仔细检查其是否损坏、变形、失灵。绝缘工具应使用2500V及以上绝缘电阻测试仪进行分段绝缘检测，阻值应不低于700MΩ，并用清洁干燥的毛巾将其擦拭干净。 （2）用万用表测量屏蔽服衣裤最远端点之间的电阻值不得大于20Ω。工作负责人认真检查作业电工屏蔽服的连接情况。 （3）检查工具组装情况并确认连接可靠。 （4）现场所使用的带电作业工器具应放置在防潮布上	
6	登塔	（1）核对线路名称、杆塔编号无误后，塔上地电位电工和等电位电工冲击检查安全带、防坠器受力情况。 （2）塔上地电位电工携带绝缘传递绳登塔、等电位电工随后登塔，两人至横担作业点，选择合适位置系好安全带，塔上地电位电工将绝缘滑车和绝缘传递绳安装在横担合适位置，然后配合地面电工将绝缘传递绳分开作起吊准备	（1）核对线路名称和杆塔编号无误后，方可登塔作业。 （2）登塔过程中应使用塔上安装的防坠装置；杆塔上移动及转位时，不准失去安全保护，作业人员必须攀抓牢固构件。 （3）作业电工必须穿全套合格的屏蔽服，且全套屏蔽服必须连接可靠。在横担进入等电位前，等电位电工再次检查确认屏蔽服各部位连接可靠后方能进行下一步操作	
7	进入强电场	（1）等电位电工将安全带转移到绝缘子连接金具上，并携带电位转移棒、绝缘滑车和绝缘传递绳。 （2）等电位电工检查屏蔽服各部分连接良好后报经工作负责人同意，双手抓扶一串，双脚踩另一串，采用"跨二短三"作业方式沿绝缘子串进入等电位。 （3）当作业人员平行移动至距导线侧均压环3片绝缘子时，应停止移动，利用电位转移棒进行电位转移	（1）等电位电工进入电位前必须得到工作负责人的许可。 （2）等电位电工进入绝缘子串时应交替使用安全带和后备保护绳（用后备保护绳兜住两串绝缘子、手抓扶其中一串，脚踩另一串），不得失去安全带的保护；并调整好绝缘传递绳和电位转移棒。 （3）等电位电工在进入强电场过程中手和脚应协调配合，速度均匀，避免大挥手、大迈步等危险动作；与接地体和带电体两部分间隙所组成的组合间隙应大于6.6m。 （4）与相邻导线的最小距离大于6.9m。 （5）等电位电工进行电位转移前应检查电位转移棒与屏蔽服的电气连接是否可靠，人体裸露部分与带电体的最小距离应大于0.5m，并得到工作负责人的许可；电位转移时不得失去安全带的保护，进入强电场瞬间动作准确、平稳、迅速	
8	更换子导线防振锤	（1）等电位电工进入等电位后，将安全带系在上子导线上，并装好走线绝缘保护绳（需将子导线全部兜住）。 （2）等电位电工携带绝缘传递绳沿导线走线至更换防振锤作业点，先将绝缘绳套安装在子导线上合适位置，其次连接绝缘滑车和绝缘传递绳，再将绝缘滑车钩挂在绝缘绳套内。	（1）等电位电工不得失去安全带的保护。 （2）等电位电工与地面电工要密切配合，应听从工作负责人的指挥。 （3）与相邻导线的最小距离应大于6.9m。 （4）导线防振锤在上下传递过程中，不得磕碰，两侧绝缘传递绳不得相互缠绕。	

续表

序号	作业内容	作业步骤及标准	安全措施及注意事项	责任人
8	更换子导线防振锤	(3)等电位电工对导线上旧防振锤安装点使用记号笔两端画印进行标记。 (4)等电位电工先利用绝缘传递绳采用活结的方式绑牢旧防振锤，然后利用防振锤专用扳手将旧防振锤拆除，与地面电工配合利用绝缘传递绳将其放至地面。 (5)等电位电工拆除铝包带，放于工具包中；对应画印标记缠绕新铝包带，缠绕应平整、紧密，其绕向应与外层导线绞制方向一致。 (6)地面电工起吊新防振锤至等电位电工处，等电位电工正确安装新防振锤。 (7)对安装质量进行检查，防振锤方向竖直向下，锤球与主线平行；安装位移不应超过±30mm；铝包带两端断头应回压到防振锤夹内，两端应露出10mm，螺栓处弹簧垫圈应紧平，螺栓穿向与其他子导线防振锤一致。 (8)等电位电工依次拆除绝缘滑车、绝缘传递绳及绳套。 (9)等电位作业过程中不得掉落工器具和材料	(5)上下传递工具时，绑扎绳结应正确可靠，防止高处坠物。 (6)传递工器具及材料过程中，地面电工禁止站立在等电位电工工作点位正下方	
9	退出强电场	(1)经检查防振锤安装牢固，作业点无遗留物后经工作负责人许可，等电位电工携带绝缘传递绳沿导线返回均压环处，作退出电位准备。 (2)等电位电工利用电位转移棒钩紧均压环，并进入距均压环的第3片绝缘子，一只手抓紧绝缘子，另一只手握电位转移棒，利用电位转移棒快速脱离等电位。 (3)等电位电工按照“跨二短三”作业方式退出强电场	(1)等电位电工退出电位前必须得到工作负责人的许可。 (2)等电位电工返回绝缘子串时应交替使用安全带和后备保护绳，电位转移时不得失去安全带的保护，退出强电场瞬间动作准确、平稳、迅速。 (3)等电位电工在脱离电位过程中手和脚应协调配合，速度均匀，避免大挥手、大迈步等动作发生；与接地体和带电体两部分间隙所组成的组合间隙应大于6.6m；人体裸露部分与带电体的最小距离应大于0.5m。 (4)等电位电工沿绝缘子串移动时，用后备保护绳兜住两串绝缘子、手要抓牢，脚要踏实。 (5)与相邻导线的最小距离应大于6.9m。 (6)等电位电工返回横担时不得同时失去安全带或后备保护绳的保护	
10	返回地面	塔上电工检查塔上无遗留物后，向工作负责人汇报，得到工作负责人同意后携带绝缘传递绳下塔	下塔过程中应使用塔上安装的防坠装置，杆塔上移动及转位时，不得失去安全保护，作业人员必须攀抓牢固构件	
11	工作结束	(1)工作负责人组织全体工作成员整理工器具和材料，将工器具清洁后放入专用的箱（袋）中；清理现场，做到“工完料尽场地清”。 (2)召开班后会，工作负责人进行工作总结和点评工作。点评本次工作的施工质量；点评全体工作成员的安全措施落实情况。 (3)工作负责人向值班调控人员汇报工作结束，申请恢复直流再启动装置，终结工作票	严禁约时恢复直流再启动装置	

二、考核标准（见表1-6-7）

表1-6-7　特高压直流输电线路运检技能考核评分细则

<table>
<tr><td>考　生
填写栏</td><td colspan="7">编号：　　姓　名：　　所在岗位：　　单　　位：　　日　　期：　　年　　月　　日</td></tr>
<tr><td>考评员
填写栏</td><td colspan="7">成绩：　　考评员：　　考评组长：　　开始时间：　　结束时间：　　操作时长：</td></tr>
<tr><td>考核
模块</td><td>带电更换±800kV特高压输电线路导线防振锤</td><td>考核
对象</td><td>特高压直流输电线路检修人员</td><td>考核
方式</td><td>操作</td><td>考核
时限</td><td>90min</td></tr>
<tr><td>任务
描述</td><td colspan="7">沿耐张绝缘子串进入强电场对±800kV特高压输电线路受损导线防振锤进行带电更换（等电位作业法）</td></tr>
<tr><td>工作
规范
及要求</td><td colspan="7">1. 带电作业工作应在良好天气下进行。如遇雷、雨、雪、雾天气不得进行带电作业。风力大于5级或湿度大于80%时，一般不宜进行带电作业。
2. 本项作业需工作负责人1名，专责监护人1人、塔上地电工1人，等电位电工1人，地面辅助电工2人，采用沿绝缘子串进入强电场对±800kV特高压输电线路受损导线防振锤进行带电更换。
3. 工作负责人职责：负责本次工作任务的人员分工、工作票的宣读、办理停用直流再启动装置手续、办理工作许可手续、召开工作班前会、工作中突发情况的处理、工作质量的监督、工作后的总结。
4. 专责监护人：负责作业过程中的安全监督及把控。
5. 等电位电工职责：负责沿绝缘子串进入强电场对导线防振锤进行更换。
6. 塔上地电工职责：负责协助等电位进出强电场。
7. 地面电工职责：负责执行现场安全措施、布置作业现场、检查工器具、传递工具及材料，配合等电位电工进出等电位。
8. 在带电作业中，如遇雷、雨、大风或其他任何情况威胁到工作人员的安全时，工作负责人或监护人可根据情况，临时停止工作。
给定条件：
1. 培训基地：特高压直流±800kV实训线路××线001号耐张塔大号侧正极子导线防振锤，防振锤型号：FRT-7。
2. 工作票已办理，安全措施已经完备（直流再启动装置已停用），工作开始、工作终结时应口头提出申请（调度或考评员）。
3. 作业现场装设安全围栏，悬挂“在此工作”“从此进出”等标示牌，安全措施已完备。
4. 安全、正确地使用仪器仪表对绝缘工器具进行检测。
5. 上下塔过程中应使用防坠落装置，防止高处坠落。
6. 必须按标准化作业程序进行操作，工序错误扣除应做项目分值，出现重大人身、器材和操作安全隐患，考评员可下令终止操作（考核），本模块考核成绩记为“不合格”</td></tr>
<tr><td>考核
情景
准备</td><td colspan="7">1. 线路：特高压直流±800kV实训线路××线001号耐张塔大号侧正极导线，工作内容：带电更换±800kV导线受损防振锤，防振锤型号：FRT-7。
2. 所需作业工器具：绝缘传递绳2根（TJS-12），绝缘后备保护绳2根（TJS-16、加缓冲器），绝缘滑车2只（JH10-0.5），绝缘绳套2根（TJS-14），电位转移棒1根（0.4m），I型屏蔽服2套（连衣裤帽、面罩、手套和导电袜），导电鞋2双，防坠器2只，防振锤专用扳手1个，绝缘电阻测试仪1套（5000V型），风速、温湿度测试仪1套（HT-8321），万用表1只，防潮布2块（2m×4m），红马甲1件（工作负责人），清洁毛巾2条，个人工具2套（工具袋、平口钳、记号笔），同型号防振锤1只，铝包带若干。
3. 作业现场做好监护工作，作业现场安全措施（围栏等）已全部落实；禁止非作业人员进入现场，工作人员进入作业现场必须戴安全帽。
4. 考生自备工作服，阻燃纯棉内衣，安全帽，线手套，安全带（含后备保护绳）</td></tr>
<tr><td>备注</td><td colspan="7">1. 本模块总分为100分，各项得分均以对应分值扣完即止，在规定时间内不能完成任务应立即终止考试，本模块成绩按已完成项实际得分统计，未完成项不得分。
2. 考核过程中因设备、作业环境、安全措施、安全防护、安全距离等不符合作业要求或人为误操作，出现可能危及作业安全的任意情况，考评员应下令终止操作。
3. 考试前统一组织参考人员进行现场查勘，并提前办理工作票</td></tr>
</table>

续表

序号	项目名称	质量要求	分值	扣分标准	扣分原因	扣分	得分
1	现场复勘	(1) 工作负责人到作业现场核对线路名称和杆塔编号、现场工作条件、缺陷部位等。 (2) 检测风速、湿度等现场气象条件符合作业要求。 (3) 检查工作票填写完整，无涂改，检查是否所列安全措施与现场实际情况相符，必要时予以补充	5	(1) 无工作票，本项不得分。 (2) 未核对双重称号，扣1分。 (3) 未核实现场工作条件（气象）、缺陷部位，每项扣1分。 (4) 工作票填写出现涂改、不整洁，每处扣0.5分，工作票编号有误，扣1分。工作票填写漏项，每项扣1分			
2	工作许可	(1) 工作负责人联系值班调控人员，按工作票内容申请停用直流再启动装置。 (2) 汇报内容规范、完整，声音清楚洪亮。 (3) 及时履行相关许可手续	3	(1) 未取得调度部门（考评员）工作许可擅自开工，本项不得分。 (2) 汇报专业用语不规范、不完整或声音清楚洪亮各扣0.5分。 (3) 未申请停用直流再启动装置，扣1分。 (4) 未复诵许可内容，扣1分。 (5) 复诵内容漏项，每项扣0.5分（许可人姓名、许可时间、工作任务、直流再启动装置状态）。 (6) 未及时完善工作票，扣1分			
3	现场布置	正确装设安全围栏并悬挂标示牌： (1) 安全围栏范围应充分考虑高处坠物，以及对道路交通的影响。 (2) 安全围栏出入口设置合理。 (3) 妥当布置“从此进出”“在此工作”“从此上下”等标示	4	(1) 未装设作业现场安全围栏，扣2分。 (2) 作业现场安全围栏设置不合理，每处扣1分。 (3) 未设悬挂标示牌，扣1.5分。 (4) 悬挂标示牌不齐，每块0.5分。 (5) 非作业人员进入围栏区，每人扣0.5分			
4	召开班前会	(1) 全体工作成员正确佩戴安全帽、工作服。 (2) 工作负责人穿（戴）安全红马甲，宣读工作票，明确工作任务及人员分工；讲解工作中的安全措施和技术措施；查（问）全体工作成员精神状态；告知工作中存在的危险点及采取的预控措施。 (3) 全体工作成员在工作票上签字确认	4	(1) 工作成员安全帽佩戴不正确，每人扣0.5分，着装不整齐，每人次扣0.5分。 (2) 工作负责人和专责监护人未穿（戴）安全红马甲，每人扣0.5分。 (3) 未明确工作任务及分工，本项不得分。 (4) 人员分工不明确，扣1分。 (5) 安全措施、预控措施交代不全，扣1分。 (6) 未告知工作中存在的危险点，扣1分。 (7) 未确认工作班成员精神状态，扣1分。 (8) 工作班成员未签字或签字不全，扣1分			

续表

序号	项目名称	质量要求	分值	扣分标准	扣分原因	扣分	得分
5	工器具检查	（1）工作班成员在合适位置正确设置防潮布，防潮布应清洁、干燥，严禁踩踏苫布。 （2）工器具应按定置管理要求分类、整齐摆放于防潮布上；绝缘工器具不能与金属工具、材料混放；对工器具及仪器仪表进行外观检查。 （3）各种工具均试验合格，并在试验有效时间内。绝缘工具表面不应磨损、变形损坏，操作应灵活。绝缘工具应使用2500V及以上绝缘电阻表进行分段绝缘检测，阻值应不低于700MΩ，并用清洁干燥的毛巾将其擦拭干净。 （4）塔上地电位和等电位人员按要求正确穿戴全套合格的屏蔽服、导电鞋，且各部分连接应良好，屏蔽服内不得贴身穿着化纤类衣服，并系好安全带；工作负责人应认真检查确认是否穿戴正确、各部连接良好。 （5）全套屏蔽服应使用万用表进行测试，其最远两点之间阻值不大于20Ω，单件不大于15Ω。 （6）登塔电工对安全带及后备保护绳、防坠器进行外观检查，并经冲击试验合格	8	（1）防潮布设置位置不合适，扣1分。 （2）踩踏防潮布，每次扣0.5分。 （3）工器具未分类定置摆放，扣1分。 （4）未检查工器具及仪器仪表试验合格标签和外观检查，每件扣1分。 （5）工器具及仪器仪表检查漏项，每件扣0.5分。 （6）仪器仪表、工器具检查方法不正确，每件扣0.5分。 （7）未对硬质绝缘工具进行清洁、擦拭，每件扣0.5分。 （8）未戴清洁干燥的棉线手套持、拿绝缘工具，每次扣0.5分。 （9）未正确使用检测仪器对工器具及全套屏蔽服进行检测，每项扣1分。 （10）登塔电工未正确穿戴屏蔽服或连接部分未检查，每人扣2分。 （11）安全带及后备保护绳、防坠器未外观检查和冲击试验（或方式不正确），每项扣1分 （12）工作负责人未检查或漏查登塔电工安全防护装备，每项扣1分			
6	登塔	（1）登塔人员再次核对双重名称、杆号、相别并向工作负责人报告及申请登塔。 （2）塔上地电位电工、等电位电工携带绝缘传递绳相继登塔。 （3）登塔过程中必须使用防坠落装置，手抓主材、匀步登塔，安全带及后备保护绳挂在肩上并与带电体保持6.8m以上安全距离，工作负责人加强作业监护。 （4）登塔至合适位置，正确使用安全带，布置好绝缘传递绳，然后塔上地电位电工配合地面电工将绝缘传递绳分开作起吊准备。 （5）工作负责人认真监护并提醒整个登塔过程	5	（1）登塔电工未核对线路双重名称、塔号、相别，每项扣1分。 （2）登塔电工未报告核对结果，未申请登塔，每项扣1分。 （3）未使用防坠落装置登塔，考评员应下令终止操作（考核）。 （4）手抓脚钉登塔，每次扣0.5分。 （5）登塔踩滑、踏空，每次扣1分。 （6）安全带主带和后备保护绳未挂肩上，每人扣1分。 （7）安全带及后备保护绳发生缠绕、勾住，每次扣1分。 （8）安全带及后备保护绳低挂高用，每次扣1分。 （9）安全带及后备保护绳系在同一构件上，每次扣1分。 （10）高处作业失去安全带的保护，本项不得分。 （11）安装滑车未使用绝缘绳套，扣1分。 （12）滑车传递绳悬挂位置不便于工具取用，扣1分。 （13）工作负责人监护及提醒不到位，扣1分。 （14）安全距离不够，考评员应下令终止操作（考核）			

续表

序号	项目名称	质量要求	分值	扣分标准	扣分原因	扣分	得分
7	进入强电场	（1）进入电位前检查屏蔽服各部分连接良好后，应报经工作负责人同意后进入。 （2）等电位电工将安全带转移到绝缘子连接金具上，并携带电位转移棒、绝缘滑车和绝缘传递绳。 （3）等电位电工进入绝缘子串前必须系好保护绳（用后备保护绳兜住两串绝缘子、双手抓扶其中一串，脚踩另一串）。 （4）采用“跨二短三”作业方式沿绝缘子串平行移动至距导线侧均压环3片绝缘子时，应停止移动，得到工作负责人许可后，利用电位转移棒进行电位转移。 （5）等电位电工在进入电位过程中与接地体和带电体两部分间隙所组成的组合间隙不得小于6.6m，进入强电场必须用电位转移棒进行电位转移，人体裸露部分与带电体的最小距离不得小于0.5m。 （6）进入强电场过程不得失去安全带的保护	13	（1）等电位电工未检查屏蔽服各连接部分，扣2分。 （2）等电位电工转移到绝缘子连接金具上失去安全带的保护，扣2分。 （3）等电位电工与接地体和带电体两部分间隙所组成的组合间隙不够，扣2分。 （4）等电位电工进入强电场动作不正确、不熟练，每次扣2分。 （5）等电位电工电位转移过程中裸露部分距离不够，导致反复放电，扣2分。 （6）转移电位动作不熟练，扣1分。 （7）电位转移过程未使用电位转移棒，扣5分。 （8）未得到工作负责人许可就进行电位转移，扣3分。 （9）等电位电工进入强电场过程失去安全带的保护，扣2分。 （10）工作负责人监护及提醒不到位，扣2分			
8	更换子导线防振锤	（1）等电位电工进入等电位后，将围杆带系在上子导线上，并装好走线绝缘保护绳（需将子导线全部兜住）。 （2）等电位电工携带绝缘传递绳走线至更换防振锤作业点，将绝缘绳套正确装在子导线合适位置，并挂好绝缘滑车和绝缘传递绳。 （3）等电位电工使用记号笔对旧防振锤安装位置两端画印，做好标记。 （4）等电位电工先利用绝缘传递绳采用活结的方式绑牢旧防振锤，然后利用防振锤专用扳手将旧防振锤拆除，与地面电工配合利用绝缘传递绳将其放至地面防潮布上。 （5）等电位电工拆除铝包带，放于工具包中；对应画印标记缠绕新铝包带，缠绕应平整、紧密，其绞制方向应与外层导线绞制方向一致。 （6）地面电工起吊新防振锤至等电位电工处。	30	（1）绝缘保护绳未将子导线全部兜住，扣3分。 （2）走线过程围杆带未系在上子，扣1分。 （3）走线动作不熟练，扣2分。 （4）绝缘滑车直接钩挂在导线上，扣5分。 （5）绝缘绳套安装方式错误或位置不合适，每项扣1分。 （6）绝缘滑车钩挂绝缘绳套内后未闭锁，扣1分。 （7）未画印及标记，扣3分。 （8）未系绳结就开始拆除防振锤，扣5分。 （9）拆除工器具时动作慌乱，扣2分。 （10）发生高处坠物，每件扣3分。 （11）发生高处抛掷旧防振锤，本模块不得分。 （12）地面电工站立在等电位电工工作点位正下方，每人次扣2分。 （13）旧防振锤未落放在防潮布上，扣1分。 （14）上下传递工具时绑扎绳结方式错误，扣1分。 （15）未安装完新防振锤就解开绳结，扣5分。			

续表

序号	项目名称	质量要求	分值	扣分标准	扣分原因	扣分	得分
8	更换子导线防振锤	(7) 等电位电工正确安装新防振锤，并确保防振锤竖直向下，锤球与主线平行，安装位移不应超过±30mm；铝包带两端断头应回压到防振锤夹内，两端应露出10mm，螺栓处弹簧垫圈应紧平，螺栓穿向与其他子导线防振锤一致。 (8) 等电位电工依次拆除绝缘滑车、绝缘传递绳及绳套。 (9) 等电位作业过程中不得掉落工器具和材料	30	(16) 安装新防振锤偏离原位置超过允许值，扣3分。 (17) 安装完后，防振锤没有竖直向下或锤球与主线不平行，各扣3分。 (18) 安装完后，铝包带两端断头应未压到防振锤夹内，扣2分。 (19) 安装完后，铝包两端未露出10mm，扣2分。 (20) 防振锤螺栓穿向错误，每处扣1分。 (21) 未拆除绝缘滑车、绝缘传递绳及绳套，每件扣1分。 (22) 未按顺序拆绝缘滑车、绝缘传递绳及绳套，扣2分。 (23) 未完成新旧防振锤的更换工作，本模块不得分。 (24) 与相邻导线安全距离不够，考评员应下令终止操作			
9	退出强电场	(1) 经检查防振锤安装牢固，作业点无遗留物后经工作负责人许可，等电位电工携带绝缘传递绳沿导线返回均压环处，作退出电位准备。 (2) 等电位电工利用电位转移棒钩紧均压环，并进入距均压环的第3片绝缘子，一只手抓紧绝缘子，另一只手握电位转移棒，利用电位转移棒快速脱离等电位。 (3) 退出强电场过程不得失去安全带的保护。 (4) 等电位电工按照“跨二短三”作业方式沿绝缘子串退出强电场，转移到横担上。 (5) 等电位电工在退出电位过程中与接地体和带电体两部分间隙所组成的组合间隙不得小于6.6m，退出强电场必须用电位转移棒进行电位转移，人体裸露部分与带电体的最小距离不得小于0.5m	13	(1) 作业点有遗留物，每件扣2分。 (2) 未向工作负责人申请即进行电位转移，扣3分。 (3) 未得到工作负责人许可就进行电位转移，扣2分。 (4) 电位转移过程未使用电位转移棒，扣5分。 (5) 转移电位动作不熟练，扣1分。 (6) 等电位电工退出强电场过程失去安全带的保护，扣2分。 (7) 等电位电工电位转移过程中裸露部分距离不够，导致反复放电，扣2分。 (8) 等电位电工退出强电场动作不正确、不熟练，每次扣2分。 (9) 等电位电工与接地体和带电体两部分间隙所组成的组合间隙不够，扣2分。 (10) 等电位电工转移到横担上失去安全带的保护，扣2分。 (11) 工作负责人监护及提醒不到位，扣2分			
10	返回地面	(1) 塔上电工检查塔上无遗留物后，向工作负责人汇报，得到工作负责人同意后，携带绝缘传递绳相继下塔。 (2) 下塔过程中必须使用防坠落装置，手抓主材、匀步下塔，安全带及后备保护绳挂在肩上并与带电体保持6.8m以上安全距离，工作负责人加强作业监护。	5	(1) 塔上有遗留物，每件扣2分。 (2) 登塔电工未报告遗留物检查结果，未申请下塔，每项扣1分。 (3) 未使用防坠落装置下塔，考评员应下令终止操作（考核）。 (4) 手抓脚钉下塔，每次扣0.5分。 (5) 下塔踩滑、踏空，每次扣1分。 (6) 安全带主带和后备保护绳未挂肩上，每人扣1分			

续表

序号	项目名称	质量要求	分值	扣分标准	扣分原因	扣分	得分
11	工作结束	(1) 工作负责人组织全体工作成员整理工器具和材料，将工器具清洁后放入专用的箱（袋）中；清理现场，做到“工完料尽场地清”。 (2) 召开班后会，工作负责人进行工作总结和点评。点评本次工作的施工质量；点评全体工作成员的安全措施落实情况。 (3) 工作负责人向值班调控人员汇报工作结束，申请恢复直流再启动装置，终结工作票	10	(1) 对绝缘工器具未进行清洁、擦拭，每件扣0.5分。 (2) 工器具未归类整理摆放，每件扣1分。 (3) 工器具乱丢乱扔或踩踏防潮布，每次扣0.5分。 (4) 未拆除围栏及标示牌或有遗留物，每件扣1分。 (5) 未开班后会，扣2分。 (6) 集合站队不整齐、注意力不集中，扣1分。 (7) 工作班成员参加班后会人员不齐，缺一人扣1分。 (8) 点评不到位，扣1分。 (9) 未向调度部门（考评员）汇报工作结束，申请恢复直流再启动装置，扣1分。 (10) 汇报专业用语不规范、不完整或声音不洪亮，各扣0.5分。 (11) 未复诵许可内容，扣1分。 (12) 复诵内容漏项，每项扣0.5分（单位名称、负责人姓名、时间、线路名称、工作完成情况、设备已恢复正常、人员已撤离、可恢复直流再启动装置）。 (13) 未及时完善工作票终结手续或填写错误，每项扣1分			
	合计		100				

模块七 带电修补±800kV特高压输电线路分裂导线培训及考核标准

一、培训标准

（一）培训要求（见表1-7-1）

表1-7-1　培训要求

模块名称	带电修补±800kV特高压输电线路分裂导线	培训类别	操作类
培训方式	实操培训	培训学时	14学时
培训目标	1. 掌握沿耐张绝缘子串进、出±800kV电场时采用“跨二短三”的电学意义； 2. 能完成沿耐张绝缘子串进入±800kV等电位作业点； 3. 能独立完成用预绞式护线条修补导线的操作（等电位作业法）		
培训场地	特高压直流实训线路		
培训内容	采用“跨二短三”方式沿耐张绝缘子串进入电场，采用等电位作业法带电修补±800kV输电线路分裂导线		
适用范围	特高压±800kV输电线路检修人员		

（二）引用规程规范

（1）《±800kV直流架空输电线路设计规范》（GB/T 50790—2013）。
（2）《±800kV直流架空输电线路检修规程》（DL/T 251—2012）。
（3）《±800kV直流架空输电线路运行规程》（GB/T 28813—2012）。
（4）《±800kV直流线路带电作业技术规范》（DL/T 1242—2013）。
（5）《±800kV特高压输电线路金具技术规范》（GB/T 31235—2014）。
（6）《国家电网公司带电作业工作管理规定（试行）》（国家电网生〔2007〕751号）。
（7）《国家电网公司电力安全工作规程（线路部分）》（Q/GDW 1799.2—2013）。
（8）《电工术语　架空线路》（GB/T 2900.51—1998）。
（9）《电工术语　带电作业》（GB/T 2900.55—2016）。
（10）《带电作业工具设备术语》（GB/T 14286—2002）。
（11）《带电作业用工具、装置和设备使用的一般要求》（DL/T 877—2004）。
（12）《带电作业工具、装置和设备预防性试验规程》（DL/T 976—2005）。
（13）《±800kV特高压输电线路带电作业技术导则》（Q/GDW 302—2009）。
（14）《带电作业用屏蔽服装》（GB/T 6568—2008）。
（15）《带电作业工具基本技术要求与设计导则》（GB 18037—2008）。

（三）培训教学设计

本设计以完成“带电修补±800kV特高压输电线路分裂导线”为工作任务，按工作任务完成的标准化作业流程来设计各个培训阶段，每个阶段包括了具体的培训目标、培训内容、培训学时、培训方法（培训资源）、培训环境和考核评价等内容，如表1-7-2所示。

表 1-7-2　　带电修补±800kV 特高压输电线路分裂导线培训内容设计

培训流程	培训目标	培训内容	培训学时	培训方法与资源	培训环境	考核评价
1. 理论教学	1. 初步掌握沿绝缘子串进出±800kV电场基本方法； 2. 熟悉电位转移的方法； 3. 熟悉输电线路受损害导线修补方法	1. 沿绝缘子进出电场"跨二短三"电学意义； 2. 特高压线路进出电场电位转移棒使用方法； 3. 输电线路导线修补方法和质量标准	2	培训方法：讲授法。 培训资源：PPT、相关规程规范	多媒体教室	考勤、课堂提问和作业
2. 准备工作	能完成作业前准备工作	1. 作业现场查勘； 2. 编制培训标准化作业卡； 3. 填写培训操作工作票； 4. 完成本操作的工器具及材料准备	1	培训方法： 1. 现场查勘和工器具及材料清理采用现场实操方法。 2. 编写作业卡和填写工作票采用讲授方法。 培训资源： 1. 特高压实训线路（±800kV 实训线路）； 2. 特高压工器具库房； 3. 空白工作票	1. 特高压输电实训线路； 2. 多媒体教室	
3. 作业现场准备	能完成作业现场准备工作	1. 作业现场复勘； 2. 工作申请； 3. 作业现场布置 4. 班前会 5. 工器具检查	1	培训方法：演示与角色扮演法。 培训资源：特高压实训线路（±800kV 实训线路）	特高压实训线路（±800kV 实训线路）	
4. 培训师演示	通过现场观摩，使学员初步领会本任务操作流程	1. 等电位电工沿耐张绝缘子串进出电场； 2. 等电位电工走线方式进入导线修补位置； 3. 等电位电工用预绞丝完成导线修补	1	培训方法：演示法。 培训资源：特高压实训线路	特高压实训线路（±800kV 实训线路）	
5. 学员分组训练	通过培训： 1. 使学员能完成进、出±800kV 电场操作； 2. 使学员能完成±800kV 输电线路导线修补方法	1. 学员分组（6 人一组）训练进出±800kV 输电训练电场和修补导线技能操作； 2. 培训师对学员操作进行指导和安全监护	8	培训方法：角色扮演法。 培训资源：特高压实训线路	特高压实训线路（±800kV 实训线路）	采用技能考核评分细则对学员操作评分
6. 工作终结	通过培训： 1. 使学员进一步认识操作过程中不足之处，便于后期提升； 2. 培训学员树立安全文明生产的工作作风	1. 作业现场清理； 2. 向调度汇报工作； 3. 班后会，对今天工作任务进行点评总结	1	培训方法：讲授和归纳法	特高压实训线路（±800kV 实训线路）	

（四）作业流程

1. 工作任务

采用“跨二短三”方法沿耐张绝缘子串进入电场、到达作业点，采用等电位作业法带电修补±800kV 特高压输电线路分裂导线。

2. 天气及作业现场要求

（1）带电修补±800kV 特高压输电线路分裂导线应在良好的天气进行。

如遇雷电（听见雷声、看见闪电）、雪、雹、雨、雾等，禁止进行带电作业。风力大于 5 级或空气相对湿度大于 80%时，不宜进行带电作业；恶劣天气下必须开展带电抢修时，应组织有关人员充分讨论并编制必要的安全措施，经本单位批准后方可进行。

（2）作业人员精神状态良好，熟悉工作中保证安全的组织措施和技术措施；应持有在有效期内的带电作业资质证书。

（3）工作负责人应事先组织相关人员完成现场勘察，根据勘察结果确定本次作业方法和所需工器具，以及应采取的必要措施，并办理带电作业工作票。

（4）作业现场应合理设置围栏，并妥当布置警示标示牌，禁止非工作人员入内。

（5）本项目需停用直流再启动装置。

（6）工作中安全距离及有效绝缘长度如表 1-7-3 所示。

表 1-7-3　带电修补±800kV 特高压输电线路分裂导线的安全距离　（m）

电压等级	人身与带电体安全距离	最小有效绝缘长度		最小组合间隙	转移电位时人体裸露部分与带电体的最小距离
		绝缘操作杆	绝缘承力工具、绝缘绳索		
±800kV	6.8	6.8	6.8	6.6	0.5

（7）在±800kV 输电线路上作业，应保证作业相良好绝缘子片数不少于 32 片。

3. 准备工作

3.1　危险点及其预控措施

（1）危险点——触电伤害。

预控措施：

1）工作前，工作负责人应与值班调控人员联系，停用线路直流再启动装置，并履行许可手续。

2）塔上地电位作业人员登塔前，必须仔细核对线路名称、杆塔编号、相别，确认无误后方可上塔。

3）工作中，如遇线路突然停电，作业人员应视其仍然带电。工作负责人应尽快与调控人员联系，值班调控人员未与工作负责人取得联系前不准强送电。

4）绝缘工具及绝缘绳索不得损坏、受潮、变形、失灵，不准使用非绝缘绳索（如棉纱绳、白棕绳、钢丝绳）。

5）等电位作业人员应穿着阻燃内衣，衣服外面应穿戴全套屏蔽服（包括帽、衣裤、手套、袜和鞋），且各部分应连接良好。

6）等电位作业人员在电位转移前，应得到工作负责人的许可，人体裸露部分与带电体的最小距离不小于 0.5m；电位转移时，动作应迅速，严禁用头部充、放电；与地电位作业人员传递工具和材料时，使用绝缘工具或绝缘绳索的有效长度应符合表 1-7-3 的规定。

7）用绝缘绳索传递大件金属物品时，地电位作业人员应将金属物品接地后再接触。

8）专责监护人应对作业人员进行不间断监护，随时纠正其不规范或违章动作。重点关注高处作业人员，使其保持足够的安全距离（应符合表1-7-3的规定），禁止同时接触两个非连通的带电体或带电体与接地体。

（2）危险点——高处坠落。

预控措施：

1）高处作业人员登高前，必须具备符合本项作业要求的身体状况、精神状态和技能素质。

2）监护人员应随时纠正其不规范或违章动作，重点关注作业人员在转位的过程中不得失去安全带或绝缘后备保护绳的保护，严禁低挂高用。

（3）危险点——高处坠物伤人。

预控措施：

1）高处作业人员的个人工具及零星材料应装入工具袋，严禁在高处浮置物件、口中含物。

2）地面作业人员必须正确佩戴安全帽，正确使用绳结，与作业点垂直下方距离不得小于坠落半径。

3）作业现场设置围栏并挂好警示标示牌。监护人员应随时注意，禁止非工作人员及车辆进入作业区域。

3.2　工器具及材料选择

带电修补±800kV输电线路分裂导线所需工器具及材料见表1-7-4。工器具出库前，应认真核对工器具的使用电压等级和试验周期，并检查确认外观良好、连接牢固、转动灵活，且符合本次工作任务的要求；工器具出库后，应存放在工具袋或工具箱内进行运输，防止脏污、受潮；金属工具和绝缘工器具应分开装运，防止因混装运输导致工器具变形、损伤等现象发生。

表1-7-4　带电修补±800kV特高压输电线路分裂导线所需工器具及材料表

序号	名称	规格型号	单位	数量	备注
1	绝缘传递绳	TJS-12	根	2	
2	绝缘保护绳	TJS-16	根	2	
3	绝缘滑车	JH10-1	个	2	
4	安全帽		顶	6	
5	电位转移棒		根	1	
6	绝缘电阻表	5000V	块	1	
7	风速风向仪		块	1	
8	温湿度仪		块	1	
9	万用表		块	1	
10	防潮布	2m×4m	块	2	
11	绝缘绳套		根	4	
12	屏蔽服	屏蔽效率≥60dB （屏蔽面罩屏蔽效率≥20dB）	套	2	
13	防坠器	与杆塔防坠器装置型号对应	只	2	
14	安全带		副	2	
15	安全围栏		套	若干	
16	警示标示牌	“在此工作”“从此进出” “从此上下”	套	1	
17	红马甲	“工作负责人”	件	1	
18	预绞式护线条		套	1	

续表

序号	名称	规格型号	单位	数量	备注
19	导电膏		盒	1	
20	砂纸		张	1	
21	清洁毛巾		条	1	
22	对讲机		台	4	

3.3 作业人员分工

本任务作业人员分工如表1-7-5所示。

表1-7-5　　带电修补±800kV特高压输电线路分裂导线人员分工表

序号	工作岗位	数量（人）	工作职责
1	工作负责人	1	负责本次工作任务的人员分工、工作票的宣读、停用直流线路再启动装置、办理工作许可手续、召开工作班前会、工作中突发情况的处理、工作质量的监督、工作后的总结
2	专责监护人	1	负责作业现场的安全把控
3	等电位电工	1	负责进入等电位补修导线工作
4	塔上地电位电工	1	负责协助等电位进出电场
5	地面电工	2	负责传递工具、材料配合等电位电工进出等电位

4. 工作程序

本任务工作流程如表1-7-6所示。

表1-7-6　　带电修补±800kV特高压输电线路分裂导线工作流程表

序号	作业内容	作业步骤及标准	安全措施及注意事项	责任人
1	现场复勘	工作负责人负责完成以下工作： （1）现场核对线路名称、杆塔编号，相别无误；基础及杆塔完好无异常；交叉跨越距离符合安全要求；确认缺陷情况及导地线规格型号等。 （2）检测风速、湿度等现场气象条件符合作业要求。 （3）检查地形环境符合作业要求。 （4）检查工作票所列安全措施与现场实际情况相符，必要时予以补充	（1）正确穿戴安全帽、工作服、工作鞋、劳保手套。 （2）不得在危及作业人员安全的气象条件下作业。 （3）严禁非工作人员、车辆进入作业现场	
2	工作许可	（1）工作负责人负责联系值班调控人员，按工作票内容申请停用直流线路再启动装置。 （2）经值班调控人员许可后，方可开始带电作业工作	不得未经值班调控人员许可即开始工作	
3	现场布置	正确装设安全围栏并悬挂标示牌： （1）安全围栏范围应充分考虑高处坠物，以及对道路交通的影响。 （2）安全围栏出入口设置合理。 （3）妥当布置“从此进出”“在此工作”“从此上下”等标示	对道路交通安全影响不可控时，应及时联系交通管理部门强化现场交通安全管控	

续表

序号	作业内容	作业步骤及标准	安全措施及注意事项	责任人
4	召开班前会	(1) 全体工作成员列队。 (2) 工作负责人宣读工作票，明确工作任务及人员分工；讲解工作中的安全措施和技术措施；查（问）全体工作成员精神状态；告知工作中存在的危险点及采取的预控措施。 (3) 全体工作成员在工作票上签名确认	(1) 工作票填写、签发和许可手续规范，签名完整。 (2) 全体工作成员精神状态良好。 (3) 全体工作成员明确任务分工、安全措施和技术措施	
5	检查工具	(1) 塔上地电位电工和等电位电工正确地穿戴好屏蔽服并检测合格，由负责人监督检查。 (2) 正确佩戴个人安全用具（大小合适，锁扣自如），由负责人监督检查。 (3) 测量风速风向、湿度，检查绝缘工具的绝缘性能，并做好记录	(1) 金属、绝缘工具使用前，应仔细检查其是否损坏、变形、失灵。绝缘工具应使用2500V及以上绝缘电阻表进行分段绝缘检测，阻值应不低于700MΩ，并用清洁干燥的毛巾将其擦拭干净。 (2) 用万用表测量屏蔽服衣裤最远端点之间的电阻值不得大于20Ω。工作负责人认真检查作业电工屏蔽服的连接情况。 (3) 检查工具组装情况并确认连接可靠。 (4) 现场所使用的带电作业工具应放置在防潮布上	
6	登塔	(1) 核对线路名称、杆塔编号无误后，塔上地电位电工和等电位冲击检查安全带、防坠器手里情况。 (2) 塔上地电位电工携带绝缘传递绳登塔、等电位电工随后登塔，两人至横担作业点，选择合适位置系好安全带，塔上地电位电工将绝缘滑车和绝缘传递绳安装在横担合适位置。然后配合地面电工将绝缘传递绳分开作起吊准备	(1) 核对线路名称和杆塔编号无误后，方可登塔作业。 (2) 登塔过程中应使用塔上安装的防坠装置；杆塔上移动及转位时，不准失去安全保护，作业人员必须攀抓牢固构件。 (3) 作业电工必须穿全套合格的屏蔽服，且全套屏蔽服必须连接可靠。在横担进入等电位前，等电位电工要检查确认屏蔽服个部位连接可靠后方能进行下一步操作	
7	进入强电场	(1) 等电位电工将安全带转移到绝缘子连接金具上，并携带电位转移棒、绝缘滑车和绝缘传递绳。 (2) 等电位电工检查屏蔽服各部分连接良好后报经工作负责人同意，双手抓扶一串，双脚踩另一串，采用“跨二短三”方法沿绝缘子串进入等电位。 (3) 当作业人员平行移动至距导线侧均压环三片绝缘子时，应停止移动，利用电位转移棒进行电位转移	(1) 等电位电工进入电位前必须得到工作负责人的许可。 (2) 等电位电工进入绝缘子串前必须系好保护绳（用后备保护绳兜住脚踩绝缘子串），并调整好绝缘传递绳和电位转移棒。 (3) 等电位电工在进入电位过程中与接地体和带电体两部分间隙所组成的组合间隙不得小于6.6m	
8	损伤导线表面处理	(1) 等电位电工进入等电位后，将安全带系在上子导线上，并装好走线绝缘保护绳（需将子导线全部兜住）。 (2) 等电位电工携带绝缘传递绳走线至作业点，将绝缘滑车和绝缘传递绳安装在子导线上。 (3) 等电位电工检查导线损伤情况，并对损伤点进行处理，用0号砂纸将损伤部位毛刺打磨平整。 (4) 等电位电工用抹布将打磨后的导线表面处理干净，并将带电膏均匀涂抹在导线受伤处	(1) 等电位电工对导线损伤点进行打磨处理时，用力不得过大，不得使损伤程度扩大。 (2) 导线打磨后，要将表面充分清洁干净。 (3) 导电膏均匀涂抹在导线表面	

续表

序号	作业内容	作业步骤及标准	安全措施及注意事项	责任人
9	导线修补	(1) 地面电工利用传递绳将预绞丝传给等电位电工。 (2) 等电位电工利用预绞丝对导线损伤部位进行补强	(1) 预绞式护线条的规格型号应与导线匹配。 (2) 预绞式护线条的中心应位于损伤最严重处。 (3) 预绞式护线条的长度应将损伤部位全部覆盖，且护线条端部距损伤部位边缘的单位长度不得小于100mm。 (4) 预绞式护线条绑扎紧密接触，不得抛股、漏股、散股	
10	退出电场	(1) 经检查受损带线已补强良好，作业点无遗留物后经工作负责人许可，等电位电工携带绝缘传递绳走线返回均压环处，作退出电位准备。 (2) 等电位电工利用电位转移棒钩紧均压环，并进入距均压环的第3片绝缘子，一只手抓紧绝缘子，另一只手握电位转移棒，利用电位转移棒快速脱离电位。 (3) 等电位电工按照“跨二短三”的方法退出等电位	(1) 等电位电工退出电位前必须得到工作负责人的许可。 (2) 等电位电工在退出电位过程中与接地体和带电体两部分间隙所组成的组合间隙不得小于6.6m。 (3) 沿绝缘子串移动时，手要抓牢，脚要踏实	
11	返回地面	塔上电工检查塔上无遗留物后，向工作负责人汇报，得到工作负责人同意后携带绝缘传递绳下塔	下塔过程中应使用塔上安装的防坠装置，杆塔上移动及转位时，不准失去安全保护，作业人员必须攀抓牢固构件	
12	工作结束	(1) 工作负责人组织全体工作成员整理工器具和材料，将工器具清洁后放入专用的箱（袋）中；清理现场，做到“工完料尽场地清”。 (2) 召开班后会，工作负责人进行工作总结和点评工作。点评本次工作的施工质量；点评全体工作成员的安全措施落实情况。 (3) 工作负责人向值班调控人员汇报工作结束，申请恢复直流线路再启动装置，终结工作票	不得约时恢复直流线路再启动装置	

二、考核标准（见表1-7-7）

表1-7-7　　特高压直流技能培训考核评分细则

考生填写栏	编号：　姓名：　所在岗位：　单位：　日期：　年　月　日						
考评员填写栏	成绩：　考评员：　考评组长：　开始时间：　结束时间：　操作时长：						
考核模块	带电修补±800kV特高压输电线路分裂导线	考核对象	特高压±800kV输电线路检修人员	考核方式	操作	考核时限	60min
任务描述	沿耐张绝缘子串进入电场对±800kV受损导线进行带电修补						

续表

工作规范及要求	1. 带电作业工作应在良好天气下进行。如遇雷、雨、雪、雾天气不得进行带电作业。风力大于5级或湿度大于80%时，一般不宜进行带电作业。 2. 本项作业需工作负责人1名，专责监护人1人、塔上地电工1人，等电位电工1人，地面辅助电工2人，采用沿绝缘子串进入电场对±800kV受损导线进行带电修补。 3. 工作负责人职责：负责本次工作任务的人员分工、工作票的宣读、办理停用直流线路再启动装置、办理工作许可手续、召开工作班前会、工作中突发情况的处理、工作质量的监督、工作后的总结。 4. 专责监护人：负责作业现场的安全把控。 5. 等电位电工职责：负责沿绝缘子串进入电场对受损导线进行修补。 6. 塔上地电工职责：负责协助等电位电工进出电场。 7. 地面电工职责：负责传递工具、材料配合等电位电工进出等电位。 8. 在带电作业中，如遇雷、雨、大风或其他任何情况威胁到工作人员的安全时，工作负责人或监护人可根据情况，临时停止工作。 给定条件： 1. 培训基地：特高压直流±800kV线路杆塔A相6分裂导线某子导线，导线型号：6×JL/G3A-900/40。 2. 工作票已办理，安全措施已经完备（直流线路再启动装置已停用），工作开始、工作终结时应口头提出申请（调度或考评员）。 3. 安全、正确地使用仪器对绝缘工具进行检测。 4. 必须按工作程序进行操作，工序错误扣除应做项目分值，出现重大人身、器材和操作安全隐患，考评员可下令终止操作（考核）
考核情景准备	1. 线路：特高压直流±800kV线路001～002号塔A相6分裂导线某子导线，工作内容：带电修补±800kV输电线路分裂导线，导线型号：6×JL/G3A-900/40 2. 所需作业工器具：绝缘传递绳1根（TJS-12），绝缘保护绳（TJS-16），绝缘滑车1个（JH10-1），绝缘检测仪，电位转移棒（1根），绝缘电阻表（5000V型），屏蔽服（屏蔽效率≥60Db）2套，万用表1块，苫布1块，温湿度表、风速仪各1台，纯棉毛巾2条，预绞丝1组，0号砂纸1张，木榔头1把。 3. 作业现场做好监护工作，作业现场安全措施（围栏等）已全部落实；禁止非作业人员进入现场，工作人员进入作业现场必须戴安全帽。 4. 考生自备工作服、阻燃纯棉内衣、安全帽、线手套、安全带（含后备保护绳）
备注	1. 各项目得分均扣完为止，出现重大人身、器材和操作安全隐患，考评员可下令终止操作。 2. 设备、作业环境、安全带、安全帽、工器具、屏蔽服等不符合作业条件时考评员可下令终止操作

序号	项目名称	质量要求	分值	扣分标准	扣分原因	扣分	得分
1	现场复勘	（1）工作负责人到作业现场核对线路名称和杆塔编号、现场工作条件、缺陷部位等。 （2）检测风速、湿度等现场气象条件符合作业要求。 （3）检查工作票填写完整，无涂改，检查是否所列安全措施与现场实际情况相符，必要时予以补充	5	（1）未进行核对双重称号扣1分。 （2）未核实现场工作条件（气象）、缺陷部位扣1分。 （3）工作票填写出现涂改，每项扣0.5分，工作票编号有误，扣1分。工作票填写不完整，扣1.5分			
2	工作许可	（1）工作负责人联系值班调控人员，按工作票内容申请停用直流线路再启动装置。 （2）汇报内容规范、完整	2	（1）未联系调度部门（裁判）停用直流线路再启动装置扣2分。 （2）汇报专业用语不规范或不完整的各扣0.5分			
3	现场布置	正确装设安全围栏并悬挂标示牌： （1）安全围栏范围应充分考虑高处坠物，以及对道路交通的影响。 （2）安全围栏出入口设置合理。 （3）妥当布置“从此进出”“在此工作”“从此上下”等标示	3	（1）作业现场未装设围栏扣0.5分。 （2）未设立警示牌扣0.5分。 （3）未悬挂登塔作业标志扣0.5分			

续表

序号	项目名称	质量要求	分值	扣分标准	扣分原因	扣分	得分
4	召开班前会	（1）全体工作成员全体人员正确佩戴安全帽、工作服。 （2）工作负责人佩戴红色背心，宣读工作票，明确工作任务及人员分工；讲解工作中的安全措施和技术措施；查（问）全体工作成员精神状态；告知工作中存在的危险点及采取的预控措施。 （3）全体工作成员在工作票上签名确认	3	（1）工作人员着装不整齐扣0.5分，工作人员着装不整齐每人次扣0.5分。 （2）未进行分工本项不得分，分工不明扣1分。 （3）现场工作负责人未穿佩安全监护背心扣0.5分。 （4）工作票上工作班成员未签字或签字不全的扣1分			
5	工器具检查	（1）工作人员按要求将工器具放在防潮布上；防潮布应清洁、干燥。 （2）工器具应按定置管理要求分类摆放；绝缘工器具不能与金属工具、材料混放；对工器具进行外观检查。 （3）绝缘工具表面不应磨损、变形损坏，操作应灵活。绝缘工具应使用2500V及以上绝缘电阻表进行分段绝缘检测，阻值应不低于700MΩ，并用清洁干燥的毛巾将其擦拭干净。 （4）塔上地电位和登电位人员按要求正确穿戴全套合格的屏蔽服、导电鞋，且各部分连接应良好，屏蔽服内不得贴身穿着化纤类衣服，并系好安全带；工作负责人应认真检查是否穿戴正确。 （5）登塔人员再次核对双重名称、杆号、相别并报告	7	（1）未使用防潮布并定置摆放工器具扣1分。 （2）未检查工器具试验合格标签及外观检查扣每项扣0.5分。 （3）未正确使用检测仪器对工器具进行检测每项扣1分。 （4）作业人员未正确穿戴屏蔽服且各部位连接良好每人次扣2分。 （5）现场工作负责人未对登塔作业人员进安全防护装备进行检查扣1分。 （6）登塔人员未核对线路双重名称、杆号、相别每人扣2分。 （7）登塔人员未报告核对结果每人扣2分			
6	登塔	（1）塔上地电位电工、等电位电工穿好全套合格的屏蔽服，将安全带做冲击试验后，系好安全带后携带绝缘传递绳相继登塔。 （2）登塔过程中系好防坠落保护装置，登塔至合适位置，系好安全带，布置好绝缘传递绳，然后配合地面电工将绝缘传递绳分开作起吊准备。 （3）登塔过程中应系好防坠落保护装置，匀速登塔，手抓主材，将安全带挂在肩上并与带电体保持6.8m以上安全距离，工作负责人加强作业监护	5	（1）未系安全带或安全带及后备保护绳未进行冲击试验各扣扣2分。 （2）手抓脚钉扣2分。 （3）滑车传递绳悬挂位置不便工具取用扣1分。 （4）传递时金属工具难以保证安全距离扣2分；工具绑扎不牢扣2分。 （5）传递时高空落物扣2分。 （6）传递过程工具与塔身磕碰扣2分。 （7）传递工具绳索打结混乱扣1分。 （8）工作负责人监护不到位扣2分。 （9）塔上电工操作不正确扣2分			
7	进入强电场	（1）等电位电工进入绝缘子串前必须系好保护绳（用后备保护绳兜住脚踩绝缘子串），并调整好绝缘传递绳和电位转移棒。	8	（1）等电位电工电位转移过程中裸露部分距离不够扣2分。 （2）等电位电工进入电场动作不正确，反复放电每次扣2分。			

续表

序号	项目名称	质量要求	分值	扣分标准	扣分原因	扣分	得分
7	进入强电场	(2) 等电位电工检查屏蔽服各部分连接良好后报经工作负责人同意，双手抓扶一串，双脚踩另一串，采用“跨二短三”方法沿绝缘子串进入电场。 (3) 等电位电工在进入电位过程中与接地体和带电体两部分间隙所组成的组合间隙不得小于6.6m，进入电场必须用电位转移棒进行电位转移		(3) 转移电位动作不熟练扣1分，电位转移过程未使用电位转移棒的扣5分。 (4) 未得到工作负责人许可就进行电位转移的扣5分			
8	损伤导线表面处理	(1) 等电位电工携带绝缘传递绳走线至作业点，将绝缘滑车和绝缘传递绳安装在子导线上。 (2) 等电位电工检查导线损伤情况，并对损伤点进行处理，用0号砂纸将损伤部位毛刺打磨平整。 (3) 等电位电工用抹布将打磨后的导线表面处理干净，并将带电膏均匀涂抹在导线受伤处表面	12	(1) 未将子导线用绝缘绳索全部箍住的扣2分。 (2) 未向工作负责人汇报损伤情况扣2分。 (3) 对受损导线未处理平整扣2分。 (4) 不清除表面氧化物或未涂抹导电膏的各扣2分			
9	导线修补	(1) 地面电工利用传递绳将预绞丝传给等电位电工。等电位电工利用预绞丝对导线损伤部位进行补强。 (2) 预绞式护线条的规格型号应与导线匹配，护线条的中心应位于损伤最严重处。 (3) 预绞式护线条的长度应将损伤部位全部覆盖，且护线条端部距损伤部位边缘的单位长度不得小于100mm。 (4) 预绞式护线条绑扎紧密接触，不得抛股、漏股、散股	30	(1) 补修中心误差超过5mm扣3分。 (2) 预绞丝安装一处缝隙扣2分。 (3) 若因操作不当致使预绞丝变形扣8分。 (4) 端头一根不平齐扣1分。 (5) 预绞式护线条绑扎不紧密，出现抛股、漏股、散股，每处扣0.5分			
10	退出电场	(1) 经检查受损带线已补强良好，作业点无遗留物后经工作负责人许可，等电位电工携带绝缘传递绳走线返回均压环处，作退出电位准备。 (2) 等电位电工利用电位转移棒钩紧均压环，并进入距均压环的第3片绝缘子，一只手抓紧绝缘子，另一只手握电位转移棒，利用电位转移棒快速脱离电位。 (3) 等电位电工按照“跨二短三”的方法退出等电位	10	(1) 未向工作负责人申请即进行电位转移扣2分；申请了但未得同意即进行电位转移扣1分。 (2) 等电位电工电位转移过程中裸露部分距离不够扣2分。 (3) 等电位电工退出电场动作不正确，反复放电扣2分。 (4) 转移电位动作不熟练扣2分，电位转移未使用电位转移杆扣3分			
11	返回地面	塔上电工检查塔上无遗留物后，向工作负责人汇报，得到工作负责人同意后携带绝缘传递绳下塔	5	(1) 下塔过程未使用防坠装置扣2分。 (2) 塔上移位失去安全带保护的扣2分。 (3) 下塔抓塔钉，每处扣1分。 (4) 塔上有遗留物的，扣2分			

续表

序号	项目名称	质量要求	分值	扣分标准	扣分原因	扣分	得分
12	工作结束	(1) 工作负责人组织全体工作成员整理工器具和材料，将工器具清洁后放入专用的箱（袋）中；清理现场，做到“工完料尽场地清”。 (2) 召开班后会，工作负责人进行工作总结和点评工作。点评本次工作的施工质量；点评全体工作成员的安全措施落实情况。 (3) 工作负责人向值班调控人员汇报工作结束，申请恢复直流线路再启动装置，终结工作票	10	(1) 工器具未清理扣 2 分。 (2) 工器具有遗漏扣 2 分。 (3) 未开班后会扣 2 分。 (4) 未拆除围栏扣 2 分。 (5) 未向调度汇报扣 2 分			
	合计		100				

模块八　带电处理±800kV特高压输电线路导线引流板发热缺陷培训及考核标准

一、培训标准

（一）培训要求（见表 1-8-1）

表 1-8-1　培　训　要　求

模块名称	带电处理±800kV 特高压输电线路导线引流板发热缺陷	培训类别	操作类
培训方式	实操培训	培训学时	14 学时
培训目标	1. 掌握采用"跨二短三"的作业方式沿耐张绝缘子串进、出±800kV 强电场。 2. 能完成沿耐张绝缘子串进入±800kV 等电位作业点。 3. 能独立完成采用等电位作业法带电处理±800kV 特高压输电线路导线引流板发热缺陷（等电位作业法）		
培训场地	特高压直流实训线路		
培训内容	采用"跨二短三"作业方式沿耐张绝缘子串进入强电场，采用等电位作业法带电处理±800kV 特高压输电线路导线引流板发热缺陷		
适用范围	特高压直流输电线路带电检修人员		

（二）引用规程规范

（1）《±800kV 直流架空输电线路设计规范》（GB/T 50790—2013）。
（2）《±800kV 直流架空输电线路检修规程》（DL/T 251—2012）。
（3）《±800kV 直流架空输电线路运行规程》（GB/T 28813—2012）。
（4）《±800kV 直流线路带电作业技术规范》（DL/T 1242—2013）。
（5）《±800kV 特高压输电线路金具技术规范》（GB/T 31235—2014）。
（6）《国家电网公司带电作业工作管理规定（试行）》（国家电网生〔2007〕751 号）。
（7）《国家电网公司电力安全工作规程（线路部分）》（Q/GDW 1799. 2—2013）。
（8）《电工术语　架空线路》（GB/T 2900. 51—1998）。
（9）《电工术语　带电作业》（GB/T 2900. 55—2016）。
（10）《带电作业工具设备术语》（GB/T 14286—2002）。
（11）《带电作业用绝缘滑车》（GB/T 13034—2008）。
（12）《带电作业用绝缘绳索》（GB 13035—2008）。
（13）《带电作业用工具、装置和设备使用的一般要求》（DL/T 877—2004）。
（14）《带电作业工具、装置和设备预防性试验规程》（DL/T 976—2005）。
（15）《±800kV 特高压输电线路带电作业技术导则》（Q/GDW 302—2009）。
（16）《带电作业用屏蔽服装》（GB/T 6568—2008）。
（17）《带电作业工具基本技术要求与设计导则》（GB 18037—2008）。
（18）《带电设备红外线诊断应用规范》（DL/T 664—2016）。

（三）培训教学设计

本设计以完成"带电处理±800kV 特高压输电线路导线引流板发热缺陷"为工作任务，按工作任务完成的标准化作业流程来设计各个培训阶段，每个阶段包括了具体的培训目标、培训内容、培训学时、培训方法（培训资源）、培训环境和考核评价等内容，如表 1-8-2 所示。

表 1-8-2　带电处理±800kV特高压输电线路导线引流板发热缺陷培训内容设计

培训流程	培训目标	培训内容	培训学时	培训方法与资源	培训环境	考核评价
1. 理论教学	1. 初步掌握沿绝缘子串进出±800kV直流强电场基本方法。 2. 熟悉电位转移的方法。 3. 熟悉输电线路导线引流板发热缺陷的处理方法	1. 采用“跨二短三”的方式沿绝缘子串进、出强电场。 2. 进、出特高压强电场时电位转移棒的使用方法。 3. 输电线路导线引流板发热缺陷的处理方法和质量标准	2	培训方法：讲授法。 培训资源：PPT、相关规程规范	多媒体教室	考勤、课堂提问和作业
2. 准备工作	能完成作业前准备工作	1. 作业现场查勘。 2. 编制培训标准化作业卡。 3. 填写培训操作工作票。 4. 完成本操作的工器具及材料准备。 5. 值班调控人员联系申请停用工作线路重合闸装置	1	培训方法： 1. 现场查勘和工器具及材料清理采用现场实操方法。 2. 编写作业卡和填写工作票采用讲授方法。 培训资源： 1. ±800kV实训线路。 2. 特高压工器具库房。 3. 空白工作票	1. 特高压输电实训线路； 2. 多媒体教室	
3. 作业现场准备	能完成作业现场准备工作	1. 重合闸已装置停用，得到调度许可。 2. 作业现场复勘。 3. 作业现场布置。 4. 班前会。 5. 工器具及材料检查	1	培训方法：演示与角色扮演法。 培训资源：±800kV实训线路	±800kV实训线路	
4. 培训师演示	通过现场观摩，使学员初步领会本任务操作流程	1. 等电位电工沿耐张绝缘子串进、出强电场，到达引流线连接处。 2. 等电位电工用套筒扳手对导线引流线螺栓进行紧固	2	培训方法：演示法。 培训资源：±800kV实训线路	±800kV实训线路	
5. 学员分组训练	1. 能完成进、出±800kV强电场操作。 2. 能完成±800kV输电线路导线引流线发热带电处理	1. 学员分组（6人一组）训练进、出±800kV强电场和导线引流线发热处理技能操作。 2. 培训师对学员操作进行指导和安全监护	7	培训方法：角色扮演法。 培训资源：±800kV实训线路	±800kV实训线路	采用技能考核评分细则对学员操作评分
6. 工作终结	1. 使学员进一步辨析操作过程中不足之处，便于后期提升。 2. 培养学员树立安全文明生产的工作作风	1. 作业现场清理。 2. 向调度汇报工作结束并申请恢复重合闸装置。 3. 班后会，对本次工作任务进行点评总结	1	培训方法：讲授和归纳法	±800kV实训线路	

（四）作业流程

1. 工作任务

采用“跨二短三”的作业方式沿绝缘子串进入强电场到达作业点，采用等电位作业法带电处理±800kV特高压输电线路导线引流板发热缺陷。

2. 天气及作业现场要求

（1）带电处理±800kV特高压输电线路导线引流板发热缺陷应在良好的天气进行。

如遇雷电（听见雷声、看见闪电）、雪、雹、雨、雾等，不应进行带电作业。风力大于5级时，不宜进行带电作业；相对湿度大于80%的天气时，如需进行带电作业应采用具有防潮性能的绝缘工具；恶劣天气下必须开展带电抢修时，应组织有关人员充分讨论并编制必要的安全措施，经本单位批准后方可进行。

（2）作业人员精神状态良好，熟悉工作中保证安全的组织措施和技术措施；应持有在有效期内的带电作业资质证书。

（3）工作负责人应事先组织相关人员完成现场勘察，根据勘察结果确定本次作业方法和所需工器具，以及应采取的必要措施，并办理带电作业工作票。

（4）作业现场应合理设置围栏，并妥当布置警示标示牌，禁止非工作人员入内。

（5）本项目需停用直流再启动装置。

（6）工作中安全距离及有效绝缘长度如表1-8-3所示。

（7）在±800kV输电线路上作业，应保证作业相良好绝缘子片数不少于32片。

表1-8-3　带电补修±800kV特高压输电线路导线的安全距离（m）

海拔高度	等电位电工与接地构架之间的最小安全距离	绝缘工器具的最小有效绝缘长度	最小组合间隙
$H\leqslant 1000$	6.8	6.8	6.7
$1000<H\leqslant 2000$	7.3	7.3	7.3
$2000<H\leqslant 2500$	7.9	7.8	7.8

注　表中最小安全距离包括人体占位间隙0.5m。

（8）中间电位作业人员沿耐张绝缘子串进入±800kV强电场时，人体短接绝缘子片数不得多于4片。耐张绝缘子串中扣除人体短接和不良绝缘子片数后，良好绝缘子最少片数应满足表1-8-4的规定。

表1-8-4　最小组合间隙和良好绝缘子的最小片数

海拔高度（m）	单片玻璃绝缘子结构高度（mm）	良好绝缘子串的总长度最小值（m）	良好绝缘子的最少片数
$H\leqslant 1000$	170	6.2	37
	195		32
	205		31
	240		26
$1000<H\leqslant 2000$	170	7.1	42
	195		37
	205		35
	240		30
$2000<H\leqslant 2500$	170	7.55	45
	195		39
	205		37
	240		32

注　表中数值不包括人体占位间隙，作业中需考虑人体占位间隙不得小于0.5m。

3. 准备工作

3.1 危险点及其预控措施

(1) 危险点——触电伤害。

预控措施：

1) 工作前，工作负责人应与值班调控人员联系，停用线路直流再启动装置，并履行许可手续。

2) 塔上地电位作业人员登塔前，必须仔细核对线路名称，确认无误后方可上塔。

3) 工作中，如遇线路突然停电，作业人员应视其仍然带电。工作负责人应尽快与调控人员联系，值班调控人员未与工作负责人取得联系前不准强送电。

4) 绝缘工具及绝缘绳索不得损坏、受潮、变形、失灵，不准使用非绝缘绳索（如棉纱绳、白棕绳、钢丝绳）。

5) 等电位作业人员应穿着阻燃内衣，衣服外面应穿戴全套合格的屏蔽服（包括帽、衣裤、手套、袜、面罩和鞋），且各部分应连接良好。

6) 等电位作业人员在电位转移前，应得到工作负责人的许可，人体裸露部分与带电体的最小距离不小于0.5m；电位转移时，动作应迅速，严禁用头部充放电；与地电位作业人员传递工具和材料时，使用绝缘工具或绝缘绳索的有效长度应符合表1-8-3的规定。

7) 监护人、工作负责人应对作业人员进行不间断监护，随时纠正其不规范动作和行为。重点监护高处作业人员，使其保持足够的安全距离（应符合表1-8-3的规定），禁止同时接触两个非连通的带电体或带电体与接地体。

(2) 危险点——高处坠落。

1) 高处作业人员登高前，必须具备符合本项作业要求的身体状况、精神状态和技能素质。

2) 等电位作业人员进入强电场过程中应手脚一致，速度均匀，动作平稳；移动全过程应使用人体后备保护绳。

3) 监护人员应随时纠正其不规范动作和行为，重点监护作业人员在转位的过程中不得失去安全带或绝缘后备保护绳的保护，严禁低挂高用。

(3) 危险点——高处坠物伤人。

预控措施：

1) 高处作业人员的个人工具及零星材料应装入工具袋，严禁在高处浮置物件、口中含物。

2) 地面作业人员必须正确佩戴安全帽，正确使用绳结，与作业点正下方距离不得小于坠落半径。

3) 作业现场设置围栏并挂好警示标示牌。监护人员应随时注意，禁止非工作人员及车辆进入作业区域。

3.2 工器具及材料选择

带电处理±800kV特高压输电线路导线引流板发热缺陷所需工器具及材料见表1-8-5。工器具出库前，应认真核对工器具的使用电压等级和试验周期，并检查确认外观良好、连接牢固、转动灵活，且符合本次工作任务的要求；工器具出库后，应存放在工具袋或工具箱内进行运输，防止脏污、受潮；金属工具和绝缘工器具应分开装运，防止因混装运输导致工器具变形、损伤等现象发生。

表 1-8-5　带电处理±800kV特高压输电线路导线引流板发热缺陷所需工器具及材料表

序号	名称	规格型号	单位	数量	备注
1	绝缘传递绳	ϕ12	根	2	
2	绝缘后备保护绳	ϕ16	根	2	
3	绝缘滑车	1t	个	2	
4	套筒扳手	与引流板螺栓型号一致	套	1	
5	电位转移棒		根	1	
6	绝缘电阻测试仪	5000V	台	1	
7	风速风向仪		台	1	
8	温湿度仪		台	1	
9	万用表		台	1	
10	防潮布	2m×4m	张	1	
11	屏蔽服	屏蔽效率≥60dB （屏蔽面罩屏蔽效率≥20dB）	套	2	
12	防坠器	与铁塔防坠器装置型号对应	只	2	
13	安全围网		套	若干	
14	警示标示牌	“在此工作”“从此进出”“从此上下”	套	1	
15	红马甲	“工作负责人”“专责监护人”	件	2	
16	螺栓	与引流板螺栓型号一致	个	若干	备用
17	背负式安全带	带后备保护绳	套	2	
18	清洁毛巾		条	1	
19	绝缘绳套	ϕ12	根	2	
20	安全帽		顶	6	
21	工具包		个	2	
22	对讲机		个	4	

3.3　作业人员分工

本任务作业人员分工如表 1-8-6 所示。

表 1-8-6　带电处理±800kV特高压输电线路导线引流板发热缺陷人员分工表

序号	工作岗位	数量（人）	工作职责
1	工作负责人	1	负责组织作业现场的各项工作
2	专责监护人	1	负责作业现场的安全监护
3	等电位电工	1	负责进入等电位处理导线引流板发热缺陷
4	地电位电工	1	负责传递工具、材料配合等电位电工进、出等电位
5	地面电工	2	负责传递工具、材料配合等电位电工进、出等电位

4. 工作程序

本任务工作流程如表 1-8-7 所示。

表 1-8-7　带电处理±800kV特高压输电线路导线引流板发热缺陷工作流程表

序号	作业内容	作业步骤及标准	安全措施及注意事项	责任人
1	现场复勘	工作负责人负责完成以下工作： （1）现场核对线路名称无误；基础及铁塔完好无异常；交叉跨越距离符合安全要求；确认缺陷情况及导地线规格型号等。 （2）检查地形环境符合作业要求。 （3）检查工作票所列安全措施与现场实际情况相符，必要时予以补充	（1）正确穿戴安全帽、工作服、工作鞋、劳保手套。 （2）不得在危及作业人员安全的气象条件下作业。 （3）严禁非工作人员、车辆进入作业现场	

续表

序号	作业内容	作业步骤及标准	安全措施及注意事项	责任人
2	工作许可	(1) 工作负责人负责联系值班调控人员，按工作票内容申请停用线路重合闸。 (2) 经值班调控人员许可后，方可开始带电作业	不得未经值班调控人员许可即开始工作	
3	现场布置	正确装设安全围栏并悬挂标示牌： (1) 安全围栏范围应充分考虑高处坠物，以及对道路交通的影响。 (2) 安全围栏出入口设置合理。 (3) 妥当布置“从此进出”“在此工作”“从此上下”等标示	对道路交通安全影响不可控时，应及时联系交通管理部门强化现场交通安全管控	
4	召开班前会	(1) 全体工作成员列队。 (2) 工作负责人宣读工作票，明确工作任务及人员分工；讲解工作中的安全措施和技术措施；查（问）全体工作成员精神状态；告知工作中存在的危险点及采取的预控措施。 (3) 全体工作成员在工作票上签名确认	(1) 工作票填写、签发和许可手续规范，签名完整。 (2) 全体工作成员精神状态良好。 (3) 全体工作成员明确任务分工、安全措施和技术措施	
5	检查工具	(1) 等电位电工及地电位电工正确地穿戴好屏蔽服并检测合格，由负责人监督检查。 (2) 正确佩戴个人安全用具（大小合适，锁扣自如），由负责人监督检查。 (3) 测量风速、湿度，检查绝缘工具的绝缘性能，并做好记录	(1) 金属、绝缘工具使用前，应仔细检查其是否损坏、变形、失灵。绝缘工具应使用 5000V 绝缘电阻表进行分段绝缘检测，阻值应不低于 700MΩ，并用清洁干燥的毛巾将其擦拭干净。 (2) 用万用表测量屏蔽服衣裤最远端点之间的电阻值不得大于 20Ω。工作负责人认真检查作业电工屏蔽服的连接情况。 (3) 检查工具组装情况并确认连接可靠。 (4) 现场所使用的带电作业工器具应放置在防潮布上	
6	登塔	(1) 核对线路名称无误后，塔上电工对安全带、防坠器做冲击试验检查。 (2) 塔上电工携带绝缘传递绳登塔至横担作业点，选择合适位置系好安全带，将绝缘滑车和绝缘传递绳安装在横担合适位置。然后配合地面电工将绝缘传递绳分开作起吊准备	(1) 核对线路名称无误后，方可登塔作业。 (2) 登塔过程中应使用塔上安装的防坠装置；塔上移动及转位时，不准失去安全保护，作业人员必须攀抓牢固构件。 (3) 作业电工必须穿全套合格的屏蔽服，且全套屏蔽服必须连接可靠。在进入等电位前，等电位电工要检查确认屏蔽服个部位连接可靠后方能进行下一步操作	
7	进入强电场	(1) 地面电工将电位转移棒传至塔上。 (2) 等电位电工携带电位转移棒移动到绝缘子连接金具上，并带好绝缘滑车和绝缘传递绳。 (3) 等电位电工检查屏蔽服各部分连接良好后报经工作负责人同意，双手抓扶一串，双脚踩另一串，采用“跨二短三”方法沿绝缘子串进入强电场。 (4) 当等电位电工平行移动至距导线侧均压环三片绝缘子时，应停止移动，利用电位转移棒进行电位转移	(1) 等电位电工进入电位前必须得到工作负责人的许可。 (2) 防止安全带、绝缘传递绳钩挂塔材。 (3) 等电位电工进入绝缘子串前必须系好后备保护绳，并调整好绝缘传递绳。 (4) 转位时，不得失去安全带的保护。 (5) 人体与带电体之间的安全距离，人体与接地体和带电体间的组合间隙应符合表 1-8-3 的规定	

续表

序号	作业内容	作业步骤及标准	安全措施及注意事项	责任人
8	处理导线引流板发热缺陷	(1) 等电位电工进入等电位后，将安全带系在子导线上，地面电工利用传递绳将套筒扳手传给等电位电工。 (2) 等电位电工利用套筒扳手对导线引流板连接螺栓进行紧固。 (3) 等电位电工利用传递绳将套筒扳手传递至塔下	(1) 等电位电工注意避免动作幅度过大，避免将肢体伸向绝缘子。 (2) 等电位电工注意避免被烫伤	
9	退出电位	(1) 经检查作业点无遗留物后经工作负责人许可，等电位电工带好绝缘传递绳，作退出电位准备。 (2) 等电位电工利用电位转移棒钩紧均压环，并进入距均压环的第3片绝缘子，一只手抓紧绝缘子，另一只手握电位转移棒，利用电位转移棒快速脱离电位。 (3) 等电位电工按照“跨二短三”的方法退出等电位	(1) 等电位电工退出电位前必须得到工作负责人的许可。 (2) 等电位电工在退出电位过程中与接地体和带电体两部分间隙所组成的组合间隙不得小于6.7m。 (3) 沿绝缘子串移动时，手要抓牢，脚要踏实	
10	返回地面	塔上电工利用传递绳将塔上工具传递至塔下。检查塔上无遗留物后，向工作负责人汇报，得到工作负责人同意后携带绝缘传递绳下塔	下塔过程中应使用塔上安装的防坠装置，塔上移动及转位时，不准失去安全保护，作业人员必须攀抓牢固构件	
11	工作结束	(1) 工作负责人组织全体工作成员整理工器具和材料，将工器具清洁后放入专用的箱（袋）中；清理现场，做到“工完料尽场地清”。 (2) 召开班后会，工作负责人进行工作总结和点评工作。点评本次工作的施工质量；点评全体工作成员的安全措施落实情况。 (3) 工作负责人向值班调控人员汇报工作结束，申请恢复线路重合闸，终结工作票	不得约时恢复线路重合闸	

二、考核标准（见表1-8-8）

表1-8-8　　特高压直流输电线路运检技能考核评分细则

考生填写栏	编号：	姓　名：	所在岗位：	单　位：	日　期：　　年　月　日		
考评员填写栏	成绩：	考评员：	考评组长：	开始时间：	结束时间：	操作时长：	
考核模块	带电处理±800kV特高压输电线路导线引流板发热缺陷	考核对象	特高压直流输电线路检修人员	考核方式	操作	考核时限	60min
任务描述	采用“跨二短三”沿绝缘子串进强电场带电处理±800kV特高压输电线路导线引流板发热缺陷						
工作规范及要求	1. 带电作业工作应在良好天气下进行。如遇雷、雨、雪、雾天气不得进行带电作业。风力大于5级或湿度大于80%时，一般不宜进行带电作业。 2. 本项作业需6人，其中工作负责人1名，专责监护人1名，等电位电工1名，地电位电工1名，地面电工2名，采用耐张串沿绝缘子串进出强电场法带电处理±800kV特高压输电线路导线引流板发热缺陷。 3. 工作负责（监护）人职责：负责本次工作任务的人员分工、工作票的宣读、办理线路停用重合闸、办理工作许可手续、召开工作班前会、负责作业过程中的安全监督、工作中突发情况的处理、工作质量的监督、工作后的总结。						

续表

工作规范及要求	4. 等电位电工职责：负责本次作业过程中的主要作业，根据作业的位置安装、拆除作业工器具，进入等电位处理导线引流板发热缺陷。 5. 地电位电工职责：负责传递工具、材料配合等电位电工进出等电位。 6. 地面电工职责：负责传递工具、材料。 7. 在带电作业中，如遇雷、雨、大风或其他任何情况威胁到工作人员的安全时，工作负责人或监护人可根据情况，临时停止工作。 给定条件： 1. ±800kV 实训线路耐张塔一边相导线。 2. 工作票已办理，安全措施已经完备（重合闸已停用），工作开始、工作终结时应口头提出申请（调度或考评员）。 3. 安全、正确地使用仪器对绝缘工具进行检测。 4. 必须按工作程序进行操作，工序错误扣除应做项目分值，出现重大人身、器材和操作安全隐患，考评员可下令终止操作（考核）						
考核情景准备	1. 塔形：±800kV 实训线路耐张塔一边相导线，工作内容：带电处理±800kV 特高压输电线路导线引流板发热缺陷。 2. 所需作业工器具：ϕ12 绝缘传递绳 2 根、ϕ16 绝缘保护绳 2 根、1T 绝缘滑车 2 个、各不同型号套筒扳手 1 套、电位转移棒 1 根、5000V 绝缘电阻测试仪 1 台、风速风向仪 1 台、温湿度仪 1 台、万用表 1 台、2m×4m 防潮布 1 张、Ⅱ型屏蔽服 2 套、防坠器 2 只、安全围网 1 套、警示标示牌 1 套、红马甲 2 件、各不同型号螺栓若干、各不同型号销子若干、双保险安全带 2 套、清洁毛巾 1 条、ϕ12 绝缘绳套 2 根、安全帽 6 顶、操作杆 1 根、工具包 2 个、对讲机 4 个。 3. 作业现场做好监护工作，作业现场安全措施（围栏等）已全部落实；禁止非作业人员进入现场，工作人员进入作业现场必须戴安全帽。 4. 考生自备工作服，阻燃纯棉内衣，安全帽，线手套，安全带（含后备保护绳）						
备注	1. 各项目得分均扣完为止，出现重大人身、器材和操作安全隐患，考评员可下令终止操作。 2. 设备、作业环境、安全带、安全帽、工器具、屏蔽服等不符合作业条件考评员可下令终止操作						
序号	项目名称	质量要求	分值	扣分标准	扣分原因	扣分	得分
1	现场复勘	（1）工作负责人到作业现场核对线路名称和杆塔编号、现场工作条件、缺陷部位等。 （2）检测风速、湿度等现场气象条件符合作业要求。 （3）检查工作票填写完整，无涂改，检查是否所列安全措施与现场实际情况相符，必要时予以补充	5	（1）未核对线路名称、杆塔编号、现场工作条件、缺陷部位等，每项扣 1 分。 （2）未检测风速、湿度等现场气象条件，每项扣 1 分。 （3）工作票填写出现涂改，每处扣 0.5 分；工作票编号有误，扣 1 分；工作票填写不完整，扣 1.5 分			
2	工作许可	（1）工作负责人联系值班调控人员，按工作票内容申请停用线路重合闸。 （2）汇报内容规范、完整	2	（1）未联系调度部门（裁判）停用重合闸，扣 2 分。 （2）汇报专业用语不规范或不完整，扣 1 分			
3	现场布置	正确装设安全围栏并悬挂标示牌： （1）安全围栏范围应充分考虑高处坠物，以及对道路交通的影响。 （2）安全围栏出入口设置合理。 （3）妥当布置“从此进出”“在此工作”“从此上下”等标示	3	（1）作业现场未装设围栏，扣 1 分。 （2）未设立警示牌，扣 1 分。 （3）未悬挂登塔作业标志，扣 1 分			
4	召开班前会	（1）全体工作成员全体人员正确佩戴安全帽、工作服。	3	（1）工作人员着装不整齐，每人扣 0.5 分。			

续表

序号	项目名称	质量要求	分值	扣分标准	扣分原因	扣分	得分
4	召开班前会	(2) 工作负责人佩戴红色背心，宣读工作票，明确工作任务及人员分工；讲解工作中的安全措施和技术措施；查（问）全体工作成员精神状态；告知工作中存在的危险点及采取的预控措施。 (3) 全体工作成员在工作票上签名确认	3	(2) 未进行分工，扣3分；分工不明确，扣1分。 (3) 现场工作负责人未穿佩安全监护背心，扣1分。 (4) 工作票上工作班成员未签字或签字不全，扣1分			
5	工器具检查	(1) 工作人员按要求将工器具放在防防潮布上；防潮布应清洁、干燥。 (2) 工器具应按定置管理要求分类摆放；绝缘工器具不能与金属工具、材料混放；对工器具进行外观检查。 (3) 绝缘工具表面不应磨损、变形损坏，操作应灵活。绝缘工具应使用5000V绝缘电阻表进行分段绝缘检测，阻值应不低于700MΩ，并用清洁干燥的毛巾将其擦拭干净。 (4) 塔上地电位和登电位人员按要求正确穿戴全套合格的屏蔽服、导电鞋，且各部分连接应良好，屏蔽服内不得贴身穿着化纤类衣服，并系好安全带；工作负责人应认真检查是否穿戴正确。 (5) 登塔人员再次核对双重名称、杆号、相别并报告	7	(1) 未使用防潮布并定置摆放工器具，扣1分。 (2) 未检查工器具外观及试验合格证，每项扣0.5分。 (3) 未正确使用检测仪器对工器具进行检测，扣1分/项。 (4) 作业人员未正确穿戴屏蔽服且各部位连接良好，每人次扣2分。 (5) 现场工作负责人未对登塔作业人员进安全防护装备进行检查，扣1分。 (6) 登塔人员未核对线路双重名称、杆号、相别，每人扣2分。 (7) 汇报检测结果不规范，扣1分；不完整，每项扣0.5分			
6	登塔	(1) 地电位电工、等电位电工穿好全套合格的屏蔽服，将安全带做冲击试验后，系好安全带后携带绝缘传递绳相继登塔。 (2) 登塔过程中系好防坠落保护装置，登塔至合适位置，系好安全带，布置好绝缘传递绳，然后配合地面电工将绝缘传递绳分开作起吊准备。 (3) 登塔过程中应系好防坠落保护装置，匀速登塔，手抓主材，将安全带挂在肩上并与带电体应保持6.8m以上安全距离，工作负责人加强作业监护	5	(1) 未系安全带或安全带及后备保护绳或未进行冲击试验，每项扣2分。 (2) 手抓脚钉，每次扣0.5分。 (3) 现场工作负责人未对地电位、中间电位电工进行安全防护装备进行检查，每项扣1分。 (4) 传递时高处落物，每次扣1分。 (5) 传递过程工具与塔身磕碰，每项扣1分。 (6) 塔上电工转位时失去安全带保护，扣5分			
7	进入强电场	(1) 等电位电工进入绝缘子串前必须系好保护绳（用后备保护绳兜住脚踩绝缘子串），并调整好绝缘传递绳和电位转移棒。 (2) 等电位电工检查屏蔽服各部分连接良好后报经工作负责人同意，双手抓扶一串，双脚踩另一串，采用“跨二短三”作业方式沿绝缘子串进入强电场。	15	(1) 等电位电工电位转移过程中裸露部分距离不够，扣2分。 (2) 等电位电工进入强电场动作不正确，反复放电，每次扣2分。 (3) 转移电位动作不熟练，每次扣1分；电位转移过程未使用电位转移棒，每次扣4分。			

续表

序号	项目名称	质量要求	分值	扣分标准	扣分原因	扣分	得分
7	进入强电场	（3）等电位电工在进入电位过程中与接地体和带电体两部分间隙所组成的组合间隙不得小于6.7m，进入强电场必须用电位转移棒进行电位转移	15	（4）未得到工作负责人许可就进行电位转移，每次扣4分			
8	损伤导线表面处理	（1）等电位电工进入等电位后，将安全带系在子导线上，地面电工利用传递绳将套筒扳手传给等电位电工。 （2）等电位电工利用套筒扳手对导线引流板连接螺栓进行紧固。 （3）等电位电工利用传递绳将套筒扳手传递至塔下	30	（1）等电位电工注意避免动作幅度过大，避免将肢体伸向绝缘子，否则每次扣3分。 （2）传递工具和材料应使用绝缘工具和绝缘绳索，否则每次扣2分。 （3）作业过程中不得掉落工器具和材料，否则每次扣3分。 （4）作业转位时，不得失去安全带保护，否则每次扣3分。 （5）转移电位时，人体裸露部分与带电体的距离不小于0.5m，否则每次扣2分。 （6）不得遗留工器具和材料，否则每次扣3分			
9	退出强电场	（1）经检查发热点消失，作业点无遗留物后经工作负责人许可，等电位电工携带绝缘传递绳走线返回均压环处，作退出电位准备。 （2）等电位电工利用电位转移棒钩紧均压环，并进入距均压环的第3片绝缘子，一只手抓紧绝缘子，另一只手握电位转移棒，利用电位转移棒快速脱离电位。 （3）等电位电工按照“跨二短三”作业方式的方法退出等电位	15	（1）未向工作负责人申请即进行电位转移，扣2分；申请了但未得同意即开始，扣1分。 （2）等电位电工电位转移过程中裸露部分与带电体距离不够，每次扣2分。 （3）等电位电工退出强电场动作不正确，反复放电，每次扣2分。 （4）转移电位动作不熟练，扣2分；电位转移未使用电位转移棒，扣3分			
10	返回地面	塔上电工检查塔上无遗留物后，向工作负责人汇报，得到工作负责人同意后携带绝缘传递绳下塔	5	（1）下塔过程未使用防坠器，扣5分。 （2）塔上移位失去安全带保护，扣5分。 （3）下塔手抓脚钉，每次扣1分。 （4）塔上有遗留物，扣2分			
11	工作结束	（1）工作负责人组织全体工作成员整理工器具和材料，将工器具清洁后放入专用的箱（袋）中；清理现场，做到“工完料尽场地清”。 （2）召开班后会，工作负责人进行工作总结和点评工作。点评本次工作的施工质量；点评全体工作成员的安全措施落实情况。 （3）工作负责人向值班调控人员汇报工作结束，申请恢复线路重合闸，终结工作票	10	（1）工器具未清理，扣2分。 （2）工器具有遗漏，扣2分。 （3）未开班后会，扣2分。 （4）未拆除围栏，扣2分。 （5）未向调度汇报，扣2分			
	合计		100				

模块九 带电更换±800kV特高压输电线路接地极直线整串绝缘子培训及考核标准

一、培训标准

（一）培训要求（见表1-9-1）

表1-9-1 培训要求

模块名称	带电更换±800kV特高压输电线路接地极直线整串绝缘子	培训类别	操作类
培训方式	实操培训	培训学时	14学时
培训目标	1. 掌握±800kV直流接地极直线塔进、出电场时采用“软梯法”作业方式的电学意义。 2. 能完成采用“软梯法”进入±800kV直流接地极线路等电位作业点。 3. 能独立完成±800kV特高压线路直流接地极线路直线整串绝缘子更换的操作（等电位作业法）		
培训场地	特高压直流实训线路		
培训内容	采用从地面攀爬软梯进入电场，采用等电位作业法带电更换±800kV特高压输电线路直流接地极线路直线整串绝缘子		
适用范围	特高压±800kV直流输电线路检修人员		

（二）引用规程规范

(1)《±800kV直流架空输电线路设计规范》(GB/T 50790—2013)。

(2)《±800kV直流架空输电线路检修规程》(DL/T 251—2012)。

(3)《±800kV直流架空输电线路运行规程》(GB/T 28813—2012)。

(4)《±800kV直流线路带电作业技术规范》(DL/T 1242—2013)。

(5)《±800kV特高压输电线路金具技术规范》(GB/T 31235—2014)。

(6)《国家电网公司带电作业工作管理规定（试行）》(国家电网生〔2007〕751号)。

(7)《国家电网公司电力安全工作规程（线路部分）》(Q/GDW 1799.2—2013)。

(8)《电工术语　架空线路》(GB/T 2900.51—1998)。

(9)《电工术语　带电作业》(GB/T 2900.55—2016)。

(10)《带电作业工具设备术语》(GB/T 14286—2002)。

(11)《带电作业用绝缘滑车》(GB/T 13034—2008)。

(12)《带电作业用绝缘绳索》(GB 13035—2008)。

(13)《带电作业用工具、装置和设备使用的一般要求》(DL/T 877—2004)。

(14)《带电作业工具、装置和设备预防性试验规程》(DL/T 976—2005)。

(15)《±800kV特高压输电线路带电作业技术导则》(Q/GDW 302—2009)。

(16)《带电作业用屏蔽服装》(GB/T 6568—2008)。

(17)《带电作业工具基本技术要求与设计导则》(GB 18037—2008)。

(18)《带电设备红外线诊断应用规范》(DL/T 664—2016)。

（三）培训教学设计

本设计以完成“带电更换±800kV特高压输电线路接地极直线整串绝缘子”为工作任务，按工作任务完成的标准化作业流程来设计各个培训阶段，每个阶段包括了具体的培训目标、培训内容、培训学时、培训方法（培训资源）、培训环境和考核评价等内容，如表1-9-2所示。

表 1-9-2　带电更换±800kV 特高压输电线路接地极直线整串绝缘子培训内容设计

培训流程	培训目标	培训内容	培训学时	培训方法与资源	培训环境	考核评价
1. 理论教学	1. 初步掌握攀爬绝缘软梯进出±800kV直流接地极线路电场的方法。 2. 熟悉工器具配置及安全注意事项。 3. 熟悉±800kV直流接地极线路直线整串绝缘子更换的方法	1. 沿绝缘软梯进出±800kV直流接地极线路电场的电学意义。 2. 工器具配置、危险点分析及安全措施。 3. ±800kV直流接地极线路直线整串绝缘子更换方法和质量标准	2	培训方法：讲授法。 培训资源：PPT、相关规程规范	多媒体教室	考勤、课堂提问和作业
2. 准备工作	能完成作业前准备工作	1. 作业现场查勘。 2. 编制培训标准化作业卡。 3. 填写培训操作工作票。 4. 完成本操作的工器具及材料准备	1	培训方法： 1. 现场查勘和工器具及材料清理采用现场实操方法。 2. 编写作业卡和填写工作票采用讲授方法。 培训资源： 1. ±800kV直流接地极实训线路。 2. 特高压工器具库房。 3. 空白工作票	1. ±800kV直流接地极实训线路； 2. 多媒体教室	
3. 作业现场准备	能完成作业现场准备工作	1. 作业现场复勘。 2. 工作申请。 3. 作业现场布置。 4. 班前会。 5. 工器具检查	1	培训方法：演示与角色扮演法。 培训资源：±800kV直流接地极实训线路	±800kV直流接地极实训线路	
4. 培训师演示	通过现场观摩，使学员初步领会本任务操作流程	1. 作业距离测量、导线温度测量。 2. 地电位电工攀登铁塔至工作点位安装绝缘软梯。 3. 等电位电工攀爬绝缘软梯进入电场。 4. 地电位电工安装工器具、布置绝缘子串吊点及导线保护绳。 5. 等电位电工安装导线端提线工具，拆除、恢复导线端销子及连接	3	培训方法：演示法。 培训资源：特高压实训线路	±800kV直流接地极实训线路	
5. 学员分组训练	通过培训： 1. 使学员能完成进、出±800kV直流接地极线路电场操作。 2. 使学员能完成±800kV直流接地极线路直线整串绝缘子更换方法	1. 学员分组（6人一组）训练进出±800kV直流接地极线路直线整串绝缘子更换技能操作。 2. 培训师对学员操作进行指导和安全监护	8	培训方法：角色扮演法。 培训资源：±800kV直流接地极实训线路	±800kV直流接地极实训线路	采用技能考核评分细则对学员操作评分

续表

培训流程	培训目标	培训内容	培训学时	培训方法与资源	培训环境	考核评价
6. 工作终结	通过培训： 1. 使学员进一步认识操作过程中不足之处，便于后期提升。 2. 培训学员树立安全文明生产的工作作风	1. 作业现场清理。 2. 向调控汇报工作。 3. 班后会，对今天工作任务进行点评总结	1	培训方法：讲授和归纳法	±800kV 直流接地极实训线路	

（四）作业流程

1. 工作任务

采用攀爬软梯方法沿软梯进入电场、到达作业点，采用等电位作业法带电更换±800kV特高压输电线路接地极直线整串绝缘子。

2. 天气及作业现场要求

（1）带电更换±800kV 特高压输电线路接地极直线整串绝缘子应在良好的天气下进行。

工作现场如遇雷电（听见雷声、看见闪电）、雪、雹、雨、雾等情况，应禁止本次作业。风力大于 5 级或空气相对湿度大于 80％时，不宜进行本次作业；作业过程中，注意天气变化，如遇大风、雨雾等紧急情况，按照规程规定正确采取措施，保证人员和设备安全。

（2）作业人员精神状态良好，熟悉工作中保证安全的组织措施和技术措施；应持有在有效期内的带电作业资质证书。

（3）工作负责人应事先组织相关人员完成现场勘察，根据勘察结果确定本次作业方法和所需工器具，以及应采取的必要措施，并办理带电作业工作票。

（4）作业现场应合理设置围栏，并妥当布置警示标示牌，禁止非工作人员入内。

（5）本项目需停用线路直流再启动装置。

（6）工作中安全距离及有效绝缘长度如表 1-9-3 所示。

表 1-9-3　带电更换±800kV 直流接地极线路直线整串绝缘子的安全距离　（m）

电压等级	人身与带电体安全距离	最小有效绝缘长度		最小组合间隙	转移电位时人体裸露部分与带电体的最小距离
		绝缘操作杆	绝缘承力工具、绝缘绳索		
±800kV 直流接地极	0.75	1.3	1.0	1.2	0.3

3. 准备工作

3.1　危险点及其预控措施

（1）危险点——预防系统过电压。

预控措施：本次作业为等电位作业，工作负责人在工作开始前，应与值班调控员联系，申请办理电力线路带电作业工作票，并申请停用直流再启动，由调控值班员履行许可手续。带电作业结束后应及时向调控值班员汇报。严禁约时停用和恢复直流再启动。在带电作业过程中如遇设备突然停电，作业人员应视设备仍然带电。工作负责人应尽快与调控联系，调控值班员未与工作负责人取得联系前不得强送电。

（2）危险点——预防人身触电。

预控措施：

1）绝缘工具及绝缘绳索不得损坏、受潮、变形、失灵，不准使用非绝缘绳索（如棉纱绳、白棕绳、钢丝绳）。

2）等电位作业人员应穿着阻燃内衣，衣服外面应穿戴全套屏蔽服（包括帽、衣裤、手套、袜和鞋），且各部分应连接良好，全套屏蔽服电阻不大于20Ω。

3）等电位作业人员在电位转移前，应得到工作负责人的许可，人体裸露部分与带电体的最小距离不小于0.3m；地电位作业人员与带电体（等电位作业人员与接地体）的安全距离小于表1-9-3的规定。

4）用绝缘绳索传递大件金属物品时，地电位作业人员应将金属物品接地后再接触。

5）工作负责人和专责监护人应对作业人员进行不间断监护，随时纠正其不规范或违章动作。重点关注高处作业人员，使其保持足够的安全距离（应符合表1-9-3的规定）。

6）当耐热导线运行温度高于40℃时，应采用耐高温带电作业工器具，包括耐高温软质绝缘工器具、耐高温硬质绝缘工器具、耐高温隔热屏蔽服等，需采用电位转移棒进入等电位。

7）隔热防护用具应视为导体，传递和使用过程中应保证相地及极间安全距离满足安全要求。

（3）危险点——高处坠落。

预控措施：

1）高处作业人员登高前，必须具备符合本项作业要求的身体状况、精神状态和技能素质。

2）监护人员应随时纠正其不规范或违章动作，重点关注作业人员在转位的过程中不得失去安全带或绝缘后备保护绳的保护，严禁低挂高用。

（4）危险点——高处坠物伤人。

预控措施：

1）高处作业人员的个人工具及零星材料应装入工具袋，严禁在高处浮置物件、口中含物。

2）地面作业人员必须正确佩戴安全帽，正确使用绳结，与作业点垂直下方距离不得小于坠落半径。

3）作业现场设置围栏并挂好警示标示牌。监护人员应随时注意，禁止非工作人员及车辆进入作业区域。

（5）导线过热伤人。

预控措施：

1）作业前应与调度联系确认运行方式，避免在导线大电流流经时进行带电作业；

2）作业人员应穿着专用的耐热性屏蔽服进行带电作业，防止导线过热伤人。

3.2 工器具及材料选择

带电更换±800kV直流接地极线路直线整串绝缘子所需工器具及材料见表1-9-4。工器具出库前，应认真核对工器具的使用电压等级和试验周期，并检查确认外观良好、连接牢固、转动灵活，且符合本次工作任务的要求；工器具出库后，应存放在工具袋或工具箱内进行运输，防止脏污、受潮；金属工具和绝缘工器具应分开装运，防止因混装运输导致工器具变形、损伤等现象发生。

表 1-9-4　带电更换±800kV 特高压输电线路接地极直线整串绝缘子所需工器具及材料表

序号	名称	规格型号	单位	数量	备注
1	绝缘传递绳	TJS-14×50m	根	2	绝缘工具
2	绝缘传递绳	TJS-10×50m	根	1	绝缘工具
3	绝缘绳套	TJS-14	个	2	绝缘工具
4	绝缘滑车	0.5t	个	2	绝缘工具
5	绝缘拉棒		套	1	绝缘工具
6	导线保护绳	TJS-18	根	1	绝缘工具
7	绝缘软梯	30m	副	2	绝缘工具
8	绝缘操作杆		副	1	绝缘工具
9	横担卡具		套	1	金属工具
10	二分裂提线器		个	1	金属工具
11	跟斗滑车		个	1	金属工具
12	铝合金梯头		个	1	金属工具
13	金属扣环		个	6	金属工具
14	屏蔽服	500kV Ⅰ型或隔热型	套	3	个人防护用具
15	人体后备保护绳		副	2	个人防护用具
16	安全带		副	3	个人防护用具
17	安全帽		顶	8	个人防护用具
18	个人工具		套	1	其他工具
19	防潮布	3m×3m	块	1	其他工具
20	万用表		个	1	其他工具
21	风速湿度仪	HT-8321	只	1	其他工具
22	兆欧表及测试电极	5000V	套	1	其他工具
23	激光测距仪		台	1	其他工具
24	红外线测温仪		台	1	其他工具
25	对讲机		台	2	其他工具
26	红马甲	工作负责人	件	1	其他工具
27	安全围栏		套	若干	其他工具
28	相同型号绝缘子		片	6	材料

3.3　作业人员分工

本任务作业人员分工如表 1-9-5 所示。

表 1-9-5　带电更换±800kV 特高压输电线路接地极直线整串绝缘子人员分工表

序号	工作岗位	数量（人）	工作职责
1	工作负责人	1	负责作业现场的各项工作
2	专责监护人	1	负责塔上监护作业
3	等电位电工	1	负责导线端绝缘子销子拆除、恢复
4	塔上地电位电工	1	负责布置传递绳、软梯、绝缘子串吊点及工器具的安装等
5	地面电工	2	负责传递工具、材料，配合等电位电工进出等电位

4. 工作程序

本任务工作流程如表 1-9-6 所示。

表 1-9-6　带电更换±800kV 特高压输电线路接地极直线整串绝缘子工作流程表

<table>
<tr><th>序号</th><th>作业内容</th><th colspan="3">作业步骤及标准</th><th>安全措施及注意事项</th><th>责任人</th></tr>
<tr><td>1</td><td>确认线路名称和塔号、杆塔检查</td><td colspan="3">工作负责人负责完成以下工作：
（1）现场核对线路名称、杆塔编号，相别无误；基础及杆塔完好无异常；交叉跨越距离符合安全要求；确认缺陷情况及导地线规格型号等；
（2）检查地形环境符合作业要求；
（3）检查工作票所列安全措施与现场实际情况相符，必要时予以补充</td><td>（1）正确穿戴安全帽、工作服、工作鞋、劳保手套；
（2）不得在危及作业人员安全的气象条件下作业；
（3）严禁非工作人员、车辆进入作业现场</td><td></td></tr>
<tr><td rowspan="8">2</td><td rowspan="8">现场作业环境测量</td><td>测量项目</td><td>标准值</td><td>实测值</td><td rowspan="8">风力大于 5 级或湿度大于 80%时一般不宜进行带电作业</td><td rowspan="8"></td></tr>
<tr><td>风速</td><td>≤10m/s</td><td></td></tr>
<tr><td>湿度</td><td>≤80%</td><td></td></tr>
<tr><td>环境温度</td><td>0～38℃</td><td></td></tr>
<tr><td>导线温度</td><td>—</td><td></td></tr>
<tr><td>作业距离</td><td>≥0.75m</td><td></td></tr>
<tr><td>海拔</td><td>海拔 500m 和 1000m 为界</td><td></td></tr>
<tr><td></td><td></td><td></td></tr>
<tr><td>3</td><td>工作许可</td><td colspan="3">（1）工作负责人负责联系值班调控人员，按工作票内容申请停用线路再启动。
（2）经值班调控人员许可后，方可开始带电作业工作</td><td>不得未经值班调控人员许可即开始工作</td><td></td></tr>
<tr><td>4</td><td>现场布置</td><td colspan="3">正确装设安全围栏并悬挂标示牌：
（1）安全围栏范围应充分考虑高处坠物，以及对道路交通的影响。
（2）安全围栏出入口设置合理。
（3）妥当布置“从此进出”“在此工作”“从此上下”等标示</td><td>对道路交通安全影响不可控时，应及时联系交通管理部门强化现场交通安全管控</td><td></td></tr>
<tr><td>5</td><td>召开班前会</td><td colspan="3">（1）全体工作成员列队。
（2）工作负责人宣读工作票，明确工作任务及人员分工；讲解工作中的安全措施和技术措施；查（问）全体工作成员精神状态；告知工作中存在的危险点及采取的预控措施。
（3）全体工作成员在工作票上签名确认</td><td>（1）工作票填写、签发和许可手续规范，签名完整。
（2）全体工作成员精神状态良好。
（3）全体工作成员明确任务分工、安全措施和技术措施</td><td></td></tr>
<tr><td>6</td><td>检查工具</td><td colspan="3">（1）塔上地电位电工和等电位电工正确地穿戴好屏蔽服并检测合格，由负责人监督检查；
（2）正确佩戴个人安全用具（大小合适，锁扣自如），由负责人监督检查；
（3）检查绝缘工具外观情况并测量其绝缘性能，并做好记录</td><td>（1）金属、绝缘工具使用前，应仔细检查其是否损坏、变形、失灵。绝缘工具应使用清洁干燥的毛巾将其擦拭干净并用 2500V 及以上绝缘电阻表进行分段绝缘检测，阻值应不低于 700MΩ。
（2）用万用表测量屏蔽服衣裤最远端点之间的电阻值不得大于 20Ω。工作负责人应认真检查作业电工屏蔽服的连接情况。
（3）检查工具组装情况并确认连接可靠。
（4）现场所使用的带电作业工具应放置在防潮布上</td><td></td></tr>
</table>

续表

序号	作业内容	作业步骤及标准	安全措施及注意事项	责任人
7	登塔	（1）核对线路名称、杆塔编号无误后，塔上地电位电工冲击检查安全带、防坠器受力情况。 （2）塔上地电位电工携带绝缘传递绳登塔至横担位置，打好安全带及人体后备保护绳，在合适位置布置好传递绳	（1）核对线路名称和杆塔编号无误后，方可登塔作业。 （2）登塔过程中应使用塔上安装的防坠装置；杆塔上移动及转位时，不准失去安全保护，作业人员必须攀抓牢固构件。 （3）作业电工必须穿全套合格的屏蔽服，且全套屏蔽服必须连接可靠	
8	安装带绝缘绳的跟斗滑车	地面电工将绝缘操作杆及跟斗滑车传至塔上，地电位电工将带有 ϕ10mm 绝缘传递绳的跟斗滑车挂在导线上	（1）地电位电工在杆塔上转位时不得失去安全带或人体后备保护绳的保护。 （2）安装跟斗滑车时人体与带电体的距离不得小于 0.75m，绝缘操作杆的有效绝缘长度不得小于 1.3m。 （3）跟斗滑车应可靠安装在导线上且位置合理。 （4）专责监护人认真监护	
9	安装软梯	地电位电工配合地面作业人员将软梯挂在导线上，再将软梯拉至安全位置	（1）软梯、梯头应外观完好，无损伤、缺件及变形等情况。 （2）软梯与梯头应连接可靠。 （3）传递软梯的绑点应合适，布置在梯头上的人体后备保护绳应牢固可靠，其滑车应转动灵活，无卡挂、翻槽等情况。 （4）工作负责人认真检查	
10	进入强电场	（1）地面电工对软梯进行冲击检查确认其已可靠安装在导线上后，下压收紧绝缘软梯。 （2）工作负责人再次确认等电位电工屏蔽服各部分连接情况。 （3）等电位电工在地面电工配合下拴好人体后备保护绳，经工作负责人同意后攀爬软梯进入强电场	（1）地面电工下压收紧软梯时其导线对地及跨越物的最小距离应符合安全规定。 地面电工控制防坠人体后备保护绳方式合理；攀爬过程中速度平稳，动作规范、熟练。 （2）等电位电工电位转移前必须得到工作负责人的许可，电位转移时严禁用头部充放电；人体裸露部分与带电体的距离不得小于 0.3m；其组合间隙不得小于 1.2m。 等电位电工进入电场后应先打好安全带再锁死梯头保险。 （3）工作负责人认真监护、提醒	
11	更换整串绝缘子	（1）地电位电工安装卡具，在等电位电工配合下将拉棒安装到位，打好导线保护绳，将传递绳绑在绝缘子串的横担侧第 1、2 片之间。 （2）地电位电工收紧丝杠使拉棒受力后进行冲击检查，确保拉棒受力正常后，等电位电工拔出导线侧碗头销子。 （3）地电位电工继续收紧丝杠使绝缘子串荷载全部转移至拉棒，再次检查承力工具受力无异常后，等电位电工拆开导线侧球头挂环与碗头挂板的连接；地电位电工松出丝杠使导线下降 200mm。 （4）地电位电工拔出横担侧碗头销子，在地面电工的配合下拆开横担侧球头挂环与绝缘子的连接。 （5）地面电工采用新旧绝缘子交替方式将新绝缘子传递横担处，地电位电工恢复横担侧球头挂环与绝缘子的连接，并将销子安装到位。 （6）等电位电工在地电位电工的配合下恢复导线侧球头挂环与碗头挂板的连接，并将销子安装到位	（1）卡具安装位置应合理，在安装拉棒时等电位电工和地电位电工不得同时操作，绝缘子串绑点应合适且栓绑牢固。 （2）导线保护绳的布置位置和长度应合适，自锁装置应灵活便于操作。 （3）摇动丝杆时应匀速用力，避免拉棒扭动过大。 （4）拉棒受力后应冲击检查确保受力正常，更换绝缘子串过程中等电位电工和地电位电工不得同时操作。 （5）采用新旧绝缘子交替上下传递时必须控制好尾绳，避免发生相互磕碰或磕碰导线、拉棒。 （6）更换完毕后应检查销子到位情况，避免销子漏装或安装不到位等情况发生。 工作负责人认真监护、提醒	

续表

序号	作业内容	作业步骤及标准	安全措施及注意事项	责任人
12	退出电场	(1) 等电位电工再次检查导线端绝缘子复位情况及销子到位情况，确认无误后向工作负责人汇报工作结束，申请退出电场。 (2) 经工作负责人同意后，等电位电工对屏蔽服连接情况进行检查确认连接可靠后，按进电场相反步骤退出电场，沿绝缘软梯下至地面	(1) 等电位电工退出电位前必须得到工作负责人的许可。 (2) 等电位电工进入梯头后应先打好安全带、做好防坠人体后备保护措施后再打开梯头保险。 (3) 等电位电工在退出电场过程中与接地体和带电体两部分间隙所组成的组合间隙不得小于 1.2m。 (4) 地面电工下压收紧软梯且控制防坠人体后备保护绳方式合理，无未受力情况发生。 (5) 工作负责人认真监护、提醒	
13	地电位电工返回地面	地电位电工将工器具传至地面，检查塔上无遗留物后，向工作负责人汇报，得到工作负责人同意后携带绝缘传递绳下塔	下塔过程中应使用塔上安装的防坠装置，杆塔上移动及转位时，不准失去安全保护，作业人员必须攀抓牢固构件	
14	工作结束	(1) 工作负责人组织全体工作成员整理工器具和材料，将工器具清洁后放入专用的箱（袋）中；清理现场，做到“工完料尽场地清”。 (2) 召开班后会，工作负责人进行工作总结和点评工作。点评本次工作的施工质量；点评全体工作成员的安全措施落实情况。 (3) 工作负责人向值班调控人员汇报工作结束，申请恢复线路直流再启动，终结工作票	不得约时恢复线路直流再启动	

二、考核标准（见表 1-9-7）

表 1-9-7　　国网四川省电力公司特高压直流输电线路运检技能考核评分细则

<table>
<tr><td>考生填写栏</td><td colspan="7">编号：　　姓　名：　　所在岗位：　　单　　位：　　日　期：　　年　月　日</td></tr>
<tr><td>考评员填写栏</td><td colspan="7">成绩：　　考评员：　　考评组长：　　开始时间：　　结束时间：　　操作时长：</td></tr>
<tr><td>考核模块</td><td>带电更换±800kV 特高压输电线路接地极直线整串绝缘子</td><td>考核对象</td><td>±800kV 直流接地极输电线路检修人员</td><td>考核方式</td><td>操作</td><td>考核时限</td><td>60min</td></tr>
<tr><td>任务描述</td><td colspan="7">沿软梯进入电场对±800kV 直流接地极线路直线整串绝缘子进行带电更换</td></tr>
<tr><td>工作规范及要求</td><td colspan="7">1. 带电作业工作应在良好天气下进行。如遇雷、雨、雪、雾天气不得进行带电作业。风力大于 5 级或湿度大于 80%时，一般不宜进行带电作业。
2. 本项作业需工作负责人 1 名，专责监护人 1 人、塔上地电工 1 人，等电位电工 1 人，地面辅助电工 2 人，采用沿软梯进入电场对±800kV 直流接地极线路直线整串绝缘子进行带电更换。
3. 工作负责人职责：负责本次工作任务的人员分工、工作票的宣读、办理线路停用直流再启动、办理工作许可手续、召开工作班前会、工作中突发情况的处理、工作质量的监督、工作后的总结。
4. 专责监护人：负责作业现场的安全把控。
5. 等电位电工职责：负责导线端绝缘子销子拆除、恢复。
6. 塔上地电位电工职责：负责布置传递绳、软梯、绝缘子串吊点及工器具的安装等。
7. 地面电工职责：负责传递工器具、材料，配合等电位电工进出等电位。
8. 在带电作业中，如遇雷、雨、大风或其他任何情况威胁到工作人员的安全时，工作负责人或监护人可根据情况，临时停止工作。
给定条件：
1. 培训基地：特高压±800kV 直流接地极线路铁塔。</td></tr>
</table>

续表

工作规范及要求	2. 工作票已办理，安全措施已经完备（直流再启动已停用），工作开始、工作终结时应口头提出申请（调控或考评员）。 3. 安全、正确地使用仪器对绝缘工具进行检测。 4. 必须按工作程序进行操作，工序错误扣除应做项目分值，出现重大人身、器材和操作安全隐患，考评员可下令终止操作（考核）
考核情景准备	1. 线路：特高压±800kV 直流接地极线路铁塔，工作内容：带电更换±800kV 直流接地极线路直线整串绝缘子，绝缘子型号：XZP-160。 2. 所需作业工器具：绝缘传递绳 2 根（TJS-14），绝缘传递绳 1 根（TJS-10），导线保护绳 1 根（TJS-18），绝缘绳套 2 个（TJS-14），绝缘滑车 2 个（JH10-0.5），绝缘拉棒 1 套，绝缘操作杆 1 副，绝缘软梯 2 副，横担卡具 1 套（带丝杠），二分裂提线器 1 个，跟斗滑车 1 个，铝合金梯头 1 副，屏蔽服（Ⅰ型或隔热型）3 套，绝缘电阻表（5000V 型带测试电极），万用表 1 块，风速湿度仪 1 块，激光测距仪 1 台，红外线测温仪 1 台，苫布 1 块。 3. 作业现场做好监护工作，作业现场安全措施（围栏等）已全部落实；禁止非作业人员进入现场，工作人员进入作业现场必须戴安全帽。 4. 考生自备工作服、阻燃纯棉内衣、安全帽、线手套、安全带（含后备保护绳）
备注	1. 各项目得分均扣完为止，出现重大人身、器材和操作安全隐患，考评员可下令终止操作。 2. 设备、作业环境、安全带、安全帽、工器具、屏蔽服等不符合作业条件时考评员可下令终止操作

序号	项目名称	质量要求	分值	扣分标准	扣分原因	扣分	得分
1	现场复勘	（1）工作负责人到作业现场核对线路名称和杆塔编号、现场工作条件、缺陷部位等。 （2）检测风速、湿度等现场气象条件符合作业要求。 （3）检查工作票填写完整，无涂改，检查是否所列安全措施与现场实际情况相符，必要时予以补充	5	（1）未进行核对双重称号扣 1 分。 （2）未核实现场工作条件（气象）、缺陷部位扣 1 分。 （3）工作票填写出现涂改，每项扣 0.5 分，工作票编号有误，扣 1 分。工作票填写不完整，扣 1.5 分			
2	工作许可	（1）工作负责人联系值班调控人员，按工作票内容申请停用线路直流再启动。 （2）汇报内容规范、完整	2	（1）未联系调控部门（裁判）停用直流再启动扣 2 分。 （2）汇报专业用语不规范或不完整的各扣 0.5 分			
3	现场布置	正确装设安全围栏并悬挂标示牌： （1）安全围栏范围应充分考虑高处坠物，以及对道路交通的影响。 （2）安全围栏出入口设置合理。 （3）妥当布置“从此进出”“在此工作”“从此上下”等标示	3	（1）作业现场未装设围栏扣 0.5 分。 （2）未设立警示牌扣 0.5 分。 （3）未悬挂登塔作业标志扣 0.5 分			
4	召开班前会	（1）全体工作成员全体人员正确佩戴安全帽、工作服。 （2）工作负责人佩戴红色背心，宣读工作票，明确工作任务及人员分工；讲解工作中的安全措施和技术措施；查（问）全体工作成员精神状态；告知工作中存在的危险点及采取的预控措施。 （3）全体工作成员在工作票上签名确认	3	（1）工作人员着装不整齐扣 0.5 分，工作人员着装不整齐每人次扣 0.5 分。 （2）未进行分工本项不得分，分工不明扣 1 分。 （3）现场工作负责人未穿佩安全监护背心扣 0.5 分。 （4）工作票上工作班成员未签字或签字不全的扣 1 分			

续表

序号	项目名称	质量要求	分值	扣分标准	扣分原因	扣分	得分
5	工器具检查	(1) 工作人员按要求将工器具放在防防潮布上；防潮布应清洁、干燥。 (2) 工器具应按定置管理要求分类摆放；绝缘工器具不能与金属工具、材料混放；对工器具进行外观检查。 (3) 绝缘工具表面不应磨损、变形损坏，操作应灵活。绝缘工具应使用2500V及以上绝缘电阻表进行分段绝缘检测，阻值应不低于700MΩ，并用清洁干燥的毛巾将其擦拭干净。 (4) 塔上地电位和等电位人员按要求正确穿戴全套合格的屏蔽服、导电鞋，且各部分连接应良好，屏蔽服内不得贴身穿着化纤类衣服，并系好安全带；工作负责人应认真检查是否穿戴正确	7	(1) 未使用防潮布并定置摆放工器具扣1分。 (2) 未检查工器具试验合格标签及外观检查扣每项扣0.5分。 (3) 未正确使用检测仪器对工器具进行检测每项扣1分。 (4) 作业人员未正确穿戴屏蔽服且各部位连接良好每人次扣2分。 (5) 现场工作负责人未对登塔作业人员进安全防护装备进行检查扣1分			
6	登塔	(1) 核对线路名称、杆塔编号无误后，塔上地电位电工冲击检查安全带、防坠器受力情况。 (2) 塔上地电位电工携带绝缘传递绳登塔至横担位置，打好安全带及人体后备保护绳，在合适位置布置好传递绳	5	(1) 登塔人员未核对线路双重名称、杆号、相别每人扣2分。 (2) 登塔人员未报告核对结果每人扣2分 (3) 未系安全带或安全带及后备保护绳未进行冲击试验各扣2分。 (4) 手抓脚钉扣2分。 (5) 滑车传递绳悬挂位置不便工具取用扣1分。 (6) 塔上电工操作不正确扣2分。 (7) 工作负责人监护不到位扣2分			
7	安装带绝缘绳的跟斗滑车	地面电工将绝缘操作杆及跟斗滑车传至塔上，地电位电工将带有ϕ10mm绝缘传递绳的跟斗滑车挂在导线上	4	(1) 转移作业位置未采取保护措施扣1分。 (2) 工作负责人未提醒地电位电工转移时采取安全措施扣2分。 (3) 安装位置不合适扣1分。 (4) 传递绳索缠绕扣1分			
8	安装软梯	地电位电工配合地面作业人员将软梯挂在导线上，再将软梯拉至安全位置	4	(1) 高空坠物扣1分。 (2) 软梯安装不牢靠扣2分；位置不合适扣2分。 (3) 传递绳索缠绕扣1分			
9	进入强电场	(1) 地面电工对软梯进行冲击检查确认其已可靠安装在导线上后，下压收紧绝缘软梯。 (2) 工作负责人再次确认等电位电工屏蔽服各部分连接情况。	15	(1) 登未对绝缘软梯做冲击检查扣2分。 (2) 压紧软梯前未检查交叉跨越是否满足安全距离扣2分。 (3) 等电位电工未向工作负责人申请即开始登梯扣2分；申请了但未同意申请即开始登梯扣1分。			

续表

序号	项目名称	质量要求	分值	扣分标准	扣分原因	扣分	得分
9	进入强电场	（3）等电位电工在地面电工配合下拴好人体后备保护绳，经工作负责人同意后攀爬软梯进入强电场	15	（4）攀登不平稳、登空每次扣1分。 （5）未有效控制控制后备保护绳扣1分。 （6）未向工作负责人申请即开始电位转移扣2分；申请了但未同意申请即开始电位转移扣1分。 （7）申请电位转移位置不合适扣1分。 （8）转移电位动作不熟练扣1分。 （9）工作负责人未认真监护扣2分			
10	更换整串绝缘子	（1）地电位电工安装卡具，在等电位电工配合下将拉棒安装到位，打好导线保护绳，将传递绳绑在绝缘子串的横担侧第1、2片之间。 （2）地电位电工收紧丝杠使拉棒受力后进行冲击检查，确保拉棒受力正常后，等电位电工拔出导线侧碗头销子。 （3）地电位电工继续收紧丝杠使绝缘子串荷载全部转移至拉棒，再次检查承力工具受力无异常后，等电位电工拆开导线侧球头挂环与碗头挂板的连接；地电位电工松出丝杠使导线下降200mm。 （4）地电位电工拔出横担侧碗头销子，在地面电工的配合下拆开横担侧球头挂环与绝缘子的连接。 （5）地面电工采用新旧绝缘子交替方式将新绝缘子传递横担处，地电位电工恢复横担侧球头挂环与绝缘子的连接，并将销子安装到位。 （6）等电位电工在地电位电工的配合下恢复导线侧球头挂环与碗头挂板的连接，并将销子安装到位	30	（1）卡具安装不到位扣2分。 （2）导线保护绳位置布置不合适扣2分。 （3）传递绳绑在绝缘子串上的位置错误扣2分，未拴牢扣3分。 （4）丝杠受力后未做冲击检查2分，检查了未向工作负责人汇报扣1分。 （5）摇动丝杠时拉棒扭动过大扣0.5分。 （6）未绑好绝缘子即先取横担侧碗头销子扣2分。 （7）等电位电工和地电位电工同时操作扣5分； （8）新、旧绝缘子交替方式传递时发生相互磕碰或磕碰杆塔、导线、拉棒等扣0.5分/次。 （9）安装绝缘子串顺序不正确扣3分。 （10）未检查绝缘子串安装情况即开始松丝杠扣2分；检查了但未汇报扣1分。 （11）销子安装不到位每处扣2分。 （12）销子每少装1个扣3分			
11	退出电场	（1）等电位电工再次检查导线端绝缘子复位情况及销子到位情况，确认无误后向工作负责人汇报工作结束，申请退出电场。	8	（1）未汇报工作结束扣1分。 （2）未向工作负责人申请退出电场扣2分。 （3）未对屏蔽服连接情况进行检查扣1分。 （4）未向工作负责人申请即进行电位转移扣2分；申请了但未得同意即开始扣1分。 （5）申请电位转移位置不合适扣1分。			

续表

序号	项目名称	质量要求	分值	扣分标准	扣分原因	扣分	得分
11	退出电场	（2）经工作负责人同意后，等电位电工对屏蔽服连接情况进行检查确认连接可靠后，按进电场相反步骤退出电场，沿绝缘软梯下至地面	8	（6）等电位电工退出电场动作不正确，反复放电扣2分。 （7）攀登不平稳、登空每次扣1分。 （8）未有效控制控制后备保护绳扣1分			
12	地电位电工返回地面	地电位电工将工器具传至地面，检查塔上无遗留物后，向工作负责人汇报，得到工作负责人同意后携带绝缘传递绳下塔	4	（1）下塔过程未使用防坠装置扣2分。 （2）塔上移位失去安全带保护的扣2分。 （3）下塔抓塔钉，每处扣1分。 （4）塔上有遗留物的，扣2分			
13	工作结束	（1）工作负责人组织全体工作成员整理工器具和材料，将工器具清洁后放入专用的箱（袋）中；清理现场，做到"工完料尽场地清"。 （2）召开班后会，工作负责人进行工作总结和点评工作。点评本次工作的施工质量；点评全体工作成员的安全措施落实情况。 （3）工作负责人向值班调控人员汇报工作结束，申请恢复线路直流再启动，终结工作票	10	（1）工器具未清理扣2分。 （2）工器具有遗漏扣2分。 （3）未开班后会扣3分。 （4）点评不到位扣1分。 （5）未联系调控汇报工作结束扣3分； （6）汇报内容每缺一项扣0.5分。（单位名称、负责人姓名、线路名称、工作完成情况、设备已恢复正常、人员已撤离）。 （7）工作票终结填写错误扣1分			
	合计		100				

模块十 带电修补±800kV特高压输电线路接地极线路导线培训及考核标准

一、培训标准

（一）培训要求（见表1-10-1）

表1-10-1 培训要求

模块名称	带电修补±800kV特高压输电线路接地极线路导线	培训类别	操作类
培训方式	实操培训	培训学时	14学时
培训目标	1. 掌握±800kV直流接地极直线塔进、出电场时采用“自爬升装置”作业方式的电学意义。 2. 能完成采用“自爬升装置”进入±800kV直流接地极线路等电位作业点。 3. 能独立完成±800kV直流接地极线路导线修补的操作（等电位作业法）		
培训场地	特高压直流实训线路		
培训内容	采用从自爬升装置进入电场，采用等电位作业法带电修补±800kV特高压输电线路接地极线路导线		
适用范围	特高压±800kV直流输电线路检修人员		

（二）引用规程规范

（1）《±800kV直流架空输电线路设计规范》（GB/T 50790—2013）。

（2）《±800kV直流架空输电线路检修规程》（DL/T 251—2012）。

（3）《±800kV直流架空输电线路运行规程》（GB/T 28813—2012）。

（4）《±800kV直流线路带电作业技术规范》（DL/T 1242—2013）。

（5）《±800kV特高压输电线路金具技术规范》（GB/T 31235—2014）。

（6）《国家电网公司带电作业工作管理规定（试行）》（国家电网生〔2007〕751号）。

（7）《国家电网公司电力安全工作规程（线路部分）》（Q/GDW 1799.2—2013）。

（8）《电工术语 架空线路》（GB/T 2900.51—1998）。

（9）《电工术语 带电作业》（GB/T 2900.55—2016）。

（10）《带电作业工具设备术语》（GB/T 14286—2002）。

（11）《带电作业用工具、装置和设备使用的一般要求》（DL/T 877—2004）。

（12）《带电作业工具、装置和设备预防性试验规程》（DL/T 976—2005）。

（13）《±800kV特高压输电线路带电作业技术导则》（Q/GDW 302—2009）。

（14）《带电作业用屏蔽服装》（GB/T 6568—2008）。

（15）《带电作业工具基本技术要求与设计导则》（GB 18037—2008）。

（三）培训教学设计

本设计以完成“带电修补±800kV特高压输电线路接地极线路导线”为工作任务，按工作任务完成的标准化作业流程来设计各个培训阶段，每个阶段包括了具体的培训目标、培训内容、培训学时、培训方法（培训资源）、培训环境和考核评价等内容，如表1-10-2所示。

表 1-10-2　带电修补±800kV 特高压输电线路接地极线路导线培训内容设计

培训流程	培训目标	培训内容	培训学时	培训方法与资源	培训环境	考核评价
1. 理论教学	1. 初步掌握采用自爬升装置进出±800kV 直流接地极线路电场的方法。 2. 熟悉工器具配置及安全注意事项。 3. 熟悉±800kV 直流接地极线路导线修补的方法	1. 采用自爬升装置进出±800kV 直流接地极线路电场的电学意义。 2. 工器具配置、危险点分析及安全措施。 3. ±800kV 直流接地极线路导线修补方法和质量标准	2	培训方法：讲授法。 培训资源：PPT、相关规程规范	多媒体教室	考勤、课堂提问和作业
2. 准备工作	能完成作业前准备工作	1. 作业现场查勘。 2. 编制培训标准化作业卡。 3. 填写培训操作工作票。 4. 完成本操作的工器具及材料准备	1	培训方法： 1. 现场查勘和工器具及材料清理采用现场实操方法。 2. 编写作业卡和填写工作票采用讲授方法。 培训资源： 1. ±800kV 接地极实训线路。 2. 特高压工器具库房。 3. 空白工作票	1. ±800kV 接地极实训线路； 2. 多媒体教室	
3. 作业现场准备	能完成作业现场准备工作	1. 作业现场复勘。 2. 工作申请。 3. 作业现场布置。 4. 班前会。 5. 工器具及材料检查	1	培训方法：演示与角色扮演法。 培训资源：±800kV 接地极实训线路	±800kV 接地极实训线路	
4. 培训师演示	通过现场观摩，使学员初步领会本任务操作流程	1. 作业距离测量、导线温度测量。 2. 地面电工利用无人机进行牵引绳的展放。 3. 地面电工将后备保护绳及导轨绳牵引至工作位置。 4. 等电位电工采用自爬升装置进入电场。 5. 等电位电工进行导线的修补	2	培训方法：演示法。 培训资源：±800kV 接地极实训线路	±800kV 接地极实训线路	
5. 学员分组训练	通过培训： 1. 使学员能完成进、出±800kV 直流接地极线路电场操作。 2. 使学员能完成±800kV 直流接地极线路导线修补方法	1. 学员分组（6 人一组）训练进出±800kV 直流接地极线路导线修补技能操作。 2. 培训师对学员操作进行指导和安全监护	7	培训方法：角色扮演法。 培训资源：±800kV 接地极实训线路	±800kV 接地极实训线路	采用技能考核评分细则对学员操作评分

续表

培训流程	培训目标	培训内容	培训学时	培训方法与资源	培训环境	考核评价
6. 工作终结	通过培训： 1. 使学员进一步认识操作过程中不足之处，便于后期提升。 2. 培训学员树立安全文明生产的工作作风	1. 作业现场清理。 2. 向调度汇报工作。 3. 班后会，对本次工作任务进行点评总结	1	培训方法：讲授和归纳法	±800kV 接地极实训线路	

（四）作业流程

1. 工作任务

采用自爬升装置进入电场、到达作业点，采用等电位作业法带电修补±800kV 特高压输电线路接地极线路导线。

2. 天气及作业现场要求

（1）带电修补±800kV 特高压输电线路接地极线路导线应在良好的天气进行。

工作现场如遇雷电（听见雷声、看见闪电）、雪、雹、雨、雾等，禁止进行带电作业。风力大于 5 级（10m/s），或空气相对湿度大于 80%时，不宜进行本次作业。作业过程中，注意对天气变化的检测，如遇大风、雨雾等紧急情况，按照规程正确采取措施，保证人员和设备安全。在接地极线路上进行带电作业前，应了解线路负荷电流及运行温度等基本情况，在现场作业前及作业过程中应利用适用于输电线路的红外测温仪等监测导线温度。

（2）作业人员精神状态良好，熟悉工作中保证安全的组织措施和技术措施；应持有在有效期内的带电作业资质证书。

（3）工作负责人应事先组织相关人员完成现场勘察，根据勘察结果确定本次作业方法和所需工器具，以及应采取的必要措施，并办理带电作业工作票。

（4）作业现场应合理设置围栏，并妥当布置警示标示牌，禁止非工作人员入内。

（5）本项目需停用直流再启动装置。

（6）工作中安全距离及有效绝缘长度如表 1-10-3 所示。

表 1-10-3　　带电修补±800kV 特高压输电线路接地极线路导线的安全距离　　（m）

电压等级（海拔高度≤1000）	人身与带电体安全距离	最小有效绝缘长度		最小组合间隙	转移电位时人体裸露部分与带电体的最小距离
		绝缘操作杆	绝缘承力工具、绝缘绳索		
±800kV 直流接地极	6.8	6.8	6.8	6.6	0.5

（7）在±800kV 输电线路上作业，应保证作业相良好绝缘子片数不少于 32 片。

3. 准备工作

3.1　危险点及其预控措施

（1）危险点——预防系统过电压。

预控措施：本次作业为等电位作业，工作负责人在工作开始前，应与值班调控员联系，申请办理电力线路带电作业工作票，并申请停用直流再启动，由调控值班员履行许可手续。带电作业结束后应及时向调控值班员汇报。严禁约时停用和恢复直流再启动。在带电作业过程中如遇设备突然停电，作业人员应视设备仍然带电。工作负责人应尽快与调控联系，调控值班员未与工作负责人取得联系前不得强送电。

(2) 危险点——触电伤害。

预控措施：

1) 绝缘工具及绝缘绳索不得损坏、受潮、变形、失灵，不准使用非绝缘绳索（如棉纱绳、白棕绳、钢丝绳）。

2) 等电位作业人员应穿着阻燃内衣，衣服外面应穿戴全套屏蔽服（包括帽、衣裤、手套、袜和鞋），且各部分应连接良好，全套屏蔽服电阻不大于20Ω。

3) 等电位作业人员在电位转移前，应得到工作负责人的许可，人体裸露部分与带电体的最小距离不小于0.5m；地电位作业人员与带电体（等电位作业人员与接地体）的安全距离大于表1-10-3的规定。

4) 用绝缘绳索传递大件金属物品时，地电位作业人员应将金属物品接地后再接触。

5) 工作负责人和专责监护人应对作业人员进行不间断监护，随时纠正其不规范或违章动作。重点关注高处作业人员，使其保持足够的安全距离（应符合表1-10-3的规定）。

6) 当耐热导线运行温度高于40℃时，应采用耐高温带电作业工器具，包括耐高温软质绝缘工器具、耐高温硬质绝缘工器具、耐高温隔热屏蔽服等，需采用电位转移棒进入等电位。

7) 隔热防护用具应视为导体，传递和使用过程中应保证相地及极间安全距离满足安全要求。

(3) 危险点——高处坠落。

预控措施：

1) 高处作业人员登高前，必须具备符合本项作业要求的身体状况、精神状态和技能素质。

2) 监护人员应随时纠正其不规范或违章动作，重点关注作业人员在转位的过程中不得失去安全带或绝缘后备保护绳的保护，严禁低挂高用。

(4) 危险点——高处坠物伤人。

预控措施：

1) 高处作业人员的个人工具及零星材料应装入工具袋，严禁在高处浮置物件、口中含物。

2) 地面作业人员必须正确佩戴安全帽，正确使用绳结，与作业点垂直下方距离不得小于坠落半径。

3) 作业现场设置围栏并挂好警示标示牌。监护人员应随时注意，禁止非工作人员及车辆进入作业区域。

(5) 导线过热伤人。

预控措施：

1) 作业前应与调度联系确认运行方式，避免在导线大电流流经时进行带电作业。

2) 作业人员应穿着专用的耐热性屏蔽服进行带电作业，防止导线过热伤人。

3.2 工器具及材料选择

带电修补±800kV特高压输电线路接地极线路导线所需工器具及材料见表1-10-4。工器具出库前，应认真核对工器具的使用电压等级和试验周期，并检查确认外观良好、连接牢固、转动灵活，且符合本次工作任务的要求；工器具出库后，应存放在工具袋或工具箱内进行运输，防止脏污、受潮；金属工具和绝缘工器具应分开装运，防止因混装运输导致工器具变形、损伤等现象发生。

表 1-10-4　带电修补±800kV 特高压输电线路接地极线路导线所需工器具及材料表

序号	名称	规格型号	单位	数量	备注
1	绝缘传递绳	TJS-14×50m	根	1	
2	绝缘传递绳	TJS-10×50m	根	1	
3	绝缘传递绳	TJS-14×100m	根	1	
4	绝缘传递绳	TJS-4×100m	根	1	
5	绝缘绳套	TJS-14	个	1	
6	绝缘滑车	0.5t	个	1	
7	无人机	六旋翼	架	1	
8	自爬升装置	ACTSAFE-Ⅱ	台	1	
9	个人工具		套	1	
10	屏蔽服	500kV Ⅰ型或隔热型	套	1	
11	人体后备保护绳		副	1	
12	安全带		副	1	
13	安全帽		顶	6	
14	防潮毡布	3m×3m	块	1	
15	万用表		个	1	
16	风速湿度仪	HT-8321	只	1	
17	兆欧表及测试电极	5000V	套	1	
18	对讲机		台	2	
19	红马甲	“工作负责人”	件	1	
20	安全围栏		套	若干	
21	预绞丝修补条	标配	套	2	
22	导电膏		盒	1	
23	砂纸		张	1	

3.3 作业人员分工

本任务作业人员分工如表 1-10-5 所示。

表 1-10-5　带电修补±800kV 特高压输电线路接地极线路导线人员分工表

序号	工作岗位	数量（人）	工作职责
1	工作负责人	1	负责作业现场的各项工作
2	等电位电工	1	负责安装及使用自爬升装置进入电场修补导线
3	无人机操控人员	1	负责操作无人机展放牵引绳
4	地面电工	3	负责传递工具、材料，配合等电位电工进出等电位

4. 工作程序

本任务工作流程如表 1-10-6 所示。

表 1-10-6　带电修补±800kV 特高压输电线路接地极线路导线工作流程表

<table>
<tr><th>序号</th><th>作业内容</th><th>作业步骤及标准</th><th>安全措施及注意事项</th><th>责任人</th></tr>
<tr><td>1</td><td>确认线路名称和塔号、杆塔检查</td><td>工作负责人负责完成以下工作：
（1）现场核对线路名称、杆塔编号，相别无误；基础及杆塔完好无异常；交叉跨越距离符合安全要求；确认缺陷情况及导地线规格型号等。
（2）检查地形环境符合作业要求。
（3）检查工作票所列安全措施与现场实际情况相符，必要时予以补充</td><td>（1）正确穿戴安全帽、工作服、工作鞋、劳保手套。
（2）不得在危及作业人员安全的气象条件下作业。
（3）严禁非工作人员、车辆进入作业现场</td><td></td></tr>
<tr><td>2</td><td>现场作业环境测量</td><td><table>
<tr><th>测量项目</th><th>标准值</th><th>实测值</th></tr>
<tr><td>风速</td><td>≤10m/s</td><td></td></tr>
<tr><td>湿度</td><td>≤80%</td><td></td></tr>
<tr><td>环境温度</td><td>0～38℃</td><td></td></tr>
<tr><td>导线温度</td><td>—</td><td></td></tr>
<tr><td>作业距离</td><td>≥0.5m</td><td></td></tr>
<tr><td>海拔高度</td><td>海拔 500m 和 1000m 为界</td><td></td></tr>
</table></td><td>风力大于 5 级或湿度大于 80%时一般不宜进行带电作业</td><td></td></tr>
<tr><td>3</td><td>工作许可</td><td>（1）工作负责人负责联系值班调控人员，按工作票内容申请停用线路直流再启动。
（2）经值班调控人员许可后，方可开始带电作业工作</td><td>不得未经值班调控人员许可即开始工作</td><td></td></tr>
<tr><td>4</td><td>现场布置</td><td>正确装设安全围栏并悬挂标示牌：
（1）安全围栏范围应充分考虑高处坠物，以及对道路交通的影响。
（2）安全围栏出入口设置合理。
（3）妥当布置“从此进出”“在此工作”“从此上下”等标示</td><td>对道路交通安全影响不可控时，应及时联系交通管理部门强化现场交通安全管控</td><td></td></tr>
<tr><td>5</td><td>召开班前会</td><td>（1）全体工作成员列队。
（2）工作负责人宣读工作票，明确工作任务及人员分工；讲解工作中的安全措施和技术措施；查（问）全体工作成员精神状态；告知工作中存在的危险点及采取的预控措施。
（3）全体工作成员在工作票上签名确认</td><td>（1）工作票填写、签发和许可手续规范，签名完整。
（2）全体工作成员精神状态良好。
（3）全体工作成员明确任务分工、安全措施和技术措施</td><td></td></tr>
<tr><td>6</td><td>检查工具</td><td>（1）等电位电工正确地穿戴好屏蔽服并检测合格，由负责人监督检查。
（2）正确佩戴个人安全用具（大小合适，锁扣自如），由负责人监督检查。
（3）检查绝缘工具外观情况并测量其绝缘性能，并做好记录。
（4）检查好无人机及自爬升装置的运转情况</td><td>（1）金属、绝缘工具使用前，应仔细检查其是否损坏、变形、失灵。绝缘工具应使用清洁干燥的毛巾将其擦拭干净并用 2500V 及以上绝缘电阻表进行分段绝缘检测，阻值应不低于 700MΩ。
（2）用万用表测量屏蔽服衣裤最远端点之间的电阻值不得大于 20Ω。工作负责人认真检查作业电工屏蔽服的连接情况。
（3）检查工具组装情况并确认连接可靠。
（4）现场所使用的带电作业工具应放置在防潮布上</td><td></td></tr>
</table>

续表

序号	作业内容	作业步骤及标准	安全措施及注意事项	责任人
7	无人机展放导轨绳	(1) 无人机操控人员将无人机进行起飞至离地面1.6m左右，悬停好。 (2) 地面电工将直径为4mm的绝缘传递绳挂在无人机的脱扣装置上。 (3) 无人机操控人员继续操作无人机上升至合适位置时向外牵引迈过导线，继续牵引与导线距离大致相同距离，操控脱扣装置使牵引绳自然下落。 (4) 地面电工将牵引绳安装成绝缘无极绳	(1) 无人机悬停位置应合适，地面电工悬挂牵引绳时应注意安全。 (2) 无人机牵引时应从线路方向内侧起飞向外展放牵引绳	
8	牵引导轨绳及人体后备保护绳	(1) 地面电工将牵引绳转移至作业点位置。 (2) 地面电工利用牵引绳将自爬升装置的导轨绳进行循环牵引，导轨绳一端稳定的安装在地面牢固位置上，另一端与地面垂直。 (3) 地面电工利用牵引绳将人体后备保护绳进行牵引	(1) 导轨绳的一端必须固定在地面牢固位置上。 (2) 导轨绳及人体后备保护绳应保持一定距离，防止缠绕在一起	
9	安装自爬升装置	(1) 等电位电工再次检查自爬升装置的转动情况及电池电量情况等，确认无误后将自爬升装置安装到导轨绳上。 (2) 等电位电工做好人体后备保护措施后，操作自爬升装置起到一定高度（0.8～1m）后，地面电工对自爬升装置及等电位电工进行冲击试验。 (3) 冲击试验合格后，等电位电工携带绝缘传递绳进行垂直攀升	(1) 自爬升装置应转动良好。 (2) 地面电工应对自爬升装置进行冲击试验，冲击时注意自爬升装置、导轨绳固定到地面处的受力情况。 (3) 工作负责人认真检查	
10	进入强电场并修补导线	(1) 等电位电工乘坐自爬升装置垂直上升至距导线0.3m处，检查屏蔽服各连接处无误，经工作组负责人同意后转移电位。 (2) 等电位电工在导线上打好安全带保护，将绝缘传递绳布置在预绞丝缠绕处挂好绝缘传递绳向工作负责人汇报。 (3) 地面电工挂好预绞丝向工作负责人汇报。 (4) 等电位电工申请平整导线，工作负责人许可。按要求使用预绞丝修补导线向工作负责人汇报	(1) 地面电工应控制好人体后备保护绳，确保等电位电工高处作业不失去安全带保护。 (2) 等电位电工电位转移前必须得到工作负责人的许可，电位转移时严禁用头部充放电；人体裸露部分与带电体的距离不得小于0.3m；其组合间隙不得小于1.2m。 (3) 预绞丝传递过程中应避免碰撞，等单位电工在高处作业时应避免高空落物	
11	退出电场	(1) 等电位电工再次检查预绞丝修补导线情况，确认无误后向工作负责人汇报工作结束，申请退出电场。 (2) 经工作负责人同意后，等电位电工对屏蔽服连接情况进行检查确认连接可靠后，按进电场相反步骤退出电场，乘坐自爬升装置下至地面	(1) 等电位电工退出电位前必须得到工作负责人的许可。 (2) 等电位电工在退出电场过程中与接地体和带电体两部分间隙所组成的组合间隙不得小于1.2m。 (3) 工作负责人认真监护、提醒	
12	工作结束	(1) 工作负责人组织全体工作成员整理工器具和材料，将工器具清洁后放入专用的箱（袋）中；清理现场，做到“工完料尽场地清”。 (2) 召开班后会，工作负责人进行工作总结和点评工作。点评本次工作的施工质量；点评全体工作成员的安全措施落实情况。 (3) 工作负责人向值班调控人员汇报工作结束，申请恢复线路直流再启动，终结工作票	不得约时恢复直流再启动	

二、考核标准（见表 1-10-7）

表 1-10-7　　特高压直流技能培训考核评分细则

<table>
<tr><td>考生填写栏</td><td colspan="7">编号：　　姓　名：　　所在岗位：　　单　位：　　日　期：　年　月　日</td></tr>
<tr><td>考评员填写栏</td><td colspan="7">成绩：　　考评员：　　考评组长：　　开始时间：　　结束时间：　　操作时长：</td></tr>
<tr><td>考核模块</td><td colspan="2">带电修补±800kV 特高压输电线路接地极线路导线</td><td>考核对象</td><td>±800kV 直流接地极输电线路检修人员</td><td>考核方式</td><td>操作</td><td>考核时限　60min</td></tr>
<tr><td>任务描述</td><td colspan="7">采用“自爬升装置”进入电场对±800kV 直流接地极线路受损导线进行带电修补</td></tr>
<tr><td>工作规范及要求</td><td colspan="7">1. 带电作业工作应在良好天气下进行。如遇雷、雨、雪、雾天气不得进行带电作业。风力大于 5 级、湿度大于 80%时，一般不宜进行带电作业。
2. 本项作业需工作负责人 1 名，等电位电工 1 人，无人机操作人员 1 人，地面辅助电工 3 人，采用自爬升装置进入电场对±800kV 直流接地极线路导线进行带电修补。
3. 工作负责人职责：负责本次工作任务的人员分工、工作票的宣读、办理线路停用直流再启动、办理工作许可手续、召开工作班前会、工作中突发情况的处理、工作质量的监督、工作后的总结。
4. 等电位电工职责：负责安装及使用自爬升装置进入电场修补导线。
5. 无人机操作人员职责：负责操作无人机展放牵引绳。
6. 地面电工职责：负责传递工器具、材料，配合等电位电工进出等电位。
7. 在带电作业中，如遇雷、雨、大风或其他任何情况威胁到工作人员的安全时，工作负责人或监护人可根据情况，临时停止工作。
给定条件：
1. 培训基地：特高压±800kV 直流接地极线路。
2. 工作票已办理，安全措施已经完备（直流再启动已停用），工作开始、工作终结时应口头提出申请（调控或考评员）。
3. 安全、正确地使用仪器对绝缘工具进行检测。
4. 必须按工作程序进行操作，工序错误扣除应做项目分值，出现重大人身、器材和操作安全隐患，考评员可下令终止操作（考核）</td></tr>
<tr><td>考核情景准备</td><td colspan="7">1. 线路：特高压±800kV 直流接地极线路，工作内容：带电修补±800kV 直流接地极线路导线。
2. 所需作业工器具：绝缘传递绳 2 根（TJS-14），绝缘传递绳 1 根（TJS-10），绝缘传递绳 1 根（TJS-4），绝缘绳套 1 个（TJS-14），绝缘滑车 1 个（JH10-0.5），六旋翼无人机 1 架，自爬升装置 1 台，屏蔽服（Ⅰ型或隔热型）1 套，全身式安全带 1 副，绝缘电阻表（5000V 型带测试电极），万用表 1 块，风速湿度仪 1 块，苫布 1 块。
3. 作业现场做好监护工作，作业现场安全措施（围栏等）已全部落实；禁止非作业人员进入现场，工作人员进入作业现场必须戴安全帽。
4. 考生自备工作服、阻燃纯棉内衣、安全帽、线手套、安全带（含后备保护绳）</td></tr>
<tr><td>备注</td><td colspan="7">1. 各项目得分均扣完为止，出现重大人身、器材和操作安全隐患，考评员可下令终止操作。
2. 设备、作业环境、安全带、安全帽、工器具、屏蔽服等不符合作业条件考评员可下令终止操作</td></tr>
<tr><td>序号</td><td>项目名称</td><td>质量要求</td><td>分值</td><td>扣分标准</td><td>扣分原因</td><td>扣分</td><td>得分</td></tr>
<tr><td>1</td><td>现场复勘</td><td>（1）工作负责人到作业现场核对线路名称和杆塔编号、现场工作条件、缺陷部位等。
（2）检测风速、湿度等现场气象条件符合作业要求。
（3）检查工作票填写完整，无涂改，检查是否所列安全措施与现场实际情况相符，必要时予以补充</td><td>5</td><td>（1）未进行核对双重称号扣 1 分。
（2）未核实现场工作条件（气象）、缺陷部位扣 1 分。
（3）工作票填写出现涂改，每项扣 0.5 分，工作票编号有误，扣 1 分。工作票填写不完整，扣 1.5 分</td><td></td><td></td><td></td></tr>
</table>

续表

序号	项目名称	质量要求	分值	扣分标准	扣分原因	扣分	得分
2	工作许可	(1) 工作负责人联系值班调控人员，按工作票内容申请停用线路直流再启动。 (2) 汇报内容规范、完整	2	(1) 未联系调控部门（裁判）停用直流再启动扣2分。 (2) 汇报专业用语不规范或不完整的各扣0.5分			
3	现场布置	正确装设安全围栏并悬挂标示牌： (1) 安全围栏范围应充分考虑高处坠物，以及对道路交通的影响。 (2) 安全围栏出入口设置合理。 (3) 妥当布置"从此进出""在此工作""从此上下"等标示	3	(1) 作业现场未装设围栏扣0.5分。 (2) 未设立警示牌扣0.5分。 (3) 未悬挂登塔作业标志扣0.5分			
4	召开班前会	(1) 全体工作成员全体人员正确佩戴安全帽、工作服。 (2) 工作负责人佩戴红色背心，宣读工作票，明确工作任务及人员分工；讲解工作中的安全措施和技术措施；查（问）全体工作成员精神状态；告知工作中存在的危险点及采取的预控措施。 (3) 全体工作成员在工作票上签名确认	3	(1) 工作人员着装不整齐扣0.5分，工作人员着装不整齐每人次扣0.5分。 (2) 未进行分工本项不得分，分工不明扣1分。 (3) 现场工作负责人未穿佩安全监护背心扣0.5分。 (4) 工作票上工作班成员未签字或签字不全的扣1分			
5	工器具检查	(1) 工作人员按要求将工器具放在防防潮布上；防潮布应清洁、干燥。 (2) 工器具应按定置管理要求分类摆放；绝缘工器具不能与金属工具、材料混放；对工器具进行外观检查。 (3) 绝缘工具表面不应磨损、变形损坏，操作应灵活。绝缘工具应使用2500V及以上绝缘电阻表进行分段绝缘检测，阻值应不低于700MΩ，并用清洁干燥的毛巾将其擦拭干净。 (4) 塔上地电位和等电位人员按要求正确穿戴全套合格的屏蔽服、导电鞋，且各部分连接应良好，屏蔽服内不得贴身穿着化纤类衣服，并系好安全带；工作负责人应认真检查是否穿戴正确	7	(1) 未使用防潮布并定置摆放工器具扣1分。 (2) 未检查工器具试验合格标签及外观检查扣每项扣0.5分。 (3) 未正确使用检测仪器对工器具进行检测每项扣1分。 (4) 作业人员未正确穿戴屏蔽服且各部位连接良好每人次扣2分。 (5) 现场工作负责人未对登塔作业人员安全防护装备进行检查扣1分			
6	无人机展放导轨绳	(1) 无人机操控人员将无人机进行起飞至离地面1.6m左右，悬停好。 (2) 地面电工将直径为4mm的绝缘传递绳挂在无人机的脱扣装置上。	23	(1) 无人机悬停位置不当，扣2分，出现人员伤害，扣5分。 (2) 展放过程中出现牵引绳缠挂，每次扣1分。 (3) 无人机未从内侧起飞，扣3分。 (4) 无人机升空位置不足即水平牵引，扣2分。			

续表

序号	项目名称	质量要求	分值	扣分标准	扣分原因	扣分	得分
6	无人机展放导轨绳	(3) 无人机操控人员继续操作无人机上升至合适位置时向外牵引迈过导线，继续牵引与导线距离大致相同距离，操控脱扣装置使牵引绳自然下落。 (4) 地面电工将牵引绳安装成绝缘无极绳	23	(5) 无人机水平牵引距离不足，扣5分。 (6) 未能一次性脱扣，扣2分。 (7) 未能一次性展放牵引绳，扣3分。 (8) 发生无人机坠落，扣15分			
7	牵引导轨绳及人体后备保护绳	(1) 地面电工将牵引绳转移至作业点位置。 (2) 地面电工利用牵引绳将自爬升装置的导轨绳进行循环牵引，导轨绳一端稳定的安装在地面牢固位置上，另一端与地面垂直。 (3) 地面电工利用牵引绳将人体后备保护绳进行牵引	5	(1) 导轨绳与人体后备保护绳发生缠绕，每次扣2分。 (2) 导轨绳与人体后备保护绳未做单独牵引，扣3分。 (3) 导轨绳未进行有效固定，扣3分			
8	安装自爬升装置	(1) 等电位电工再次检查自爬升装置的转动情况及电池电量情况等，确认无误后将自爬升装置安装到导轨绳上。 (2) 等电位电工做好人体后备保护措施后，操作自爬升装置起到一定高度（0.8～1m）后，地面电工对自爬升装置及等电位电工进行冲击试验。 (3) 冲击试验合格后，等电位电工携带绝缘传递绳进行垂直攀升	5	(1) 未检查自爬升装置情况，扣2分。 (2) 未做冲击试验，扣3分，冲击试验方法不当，扣2分。 (3) 冲击试验方法不当造成自爬升装置损坏，扣5分			
9	进入强电场并修补导线	(1) 等电位电工乘坐自爬升装置垂直上升至距导线0.3m处，检查屏蔽服各连接处无误，经工作组负责人同意后转移电位。 (2) 等电位电工在导线上打好安全带保护，将绝缘传递绳布置在预绞丝缠绕处挂好绝缘传递绳向工作负责人汇报。 (3) 地面电工挂好预绞丝向工作负责人汇报。 (4) 等电位电工申请平整导线，工作负责人许可。按要求使用预绞丝修补导线向工作负责人汇报	25	(1) 等电位电工未向工作负责人申请即开始爬升扣3分；申请了但未同意请即开始登梯扣2分。 (2) 未有效控制控制后备保护绳扣2分。 (3) 未向工作负责人申请即开始电位转移扣2分；申请了但未同意请即开始电位转移扣1分。 (4) 申请电位转移位置不合适扣1分。 (5) 转移电位动作不熟练扣1分。 (6) 工作负责人未认真监护扣2分。 (7) 预绞丝修补条传递过程发生磕碰，每次扣1分。 (8) 自爬升装置起降不平稳，每次扣2分			

续表

序号	项目名称	质量要求	分值	扣分标准	扣分原因	扣分	得分
10	退出电场	(1) 等电位电工再次检查预绞丝修补导线情况，确认无误后向工作负责人汇报工作结束，申请退出电场。 (2) 经工作负责人同意后，等电位电工对屏蔽服连接情况进行检查确认连接可靠后，按进电场相反步骤退出电场，乘坐自爬升装置下至地面	12	(1) 未汇报工作结束扣1分。 (2) 未向工作负责人申请退出电场扣2分。 (3) 未对屏蔽服连接情况进行检查扣1分。 (4) 未向工作负责人申请即进行电位转移扣2分；申请了但未得同意即开始扣1分。 (5) 申请电位转移位置不合适扣1分。 (6) 等电位电工退出电场动作不正确，反复放电扣2分。 (7) 未有效控制控制后备保护绳扣1分			
11	工作结束	(1) 工作负责人组织全体工作成员整理工器具和材料，将工器具清洁后放入专用的箱(袋)中；清理现场，做到“工完料尽场地清”。 (2) 召开班后会，工作负责人进行工作总结和点评工作。点评本次工作的施工质量；点评全体工作成员的安全措施落实情况。 (3) 工作负责人向值班调控人员汇报工作结束，申请恢复线路直流再启动，终结工作票	10	(1) 工器具未清理扣2分。 (2) 工器具有遗漏扣2分。 (3) 未开班后会扣3分。 (4) 点评不到位扣1分。 (5) 未联系调控汇报工作结束扣3分。 (6) 汇报内容每缺一项扣0.5分。(单位名称、负责人姓名、线路名称、工作完成情况、设备已恢复正常、人员已撤离)。 (7) 工作票终结填写错误扣1分			
	合计		100				

模块十一 带电更换±800kV特高压输电线路接地极线路间隔棒培训及考核标准

一、培训标准

（一）培训要求（见表1-11-1）

表1-11-1　　培训要求

模块名称	带电更换±800kV特高压输电线路接地极线路间隔棒	培训类别	操作类
培训方式	实操培训	培训学时	16学时
培训目标	1. 掌握±800kV直流接地极直线塔进、出电场时采用“自爬升装置”作业方式的电学意义。 2. 能完成采用“自爬升装置”进入±800kV直流接地极线路等电位作业点。 3. 能独立完成±800kV直流接地极线路间隔棒更换的操作（等电位作业法）		
培训场地	特高压直流实训线路		
培训内容	采用从自爬升装置进入电场，采用等电位作业法带电更换±800kV特高压输电线路接地极线路间隔棒		
适用范围	特高压±800kV直流输电线路检修人员		

（二）引用规程规范

（1）《±800kV直流架空输电线路设计规范》（GB/T 50790—2013）。

（2）《±800kV直流架空输电线路检修规程》（DL/T 251—2012）。

（3）《±800kV直流架空输电线路运行规程》（GB/T 28813—2012）。

（4）《±800kV直流线路带电作业技术规范》（DL/T 1242—2013）。

（5）《±800kV直流输电线路金具技术规范》（GB/T 31235—2014）。

（6）《国家电网公司带电作业工作管理规定（试行）》（国家电网生〔2007〕751号）。

（7）《国家电网公司电力安全工作规程（线路部分）》（Q/GDW 1799.2—2013）。

（8）《电工术语　架空线路》（GB/T 2900.51—1998）。

（9）《电工术语　带电作业》（GB/T 2900.55—2016）。

（10）《带电作业工具设备术语》（GB/T 14286—2002）。

（11）《带电作业用绝缘滑车》（GB/T 13034—2008）。

（12）《带电作业用绝缘绳索》（GB 13035—2008）。

（13）《带电作业用工具、装置和设备使用的一般要求》（DL/T 877—2004）。

（14）《带电作业工具、装置和设备预防性试验规程》（DL/T 976—2005）。

（15）《±800kV直流输电线路带电作业技术导则》（Q/GDW 302—2009）。

（16）《带电作业用屏蔽服装》（GB/T 6568—2008）。

（17）《带电作业工具基本技术要求与设计导则》（GB 18037—2008）。

（18）《带电设备红外线诊断应用规范》（DL/T 664—2016）。

（三）培训教学设计

本设计以完成“带电更换±800kV特高压输电线路接地极线路间隔棒”为工作任务，按工作任务完成的标准化作业流程来设计各个培训阶段，每个阶段包括了具体的培训目标、培训内容、培训学时、培训方法（培训资源）、培训环境和考核评价等内容，如表1-11-2所示。

表 1-11-2　带电更换±800kV 特高压输电线路接地极线路间隔棒培训内容设计

培训流程	培训目标	培训内容	培训学时	培训方法与资源	培训环境	考核评价
1. 理论教学	1. 初步掌握采用自爬升装置进出±800kV 直流接地极线路电场的方法。 2. 熟悉工器具配置及安全注意事项。 3. 熟悉±800kV 直流接地极线路直间隔棒更换的方法	1. 采用自爬升装置进出±800kV 直流接地极线路电场的电学意义。 2. 工器具配置、危险点分析及安全措施。 3. ±800kV 直流接地极线路间隔棒更换方法和质量标准	2	培训方法：讲授法。 培训资源：PPT、相关规程规范	多媒体教室	考勤、课堂提问和作业
2. 准备工作	能完成作业前准备工作	1. 作业现场查勘。 2. 编制培训标准化作业卡。 3. 填写培训操作工作票。 4. 完成本操作的工器具及材料准备	1	培训方法： 1. 现场查勘和工器具及材料清理采用现场实操方法。 2. 编写作业卡和填写工作票采用讲授方法。 培训资源： 1. ±800kV 接地极实训线路。 2. 特高压工器具库房。 3. 空白工作票	1. ±800kV 接地极实训线路； 2. 多媒体教室	
3. 作业现场准备	能完成作业现场准备工作	1. 作业现场复勘。 2. 工作申请。 3. 作业现场布置。 4. 班前会。 5. 工器具检查	1	培训方法：演示与角色扮演法。 培训资源：±800kV 接地极实训线路	±800kV 接地极实训线路	
4. 培训师演示	通过现场观摩，使学员初步领会本任务操作流程	1. 作业距离测量、导线温度测量。 2. 地面电工利用无人机进行牵引绳的展放。 3. 地面电工将后备保护绳及导轨绳牵引至工作位置。 4. 等电位电工采用自爬升装置进入电场。 5. 等电位电工进行间隔棒的更换	3	培训方法：演示法。 培训资源：±800kV 接地极实训线路	±800kV 接地极实训线路	
5. 学员分组训练	通过培训： 1. 使学员能完成进、出±800kV 直流接地极线路电场操作。 2. 使学员能完成±800kV 直流接地极线路间隔棒更换方法	1. 学员分组（6 人一组）训练进出±800kV 直流接地极线路间隔棒更换技能操作。 2. 培训师对学员操作进行指导和安全监护	8	培训方法：角色扮演法。 培训资源：±800kV 接地极实训线路	±800kV 接地极实训线路	采用技能考核评分细则对学员操作评分

续表

培训流程	培训目标	培训内容	培训学时	培训方法与资源	培训环境	考核评价
6. 工作终结	通过培训： 1. 使学员进一步认识操作过程中不足之处，便于后期提升。 2. 培训学员树立安全文明生产的工作作风	1. 作业现场清理。 2. 向调控汇报工作。 3. 班后会，对今天工作任务进行点评总结	1	培训方法：讲授和归纳法	±800kV 接地极实训线路	

（四）作业流程

1. 工作任务

采用自爬升装置进入电场、到达作业点，采用等电位作业法带电更换±800kV 特高压输电线路接地极线路间隔棒。

2. 天气及作业现场要求

（1）带电更换±800kV 直流接地极线路间隔棒应在良好的天气下进行。

工作现场如遇雷电（听见雷声、看见闪电）、雪、雹、雨、雾等情况，应禁止本次作业。风力大于 5 级或空气相对湿度大于 80%时，不宜进行本次作业；作业过程中，注意天气变化，如遇大风、雨雾等紧急情况，按照规程规定正确采取措施，保证人员和设备安全。

（2）作业人员精神状态良好，熟悉工作中保证安全的组织措施和技术措施；应持有在有效期内的带电作业资质证书。

（3）工作负责人应事先组织相关人员完成现场勘察，根据勘察结果确定本次作业方法和所需工器具，以及应采取的必要措施，并办理带电作业工作票。

（4）作业现场应合理设置围栏，并妥当布置警示标示牌，禁止非工作人员入内。

（5）本项目需停用直流再启动装置。

（6）工作中安全距离及有效绝缘长度如表 1-11-3 所示。

表 1-11-3　带电更换±800kV 特高压输电线路接地极线路间隔棒的安全距离　（m）

电压等级	人身与带电体安全距离	最小有效绝缘长度		最小组合间隙	转移电位时人体裸露部分与带电体的最小距离
		绝缘操作杆	绝缘承力工具、绝缘绳索		
±800kV 直流接地极	0.75	1.3	1.0	1.2	0.3

3. 准备工作

3.1　危险点及其预控措施

（1）危险点——预防系统过电压。

预控措施：本次作业为等电位作业，工作负责人在工作开始前，应与值班调控员联系，申请办理电力线路带电作业工作票，并申请停用直流再启动，由调控值班员履行许可手续。带电作业结束后应及时向调控值班员汇报。严禁约时停用和恢复直流再启动。在带电作业过程中如遇设备突然停电，作业人员应视设备仍然带电。工作负责人应尽快与调控联系，调控值班员未与工作负责人取得联系前不得强送电。

（2）危险点——触电伤害。

预控措施：

1）绝缘工具及绝缘绳索不得损坏、受潮、变形、失灵，不准使用非绝缘绳索（如棉纱绳、白棕绳、钢丝绳）。

2）等电位作业人员应穿着阻燃内衣，衣服外面应穿戴全套屏蔽服（包括帽、衣裤、手套、袜和鞋），且各部分应连接良好，全套屏蔽服电阻不大于20Ω。

3）等电位作业人员在电位转移前，应得到工作负责人的许可，人体裸露部分与带电体的最小距离不小于0.3m；地电位作业人员与带电体（等电位作业人员与接地体）的安全距离小于表1-11-3的规定。

4）用绝缘绳索传递大件金属物品时，地电位作业人员应将金属物品接地后再接触。

5）工作负责人和专责监护人应对作业人员进行不间断监护，随时纠正其不规范或违章动作。重点关注高处作业人员，使其保持足够的安全距离（应符合表1-11-3的规定）。

6）当耐热导线运行温度高于40℃时，应采用耐高温带电作业工器具，包括耐高温软质绝缘工器具、耐高温硬质绝缘工器具、耐高温隔热屏蔽服等，需采用电位转移棒进入等电位。

7）隔热防护用具应视为导体，传递和使用过程中应保证相地及极间安全距离满足安全要求。

（3）危险点——高处坠落。

预控措施：

1）高处作业人员登高前，必须具备符合本项作业要求的身体状况、精神状态和技能素质。

2）监护人员应随时纠正其不规范或违章动作，重点关注作业人员在转位的过程中不得失去安全带或绝缘后备保护绳的保护，严禁低挂高用。

（4）危险点——高处坠物伤人。

预控措施：

1）高处作业人员的个人工具及零星材料应装入工具袋，严禁在高处浮置物件、口中含物。

2）地面作业人员必须正确佩戴安全帽，正确使用绳结，与作业点垂直下方距离不得小于坠落半径。

3）作业现场设置围栏并挂好警示标示牌。监护人员应随时注意，禁止非工作人员及车辆进入作业区域。

（5）导线过热伤人。

预控措施：

1）作业前应与调度联系确认运行方式，避免在导线大电流流经时进行带电作业；

2）作业人员应穿着专用的耐热性屏蔽服进行带电作业，防止导线过热伤人。

3.2 工器具及材料选择

带电更换±800kV特高压输电线路接地极线路间隔棒所需工器具及材料见表1-11-4。工器具出库前，应认真核对工器具的使用电压等级和试验周期，并检查确认外观良好、连接牢固、转动灵活，且符合本次工作任务的要求；工器具出库后，应存放在工具袋或工具箱内进行运输，防止脏污、受潮；金属工具和绝缘工器具应分开装运，防止因混装运输导致工器具变形、损伤等现象发生。

表 1-11-4　带电更换±800kV 特高压输电线路接地极线路间隔棒所需工器具及材料表

序号	名称	规格型号	单位	数量	备注
1	绝缘传递绳	TJS-14×50m	根	1	
2	绝缘传递绳	TJS-10×50m	根	1	
3	绝缘传递绳	TJS-14×100m	根	1	
4	绝缘传递绳	TJS-4×100m	根	1	
5	绝缘绳套	TJS-14	个	1	
6	绝缘滑车	0.5t	个	1	
7	无人机	六旋翼	架	1	
8	自爬升装置	ACTSAFE-Ⅱ	台	1	
9	个人工具		套	1	
10	屏蔽服	500kV Ⅰ型或隔热型	套	1	
11	人体后备保护绳		副	1	
12	安全带		副	1	
13	安全帽		顶	6	
14	防潮毡布	3m×3m	块	1	
15	万用表		个	1	
16	风速湿度仪	HT-8321	只	1	
17	兆欧表及测试电极	5000V	套	1	
18	对讲机		台	2	
19	红马甲	“工作负责人”	件	1	
20	安全围栏		套	若干	
21	间隔棒	接地极线路用	个	1	

3.3　作业人员分工

本任务作业人员分工如表 1-11-5 所示。

表 1-11-5　带电更换±800kV 特高压输电线路接地极线路间隔棒人员分工表

序号	工作岗位	数量（人）	工作职责
1	工作负责人	1	负责作业现场的各项工作
2	等电位电工	1	负责安装及使用自爬升装置进入电场更换间隔棒
3	无人机操控人员	1	负责操作无人机展放牵引绳
4	地面电工	3	负责传递工具、材料，配合等电位电工进出等电位

4. 工作程序

本任务工作流程如表 1-11-6 所示。

表 1-11-6　带电更换±800kV 特高压输电线路接地极线路间隔棒工作流程表

序号	作业内容	作业步骤及标准	安全措施及注意事项	责任人
1	确认线路名称和塔号、杆塔检查	工作负责人负责完成以下工作： （1）现场核对线路名称、杆塔编号，相别无误；基础及杆塔完好无异常；交叉跨越距离符合安全要求；确认缺陷情况及导地线规格型号等。 （2）检查地形环境符合作业要求。 （3）检查工作票所列安全措施与现场实际情况相符，必要时予以补充	（1）正确穿戴安全帽、工作服、工作鞋、劳保手套。 （2）不得在危及作业人员安全的气象条件下作业。 （3）严禁非工作人员、车辆进入作业现场	

续表

<table>
<tr><th>序号</th><th>作业内容</th><th colspan="3">作业步骤及标准</th><th>安全措施及注意事项</th><th>责任人</th></tr>
<tr><td rowspan="8">2</td><td rowspan="8">现场作业环境测量</td><td>测量项目</td><td>标准值</td><td>实测值</td><td rowspan="8">风力大于5级或湿度大于80%时，一般不宜进行带电作业</td><td rowspan="8"></td></tr>
<tr><td>风速</td><td>≤10m/s</td><td></td></tr>
<tr><td>湿度</td><td>≤80%</td><td></td></tr>
<tr><td>环境温度</td><td>0～38℃</td><td></td></tr>
<tr><td>导线温度</td><td>—</td><td></td></tr>
<tr><td>作业距离</td><td>≥0.75m</td><td></td></tr>
<tr><td>海拔</td><td>海拔500m和1000m为界</td><td></td></tr>
<tr><td colspan="3"></td></tr>
<tr><td>3</td><td>工作许可</td><td colspan="3">(1) 工作负责人负责联系值班调控人员，按工作票内容申请停用线路直流再启动。
(2) 经值班调控人员许可后，方可开始带电作业工作</td><td>不得未经值班调控人员许可即开始工作</td><td></td></tr>
<tr><td>4</td><td>现场布置</td><td colspan="3">正确装设安全围栏并悬挂标示牌：
(1) 安全围栏范围应充分考虑高处坠物，以及对道路交通的影响。
(2) 安全围栏出入口设置合理。
(3) 妥当布置“从此进出”“在此工作”“从此上下”等标示</td><td>对道路交通安全影响不可控时，应及时联系交通管理部门强化现场交通安全管控</td><td></td></tr>
<tr><td>5</td><td>召开班前会</td><td colspan="3">(1) 全体工作成员列队。
(2) 工作负责人宣读工作票，明确工作任务及人员分工；讲解工作中的安全措施和技术措施；查（问）全体工作成员精神状态；告知工作中存在的危险点及采取的预控措施。
(3) 全体工作成员在工作票上签名确认</td><td>(1) 工作票填写、签发和许可手续规范，签名完整。
(2) 全体工作成员精神状态良好。
(3) 全体工作成员明确任务分工、安全措施和技术措施</td><td></td></tr>
<tr><td>6</td><td>检查工具</td><td colspan="3">(1) 等电位电工正确地穿戴好屏蔽服并检测合格，由负责人监督检查。
(2) 正确佩戴个人安全用具（大小合适，锁扣自如），由负责人监督检查。
(3) 检查绝缘工具外观情况并测量其绝缘性能，并做好记录。
(4) 检查好无人机及自爬升装置的运转情况</td><td>(1) 金属、绝缘工具使用前，应仔细检查其是否损坏、变形、失灵。绝缘工具应使用清洁干燥的毛巾将其擦拭干净并用2500V及以上绝缘电阻表进行分段绝缘检测，阻值应不低于700MΩ。
(2) 用万用表测量屏蔽服衣裤最远端点之间的电阻值不得大于20Ω。工作负责人认真检查作业电工屏蔽服的连接情况。
(3) 检查工具组装情况并确认连接可靠。
(4) 现场所使用的带电作业工具应放置在防潮布上</td><td></td></tr>
<tr><td>7</td><td>无人机展放导轨绳</td><td colspan="3">(1) 无人机操控人员将无人机进行起飞至离地面1.6m左右，悬停好。
(2) 地面电工将直径为4mm的绝缘传递绳挂在无人机的脱扣装置上。
(3) 无人机操控人员继续操作无人机上升至合适位置时向外牵引迈过导线，继续牵引与导线距离大致相同距离，操控脱扣装置使牵引绳自然下落。
(4) 地面电工将牵引绳安装成绝缘无极绳</td><td>(1) 无人机悬停位置应合适，地面电工悬挂牵引绳时应注意安全。
(2) 无人机牵引时应从线路方向内侧起飞向外展放牵引绳</td><td></td></tr>
</table>

续表

序号	作业内容	作业步骤及标准	安全措施及注意事项	责任人
8	牵引导轨绳及人体后备保护绳	（1）地面电工将牵引绳转移至作业点位置。 （2）地面电工利用牵引绳将自爬升装置的导轨绳进行循环牵引，导轨绳一端稳定的安装在地面牢固位置上，另一端与地面垂直。 （3）地面电工利用牵引绳将人体后备保护绳进行牵引	（1）导轨绳的一端必须固定在地面牢固位置上。 （2）导轨绳及人体后备保护绳应保持一定距离，防止缠绕在一起	
9	安装自爬升装置	（1）等电位电工再次检查自爬升装置的转动情况及电池电量情况等，确认无误后将自爬升装置安装到导轨绳上。 （2）等电位电工做好人体后备保护措施后，操作自爬升装置起到一定高度（0.8～1m）后，地面电工对自爬升装置及等电位电工进行冲击试验。 （3）冲击试验合格后，等电位电工携带绝缘传递绳进行垂直攀升	（1）自爬升装置应转动良好。 （2）地面电工应对自爬升装置进行冲击试验，冲击时注意自爬升装置、导轨绳固定到地面处的受力情况。 （3）工作负责人认真检查	
10	进入强电场并更换间隔棒	（1）等电位电工乘坐自爬升装置垂直上升至距导线 0.3m 处，检查屏蔽服各连接处无误，经工作组负责人同意后转移电位。 （2）等电位电工在导线上打好安全带保护，将绝缘传递绳布置在合适位置。 （3）等电位电工将旧间隔棒拆除，用绝缘传递绳将旧间隔棒捆绑好，地面电工采用绝缘传递绳将旧间隔棒传递至地面，同时将新间隔棒传递至等电位电工处。 （4）等电位电工在间隔棒原来的位置上安装好新间隔棒	（1）地面电工应控制好人体后备保护绳，确保等电位电工高处作业不失去安全带保护。 （2）等电位电工电位转移前必须得到工作负责人的许可，电位转移时严禁用头部充放电；人体裸露部分与带电体的距离不得小于 0.3m；其组合间隙不得小于 1.2m。 （3）间隔棒传递过程中应避免碰撞，等单位电工在高处作业时应避免高空落物	
11	退出电场	（1）等电位电工再次检查间隔棒复位情况及销子到位情况，确认无误后向工作负责人汇报工作结束，申请退出电场。 （2）经工作负责人同意后，等电位电工对屏蔽服连接情况进行检查确认连接可靠后，按进电场相反步骤退出电场，乘坐自爬升装置下至地面	（1）等电位电工退出电位前必须得到工作负责人的许可。 （2）等电位电工在退出电场过程中与接地体和带电体两部分间隙所组成的组合间隙不得小于 1.2m。 （3）工作负责人应认真监护、提醒	
12	工作结束	（1）工作负责人组织全体工作成员整理工器具和材料，将工器具清洁后放入专用的箱（袋）中；清理现场，做到“工完料尽场地清”。 （2）召开班后会，工作负责人进行工作总结和点评工作。点评本次工作的施工质量；点评全体工作成员的安全措施落实情况。 （3）工作负责人向值班调控人员汇报工作结束，申请恢复线路直流再启动，终结工作票	不得约时恢复直流再启动	

二、考核标准（见表 1-11-7）

表 1-11-7　　特高压直流技能培训考核评分细则

考生填写栏	编号：　姓　名：　所在岗位：　单　位：　日　期：　年　月　日						
考评员填写栏	成绩：　考评员：　考评组长：　开始时间：　结束时间：　操作时长：						
考核模块	带电更换±800kV 特高压输电线路接地极线路间隔棒	考核对象	±800kV 直流接地极输电线路检修人员	考核方式	操作	考核时限	60min
任务描述	沿软梯进入电场对±800kV 直流接地极线路间隔棒进行带电更换						

续表

工作规范及要求	1. 带电作业工作应在良好天气下进行。如遇雷、雨、雪、雾天气不得进行带电作业。风力大于5级或湿度大于80%时，一般不宜进行带电作业。 2. 本项作业需工作负责人1名，等电位电工1人，无人机操作人员1人，地面辅助电工3人，采用自爬升装置进入电场对±800kV直流接地极线路间隔棒进行带电更换。 3. 工作负责人职责：负责本次工作任务的人员分工、工作票的宣读、办理线路停用直流再启动、办理工作许可手续、召开工作班前会、工作中突发情况的处理、工作质量的监督、工作后的总结。 4. 等电位电工职责：负责安装及使用自爬升装置进入电场更换间隔棒。 5. 无人机操作人员职责：负责操作无人机展放牵引绳。 6. 地面电工职责：负责传递工器具、材料，配合等电位电工进出等电位。 7. 在带电作业中，如遇雷、雨、大风或其他任何情况威胁到工作人员的安全时，工作负责人或监护人可根据情况，临时停止工作。 给定条件： 1. 培训基地：特高压±800kV直流接地极线路。 2. 工作票已办理，安全措施已经完备（直流再启动已停用），工作开始、工作终结时应口头提出申请（调控或考评员）。 3. 安全、正确地使用仪器对绝缘工具进行检测。 4. 必须按工作程序进行操作，工序错误扣除应做项目分值，出现重大人身、器材和操作安全隐患，考评员可下令终止操作（考核）
考核情景准备	1. 线路：特高压±800kV直流接地极线路，工作内容：带电更换±800kV直流接地极线路间隔棒。 2. 所需作业工器具：绝缘传递绳2根（TJS-14），绝缘传递绳1根（TJS-10），绝缘传递绳1根（TJS-4），绝缘绳套1个（TJS-14），绝缘滑车1个（JH10-0.5），六旋翼无人机1架，自爬升装置1台，屏蔽服（Ⅰ型或隔热型）1套，全身式安全带1副，绝缘电阻表（5000V型带测试电极），万用表1块，风速湿度仪1块，防潮布1块。 3. 作业现场做好监护工作，作业现场安全措施（围栏等）已全部落实；禁止非作业人员进入现场，工作人员进入作业现场必须戴安全帽。 4. 考生自备工作服、阻燃纯棉内衣、安全帽、线手套、安全带（含后备保护绳）
备注	1. 各项目得分均扣完为止，出现重大人身、器材和操作安全隐患，考评员可下令终止操作。 2. 设备、作业环境、安全带、安全帽、工器具、屏蔽服等不符合作业条件考评员可下令终止操作

序号	项目名称	质量要求	分值	扣分标准	扣分原因	扣分	得分
1	现场复勘	（1）工作负责人到作业现场核对线路名称和杆塔编号、现场工作条件、缺陷部位等。 （2）检测风速、湿度等现场气象条件符合作业要求。 （3）检查工作票填写完整，无涂改，检查是否所列安全措施与现场实际情况相符，必要时予以补充	5	（1）未进行核对双重称号扣1分。 （2）未核实现场工作条件（气象）、缺陷部位扣1分。 （3）工作票填写出现涂改，每项扣0.5分，工作票编号有误，扣1分。工作票填写不完整，扣1.5分			
2	工作许可	（1）工作负责人联系值班调控人员，按工作票内容申请停用线路直流再启动。 （2）汇报内容规范、完整	2	（1）未联系调控部门（裁判）停用直流再启动扣2分。 （2）汇报专业用语不规范或不完整的各扣0.5分			
3	现场布置	正确装设安全围栏并悬挂标示牌： （1）安全围栏范围应充分考虑高处坠物，以及对道路交通的影响。 （2）安全围栏出入口设置合理。 （3）妥当布置“从此进出”“在此工作”“从此上下”等标示	3	（1）作业现场未装设围栏扣0.5分。 （2）未设立警示牌扣0.5分。 （3）未悬挂登塔作业标志扣0.5分			

续表

序号	项目名称	质量要求	分值	扣分标准	扣分原因	扣分	得分
4	召开班前会	(1) 全体工作成员全体人员正确佩戴安全帽、工作服。 (2) 工作负责人佩戴红色背心，宣读工作票，明确工作任务及人员分工；讲解工作中的安全措施和技术措施；查（问）全体工作成员精神状态；告知工作中存在的危险点及采取的预控措施。 (3) 全体工作成员在工作票上签名确认	3	(1) 工作人员着装不整齐扣0.5分，工作人员着装不整齐每人次扣0.5分。 (2) 未进行分工本项不得分，分工不明扣1分。 (3) 现场工作负责人未穿佩安全监护背心扣0.5分。 (4) 工作票上工作班成员未签字或签字不全的扣1分			
5	工器具检查	(1) 工作人员按要求将工器具放在防防潮布上；防潮布应清洁、干燥。 (2) 工器具应按定置管理要求分类摆放；绝缘工器具不能与金属工具、材料混放；对工器具进行外观检查。 (3) 绝缘工具表面不应磨损、变形损坏，操作应灵活。绝缘工具应使用2500V及以上绝缘电阻表进行分段绝缘检测，阻值应不低于700MΩ，并用清洁干燥的毛巾将其擦拭干净。 (4) 塔上地电位和等电位人员按要求正确穿戴全套合格的屏蔽服、导电鞋，且各部分连接应良好，屏蔽服内不得贴身穿着化纤类衣服，并系好安全带；工作负责人应认真检查是否穿戴正确	7	(1) 未使用防潮布并定置摆放工器具扣1分。 (2) 未检查工器具试验合格标签及外观检查扣每项扣0.5分。 (3) 未正确使用检测仪器对工器具进行检测每项扣1分。 (4) 作业人员未正确穿戴屏蔽服且各部位连接良好每人次扣2分。 (5) 现场工作负责人未对登塔作业人员进安全防护装备进行检查扣1分			
6	无人机展放导轨绳	(1) 无人机操控人员将无人机进行起飞至离地面1.6m左右，悬停好。 (2) 地面电工将直径为4mm的绝缘传递绳挂在无人机的脱扣装置上。 (3) 无人机操控人员继续操作无人机上升至合适位置时向外牵引迈过导线，继续牵引与导线距离大致相同距离，操控脱扣装置使牵引绳自然下落。 (4) 地面电工将牵引绳安装成绝缘无极绳	23	(1) 无人机悬停位置不当，扣2分，出现人员伤害，扣5分。 (2) 展放过程中出现牵引绳缠挂，每次扣1分。 (3) 无人机未从内侧起飞，扣3分。 (4) 无人机升空位置不足即水平牵引，扣2分。 (5) 无人机水平牵引距离不足，扣5分。 (6) 未能一次性脱扣，扣2分。 (7) 未能一次性展放牵引绳，扣3分。 (8) 发生无人机坠落，扣15分			
7	牵引导轨绳及人体后备保护绳	(1) 地面电工将牵引绳转移至作业点位置。 (2) 地面电工利用牵引绳将自爬升装置的导轨绳进行循环牵引，导轨绳一端稳定的安装在地面牢固位置上，另一端与地面垂直。 (3) 地面电工利用牵引绳将人体后备保护绳进行牵引	5	(1) 导轨绳与人体后备保护绳发生缠绕，每次扣2分。 (2) 导轨绳与人体后备保护绳未做单独牵引，扣3分。 (3) 导轨绳未进行有效固定，扣3分			

续表

序号	项目名称	质量要求	分值	扣分标准	扣分原因	扣分	得分
8	安装自爬升装置	（1）等电位电工再次检查自爬升装置的转动情况及电池电量情况等，确认无误后将自爬升装置安装到导轨绳上。 （2）等电位电工做好人体后备保护措施后，操作自爬升装置起到一定高度（0.8～1m）后，地面电工对自爬升装置及等电位电工进行冲击试验。 （3）冲击试验合格后，等电位电工携带绝缘传递绳进行垂直攀升	5	（1）未检查自爬升装置情况，扣2分。 （2）未做冲击试验，扣3分，冲击试验方法不当，扣2分。 （3）冲击试验方法不当造成自爬升装置损坏，扣5分			
9	进入强电场并更换间隔棒	（1）等电位电工乘坐自爬升装置垂直上升至距导线0.3m处，检查屏蔽服各连接处无误，经工作组负责人同意后转移电位。 （2）等电位电工在导线上打好安全带保护，将绝缘传递绳布置在合适位置。 （3）等电位电工将旧间隔棒拆除，用绝缘传递绳将旧间隔棒捆绑好，地面电工采用绝缘传递绳将旧间隔棒传递至地面，同时将新间隔棒传递至等电位电工处。 （4）等电位电工在间隔棒原来的位置上安装好新间隔棒	25	（1）等电位电工未向工作负责人申请即开始爬升扣3分；申请了但未同意请即开始登梯扣2分。 （2）未有效控制控制后备保护绳扣2分。 （3）未向工作负责人申请即开始电位转移扣2分；申请了但未同意请即开始电位转移扣1分。 （4）申请电位转移位置不合适扣1分。 （5）转移电位动作不熟练扣1分。 （6）工作负责人未认真监护扣2分。 （7）间隔棒传递过程发生磕碰，每次扣1分。 （8）自爬升装置起降不平稳，每次扣2分			
10	退出电场	（1）等电位电工再次检查间隔棒复位情况及销子到位情况，确认无误后向工作负责人汇报工作结束，申请退出电场。 （2）经工作负责人同意后，等电位电工对屏蔽服连接情况进行检查确认连接可靠后，按进电场相反步骤退出电场，乘坐自爬升装置下至地面	12	（1）未汇报工作结束扣1分。 （2）未向工作负责人申请退出电场扣2分。 （3）未对屏蔽服连接情况进行检查扣1分。 （4）未向工作负责人申请即进行电位转移扣2分；申请了但未得同意即开始扣1分。 （5）申请电位转移位置不合适扣1分。 （6）等电位电工退出电场动作不正确，反复放电扣2分。 （7）未有效控制控制后备保护绳扣1分			
11	工作结束	（1）工作负责人组织全体工作成员整理工器具和材料，将工器具清洁后放入专用的箱（袋）中；清理现场，做到“工完料尽场地清”。	10	（1）工器具未清理扣2分。 （2）工器具有遗漏扣2分。 （3）未开班后会扣3分。 （4）点评不到位扣1分。			

续表

序号	项目名称	质量要求	分值	扣分标准	扣分原因	扣分	得分
11	工作结束	(2) 召开班后会，工作负责人进行工作总结和点评工作。点评本次工作的施工质量；点评全体工作成员的安全措施落实情况。 (3) 工作负责人向值班调控人员汇报工作结束，申请恢复线路直流再启动，终结工作票	10	(5) 未联系调控汇报工作结束扣3分。 (6) 汇报内容每缺一项扣0.5分。(单位名称、负责人姓名、线路名称、工作完成情况、设备已恢复正常、人员已撤离)。 (7) 工作票终结填写错误扣1分			
	合计		100				

第二部分
±800kV特高压输电线路运检停电检修培训及考核标准

模块一　停电更换±800kV特高压输电线路直线塔双V型瓷质绝缘子培训及考核标准

一、培训标准

（一）培训要求（见表2-1-1）

表2-1-1　　培　训　要　求

模块名称	停电更换±800kV特高压输电线路直线塔双V型瓷质绝缘子	培训类别	操作类
培训方式	实操培训	培训学时	21学时
培训目标	1. 掌握各类工器具、机具的使用方案和受力结构，以及更换整串绝缘子技术要点。 2. 能熟练掌握停电更换更换±800kV特高压输电线路直线杆塔双V型瓷质绝缘子的操作流程、技术方法和施工作业危险点。 3. 作为主要作业人员，能熟练完成更换±800kV特高压输电线路直线杆塔双V型瓷质绝缘子的更换		
培训场地	特高压±800kV直流实训线路		
培训内容	正确使用各类受力工器具的操作方法正确安装各类工器具，采用停电作业法更换±800kV输电线路直线杆塔双V型瓷质绝缘子		
适用范围	特高压直流输电线路检修人员		

（二）引用规程规范

(1)《架空送电线路运行规程》(DL/T 741—2010)。

(2)《110～500kV架空送电线路设计技术规程》(DL/T 5092—1999)。

(3)《国家电网公司电力安全工作规程（线路部分）》(Q/GDW 1799.2—2013)。

(4)《±800kV直流架空输电线路设计规范》(GB 50790—2013)。

(5)《±800kV直流架空输电线路检修规程》(DL/T 251—2012)。

(6)《±800kV直流架空输电线路运行规程》(GB/T 28813—2012)。

(7)《架空输电线路状态检修导则》(DLT 1248—2013)。

（三）培训教学设计

本设计以完成“停电更换±800kV特高压输电线路直线塔双V型瓷质绝缘子”为工作任务，按工作任务完成的标准化作业流程来设计各个培训阶段，每个阶段包括了具体的培训目标、培训内容、培训学时、培训方法（培训资源）、培训环境和考核评价等内容，如表2-1-2所示。

表2-1-2　停电更换±800kV特高压输电线路直线塔双V型瓷质绝缘子培训内容设计

培训流程	培训目标	培训内容	培训学时	培训方法与资源	培训环境	考核评价
1. 理论教学	1. 掌握各类工器具、机具的使用方案和受力结构，以及更换瓷质绝缘子技术要点。 2. 能熟练掌握更换±800kV输电线路直线杆塔双V型瓷质绝缘子的操作流程、技术方法和施工作业危险点	1. 正确使用各类受力工器具，熟悉绞磨等机具的操作方法。 2. 正确安装各类工器具。 3. 采用停电作业法更换±800kV输电线路直线杆塔双V型瓷质绝缘子	2	培训方法：讲授法。 培训资源：PPT、相关规程规范	多媒体教室	考勤、课堂提问和作业

续表

培训流程	培训目标	培训内容	培训学时	培训方法与资源	培训环境	考核评价
2. 准备工作	能完成作业前准备工作	1. 作业现场查勘。 2. 编制培训标准化作业卡。 3. 填写培训操作工作票。 4. 完成本操作的工器具及材料准备	1	培训方法： 1. 现场查勘和工器具及材料清理采用现场实操方法。 2. 编写作业卡和填写工作票采用讲授方法。 培训资源： 1. ±800kV实训线路。 2. 特高压工器具库房。 3. 空白工作票	1. 特高压输电实训线路。 2. 多媒体教室	
3. 作业现场准备	能完成作业现场准备工作	1. 作业现场复勘。 2. 工作申请。 3. 作业现场布置。 4. 班前会。 5. 工器具及材料检查	1	培训方法：演示与角色扮演法。 培训资源：±800kV实训线路	±800kV实训线路	
4. 培训师演示	通过现场观摩，使学员初步领会本任务操作流程	1. 各类工器具使用方法讲解。 2. 演示更换瓷质绝缘子的塔上工器具连接方式。 3. 高空作业人员配合演示更换瓷质绝缘子的操作流程。 4. 利用地面人员配合更换±800kV输电线路直线杆塔双V型瓷质绝缘子	2	培训方法：演示法。 培训资源：±800kV实训线路	±800kV实训线路	
5. 学员分组训练	1. 能掌握各类受力工器具的使用方法和注意事项。 2. 掌握更换瓷质绝缘子的全部操作流程。 3. 能完成±800kV输电线路直线杆塔双V型瓷质绝缘子的更换	1. 学员分组（高空4人、地面配合7人）训练工器具、机具的操作方法和更换双V型瓷质绝缘子的现场实际操作。 2. 培训师对学员操作进行指导和安全监护	14	培训方法：角色扮演法。 培训资源：±800kV实训线路	±800kV实训线路	采用技能考核评分细则对学员操作评分
6. 工作终结	1. 使学员进一步辨析操作过程中不足之处，便于后期提升。 2. 培训学员树立安全文明生产的工作作风	1. 作业现场清理。 2. 向调度汇报工作。 3. 班后会，对本次工作任务进行点评总结	1	培训方法：讲授和归纳法	±800kV实训线路	

（四）作业流程

1. 工作任务

完成停电更换±800kV特高压输电线路直线塔双V型瓷质绝缘子。

2. 天气及作业现场要求

(1) 停电更换±800kV特高压输电线路直线塔双V型瓷质绝缘子应在良好的天气进行。

在5级及以上的大风以及暴雨、雷电、冰雹、大雾、沙尘暴等恶劣天气下，应停止露天高处作业。特殊情况下，确需在恶劣天气进行抢修时，应组织有关人员充分讨论必要的安全措施，经本单位批准后方可进行。

(2) 作业人员精神状态良好，工作班成员认真学习工作票和安全技术措施，所有人员做到“四清楚”(作业任务精楚、危险点清楚、作业程序清楚、安全措施清楚)。

(3) 作业前停送电联系人必须与调度联系履行工作许可手续，严禁约时停送电。工作负责人必须在得到许可人的许可工作命令后，方可在需检修的线路上验电、挂设接地线和进行检修工作。

(4) 停电后，工作负责人应认真做好记录。

(5) 登杆前应检查塔上是否有蜂窝，发现蜂窝严禁登塔。

(6) 塔上作业人员必须使用双保险安全带，并佩戴护目镜。

3. 准备工作

3.1 危险点及其预控措施

(1) 危险点——误登带电线路。

预控措施：

1) 登杆塔作业前，工作负责人、工作班成员应共同认真核查双重名称和识别标记（色标、判别标志等）与停电线路名称相符。

2) 登杆塔前应检查铁塔根部、基础等，必须牢固可靠。

3) 登杆塔前应检查登高工器具和设施，如安全带、脚钉、塔材等必须完整牢靠。

4) 不涉及挂设接地线的中间作业人员，应认真核实线路相序、色标、名称、编号与停电线路相符，确认线路名称无刷错、刷反等情况后，方可登杆。

(2) 危险点——登塔时、塔上作业时违反安规进行操作，可能引起高空坠落。

预控措施：

1) 攀爬过程中，为防止登杆人员串落，登杆作业人员间距不得小于1.6m。

2) 攀爬铁塔前应将脚底泥土清除干净，检查工具包完整，攀爬过程中不得掉落物件伤人。

3) 作业人员攀登杆塔时应戴好安全帽，穿软底鞋，动作不能过大，匀步攀登。

4) 攀爬过程中，安全带应收拾妥当，长尾绳放置在工具包内，主带应挂在肩上，防止攀爬过程中安全带勾挂脚钉和塔材，致使作业人员高空坠落。

5) 杆塔上移位时，不得失去安全带保护，做到踩稳抓牢。

6) 到达作业点位置，系好安全带（绳），应牢固可靠，不得低挂高用。

7) 未验电前，人体、绳索等与导线的安全距离不得小于10.1m，工作中应设专人监护。

(3) 危险点——高处坠物伤人。

预控措施：

1) 地面人员不得站在作业点垂直下方。塔上人员应防止落物伤人，使用的工具、材料应用绳索传递。

2) 在高处作业应使用工具袋，较大的工具应固定在牢固的构件上，不准随便乱放。

3) 使用绞磨起吊过程中，应设专人指挥，统一配合，瓷质绝缘子串刚离地后应进行冲击检查。

（4）危险点——防止感应电伤人。

1）为防感应电伤人，塔上作业人员应穿全套屏蔽服。

2）如需接触架空地线，在架空地线接触前应进行可靠接地。

（5）危险点——现场作业安全监护。

1）自作业开始至作业终结，安全监护人必须始终在现场对作业人员进行不间断的安全监护。

2）工作负责人，监护人必须穿安全监护背心。

（6）危险点——交通安全。

出车时应注意车辆行驶安全，谨慎驾驶车辆，禁止违法行车。

3.2 工器具及材料选择

停电更换±800kV特高压输电线路直线塔双V型瓷质绝缘子所需工器具及材料见表2-1-3。工器具出库前，应认真核对工器具的使用电压等级和试验周期，并检查确认外观良好、连接牢固、转动灵活，且符合本次工作任务的要求；工器具出库后，应防止脏污、受潮；金属工具和绝缘工器具应分开装运，防止因混装运输导致工器具变形、损伤等现象发生。

表2-1-3 停电更换±800kV特高压输电线路直线塔双V型瓷质绝缘子所需工器具及材料表

序号	名称	规格型号	单位	数量	备注
1	接地线	±800kV	组	2	绝缘工具
2	绝缘手套	10kV	副	2	绝缘工具
3	验电器	±800kV专用	支	2	绝缘工具
4	全身式安全带	含带缓冲包长20M的后保绳	套	3	个人防护用具
5	绞磨	5t	台	2	机械工具
6	六勾卡	适用于六分裂导线	套	2	金属工具
7	卸扣	10t	个	20	金属工具
8	手扳葫芦	6t	副	2	金属工具
9	手扳葫芦	12t	副	2	金属工具
10	个人手动工具		套	4	金属工具
11	个人保安线	（直径不小于16mm^2）	根	1	其他工具
12	钢丝套	ϕ22	根	6	其他工具
13	磨绳	ϕ6	m	2圈，每圈200m	其他工具
14	对讲机		台	5	其他工具
15	吊绳滑车	1t	个	2	其他工具
16	传递绳	ϕ16	套	3	其他工具
17	拔销器		把	2	其他工具
18	安全背心		件	2	其他工具
19	安全围栏		卷	4	其他工具
20	垫木		块	若干	其他工具
21	防潮布		张	1	其他工具
22	瓷质绝缘子		串	1	材料

3.3 作业人员分工

本任务作业人员分工如表 2-1-4 所示。

表 2-1-4 停电更换±800kV 特高压输电线路直线塔双 V 型瓷质绝缘子人员分工表

序号	工作岗位	数量（人）	工作职责
1	工作负责人	1	负责本次工作任务的人员分工、工作前的现场查勘、作业方案的制定、工作票的填写、现场复勘、办理工作许可手续、召开工作班前会、落实现场安全措施、负责作业过程中的安全监督、工作中突发情况的处理、工作质量的监督、工作后的总结
2	安全监护人	2	负责本次工作过程中的安全监护工作
3	高空作业人员	4	负责本次停电更换±800kV 双 V 型瓷质绝缘子操作
4	地面辅助人员	7	负责本次作业过程的地面辅助工作，包括 2 名绞磨操作人员

4. 工作程序

本任务工作流程如表 2-1-5 所示。

表 2-1-5 停电更换±800kV 特高压输电线路直线塔双 V 型瓷质绝缘子工作流程表

序号	作业内容	作业标准	安全注意事项	责任人
1	现场复勘	工作负责人负责完成以下工作： （1）现场核对线路名称无误；基础及铁塔完好无异常；交叉跨越距离符合安全要求；确认缺陷情况及导地线规格型号等。 （2）检查地形环境符合作业要求。 （3）检查工作票所列安全措施与现场实际情况相符，必要时予以补充	（1）正确穿戴安全帽、工作服、工作鞋、劳保手套。 （2）不得在危及作业人员安全的气象条件下作业。 （3）严禁非工作人员、车辆进入作业现场	
2	工作许可	作业前停送电联系人必须与调度联系履行工作许可手续	（1）不得未经工作许可人许可即开始工作。 （2）严禁约时停送电	
3	现场布置	正确装设安全围栏并悬挂标示牌： （1）安全围栏范围应充分考虑高处坠物，以及对道路交通的影响。 （2）安全围栏出入口设置合理。 （3）妥当布置“从此进出”“在此工作”“车辆慢行”或“车辆绕行”等标示	对道路交通安全影响不可控时，应及时联系交通管理部门强化现场交通安全管控	
4	召开班前会	（1）全体工作成员列队。 （2）工作负责人宣读工作票，明确工作任务及人员分工；讲解工作中的安全措施和技术措施；查（问）全体工作成员精神状态；告知工作中存在的危险点及采取的预控措施。 （3）全体工作成员在工作票上签名确认	（1）工作票填写、签发和许可手续规范，签名完整。 （2）全体工作成员精神状态良好。 （3）全体工作成员明确任务分工、安全措施和技术措施	
5	检查工器具	（1）在防潮布上，将工器具按作业要求准备齐备，并分类定置摆放整齐。检查工器具外观和试验合格证，无遗漏。 （2）检查人员向工作负责人汇报各项检查结果符合作业要求	（1）防潮布数量足够，设置位置合理，保持清洁、干燥。 （2）工器具外观检查合格，无损伤、受潮、变形、失灵现象，合格证在有效期内	

续表

序号	作业内容	作业标准	安全注意事项	责任人
6	登杆塔	（1）登杆塔作业前，必须先核对线路名称及编号。对同塔多回线路，工作负责人、工作班成员应共同认真核查双重名称和识别标记（色标、判别标志等）。 （2）登杆塔前应检查铁塔根部、基础等，必须牢固可靠。 （3）攀爬过程，为防止登杆人员串落，登杆作业人员间距不得小于1.6m，安全带收拾妥当，后保绳放置在工具包内，主带应挂在肩上，防止攀爬过程中安全带勾攀脚钉和塔材，致使作业人员高空坠落。 （4）登杆塔至横担处时，监护人和作业人员应再次核对停电线路的识别标记和双重名称，确实无误后方可进入作业点位	（1）作业人员攀登杆塔时应戴好安全帽，穿软底鞋，动作不能过大，匀步攀登。 （2）攀爬过程中，安全带应收拾妥当，长尾绳放置在工具包内，主带应挂在肩上，防止攀爬过程中安全带勾挂脚钉和塔材，致使作业人员高空坠落。 （3）杆塔上移位时，不得失去安全带保护，做到踩稳抓牢。 （4）到达作业点位置，系好安全带（绳），应牢固可靠，不得低挂高用。 （5）未验电前，人体、无头绳等与导线的安全距离必须不小于10.1m，工作中应设专人监护	
7	验电、装设接地线	（1）验电杆就位后，将安全带系在牢固可靠构件或电杆上，必须检查扣环是否正确就位。验电器等工器具必须使用传递绳传递。 （2）检查接地线完好，按程序（先接接地端，后接导线端）装设好接地线。 （3）装设接地线时，必须使用绝缘绳或绝缘手柄进行操作，禁止直接用手操作接地线的金属部分的方式装设接地线。确认接地线的夹头与导线连接紧密可靠	（1）验电器在领用时和使用前应检查是否正常。 （2）禁止以缠绕导线的方式装设接地线	
8	更换双V型瓷质绝缘子	（1）高空作业人员到达作业点位后，2名高空人员利用通过瓷质绝缘子进入导线，塔上作业人员利用传递绳将两套六勾卡与两把12t手板葫芦传递至塔上，并固定在垂直于线路方向的瓷质绝缘子及金具两侧后，架设牢固，并保留足够的人员操作空间。 （2）确认所有连接部位已固定后，将1把12t手扳葫芦和绝缘子后备保护绳在绝缘子两端装设完毕，2名高空人员同时收紧两把12t手扳葫芦，待12t手板葫芦完全承受瓷质绝缘子串的拉力后，应再次检查横担有无变形，连接部位有无异常，确认一切正常后，使用传递绳将磨绳传递瓷质绝缘子接地端并绑扎牢固后，再利用两把6t手扳葫芦收紧导线端绝缘子，并将磨绳在瓷质绝缘子导线端绑扎牢固，导线端高空人员取下瓷质绝缘子与导线端的连接金具的连接部分，地面人员绞磨收紧接地端磨绳，铁塔端高空人员配合取下瓷质绝缘子铁塔端连接金具的连接部分。 （3）待瓷质绝缘子的连接部分均已取下后，方可利用两台绞磨同时缓慢将瓷质绝缘子下放，地面人员取下瓷质绝缘子，更换完好瓷质绝缘子，并将瓷质绝缘子绑扎牢固到位后，方可传递至塔上作业人员处。 （4）将瓷质绝缘子拉至作业点位后，塔上作业人员应先连接导线端连接金具的连接部分，并确保销子到位后方可继续进行连接瓷质绝缘子接地端的连接工作。 （5）安装好瓷质绝缘子后，应检查连接金具是否安装到位、销子是否安装到位，并进行冲击试验，确认安装正确，连接可靠后方可松出绝缘子后备保护绳再缓慢放松2把12t手扳葫芦	（1）使用手扳葫芦、六勾卡更换绝缘子串过程中，在手扳葫芦开始承受导线荷载后，必须检查手扳葫芦、钢丝绳套（吊装带）、卸扣的连接和受力情况，并做冲击试验，确认完全可靠后方可继续收紧手扳葫芦。 （2）在使用手扳葫芦过程中，应防止与瓷质绝缘子碰撞，避免损伤瓷质绝缘子。 （3）在使用绞磨吊放瓷质绝缘子串时，地面工作人员和塔上的工作人员必须密切配合，防止磨绳缠绕，绝缘子串碰撞损伤导线。吊放绝缘子串时，地面人员不得站在垂直下方	

续表

序号	作业内容	作业标准	安全注意事项	责任人
9	拆除工器具	拆除六勾卡、手扳葫芦、钢丝套等工器具	上下传递工具过程中不得碰撞，绑扎绳应正确可靠，防止高处坠物	
10	工作结束	(1) 工作负责人组织全体工作成员整理工器具和材料，清理现场，做到“工完料尽场地清”。 (2) 召开班后会，工作负责人进行工作总结和点评工作。点评本次工作的施工质量；点评全体工作成员的安全措施落实情况。 (3) 工作负责人向工作许可人汇报工作结束，恢复停电线路送电，终结工作票		

二、考核标准（见表 2-1-6）

表 2-1-6　特高压直流输电线路运检技能考核评分细则

<table>
<tr><td>考生填写栏</td><td colspan="7">编号：　姓　名：　所在岗位：　单　位：　日　期：　年　月　日</td></tr>
<tr><td>考评员填写栏</td><td colspan="7">成绩：　考评员：　考评组长：　开始时间：　结束时间：　操作时长：</td></tr>
<tr><td>考核模块</td><td colspan="2">停电更换±800kV 特高压输电线路直线塔双 V 型瓷质绝缘子</td><td>考核对象</td><td>特高压直流输电线路检修人员</td><td>考核方式</td><td>操作</td><td>考核时限　150min</td></tr>
<tr><td>任务描述</td><td colspan="7">停电更换±800kV 直流输电线路级Ⅳ型瓷质绝缘子</td></tr>
<tr><td>工作规范及要求</td><td colspan="7">1. 给定条件：±800kV 实训线路 C 相 V 型瓷质绝缘子损坏，需要更换。线路已经停电、验电、挂接地线，所使用绝缘子已经过测试，工作票已办理，安全措施已经完备。
2. 整个过程主要操作流程由工作负责人 1 名、专责监护人 2 人、塔上高空人员 4 人配合完成，地面辅助工 7 人，协助参考人员完成工器具、材料的上、下传递工作以及其他非技术性工作。
3. 操作前参考人员应做必要的安全检查。
4. 工作开始应口头提出申请，工作结束时应口头汇报</td></tr>
<tr><td>考核情景准备</td><td colspan="7">1. 工器具：六勾卡 2 套、个人保安线 1 根、ϕ22 钢丝套 6 根、10T 卸扣 20 个、12T 手扳葫芦 2 把、6t 手扳葫芦 1 把、传递绳 3 根、1T 滑车 2 个、绳套 2 根、对讲机 5 个、双保险安全带 4 套、防潮布 1 张。
2. 材料：同型号瓷质绝缘子一串。
3. 在培训线路上操作</td></tr>
<tr><td>备注</td><td colspan="7">1. 个人工器具由参考人员自备。
2. 各项目得分均扣完为止</td></tr>
<tr><td>序号</td><td>项目名称</td><td>质量要求</td><td>分值</td><td>扣分标准</td><td>扣分原因</td><td>扣分</td><td>得分</td></tr>
<tr><td>1</td><td>工具材料准备</td><td></td><td></td><td></td><td></td><td></td><td></td></tr>
<tr><td>1.1</td><td>个人工具检查</td><td>活动扳手、平口钳、拔销钳、工具包符合质量要求</td><td>2</td><td>错漏 1 项扣 1 分</td><td></td><td></td><td></td></tr>
<tr><td>1.2</td><td>受力工具检查</td><td>六勾卡、手扳葫芦、钢丝绳检查，在试验合格期内</td><td>3</td><td>错漏 1 项扣 1 分</td><td></td><td></td><td></td></tr>
</table>

续表

序号	项目名称	质量要求	分值	扣分标准	扣分原因	扣分	得分
1.3	安全工器具检查	双保险安全带、个人保安线、绝缘手套符合质量要求，并在试验合格周期内	3	错漏1项扣1分			
1.4	材料检查	核对瓷质绝缘子串型号，外观检查符合要求	2	错漏1项扣1分			
2	场地布置						
2.1	场地围栏	场地围栏布置	2	未布置扣2分			
3	登塔及横担上的操作						
3.1	登塔	（1）检查杆塔基础无异常。 （2）正确携带传递绳（吊绳头折双、打死结、斜挎肩上）。 （3）沿脚钉侧主材正确登塔	6	（1）未检查1项扣1分。 （2）未携带传递绳扣2分，传递绳携带方式不规范扣1分。 （3）手抓脚钉1次扣1分。 （4）未沿脚钉侧主材登塔扣2分			
3.2	进入横担上工作点	由塔身到横担上工作点不得失去安全带保护	3	未正确使用安全带扣3分			
3.3	安装滑车、个人保安线	传递滑车安装位置正确，方便操作，并加挂个人保安线	3	滑车安装不规范扣1分；个人保安线漏挂扣2分			
4	绝缘子串上操作						
4.1	进入工作点	（1）将双保险安全带的安全绳系在横担适当位置。 （2）沿绝缘子串进入作业点，将围杆带系在绝缘子串上。 （3）检查绝缘子串锁紧销，连接金具	6	（1）未使用双保险安全带扣4分。 （2）未正确使用双保险安全带一次扣2分。 （3）未检查扣2分			
4.2	安装工器具	（1）正确安装钢丝绳套、6t手扳葫芦、12t手板葫芦。 （2）正确安装六勾卡。 （3）钢丝绳套、卸扣型号选用正确、安装可靠。 （4）安装的手扳葫芦、个人保安线不影响人员操作	9	（1）未对塔材采取保护1处扣1分。 （2）手扳葫芦、六勾卡安装不对1处扣1分。 （3）手扳葫芦受力后有碰撞、缠绕，1处扣1分。 （4）钢丝绳套、卸扣型号选用不正确一处扣1分。 （5）手扳葫芦漏1套扣4分			
4.3	收紧瓷质绝缘子串	（1）同时收紧2把12t手扳葫芦，确保手扳葫芦受力均衡。 （2）手扳葫芦串受力后，检查滑车、卸扣、钢丝绳等连接部位，确认连接可靠，并对绝缘子串做冲击。 （3）确认受力无误后继续收紧手扳葫芦，直至瓷质绝缘子串松弛	6	（1）碰响绝缘子一次扣1分。 （2）未冲击试验扣3分。 （3）使用手扳葫芦不正确扣2分			

续表

序号	项目名称	质量要求	分值	扣分标准	扣分原因	扣分	得分
4.4	更换直线杆塔双V型瓷质绝缘子	(1) 将传递绳绑扎在瓷质绝缘子的合适位置，高空人员先把两把6t手扳葫芦再取脱瓷质绝缘子导线端，并将导线端磨绳在瓷质绝缘子导线端绑扎牢固，地面绞磨操作人员收紧接地端磨绳后再取脱瓷质绝缘子接地端。 (2) 两名地面绞磨操作人员同时操作将瓷质绝缘子缓慢传送至地面。 (3) 将新瓷质绝缘子通过磨绳传递到杆塔上，塔上作业先连接导线端，并将销子安装到位。 (4) 继续安装瓷质绝缘子接地端，安装金具R销子，并检查是否安装到位。 (5) 确认连接无误后，缓慢松出手扳葫芦，使瓷质绝缘子受力，并做冲击试验	16	(1) 未冲击试验扣2分。 (2) 绳索缠绕扣2分。 (3) 传递物有撞击现象每次扣2分。 (4) 掉落物件扣5分。 (5) 未装锁紧销每个扣1分。 (6) 拆装导线端和铁塔端顺序错误扣4分			
4.5	撤除工器具	(1) 检查锁紧销、球头是否齐全到位，碗口朝向正确，清洁绝缘子串表面污垢。 (2) 拆除手扳葫芦、六勾卡及钢丝绳套，传递至地面	7	(1) 绳索缠绕扣2分。 (2) 传递物有撞击现象每次扣2分。 (3) 锁紧销位置不正确扣1分。 (4) 碗口朝向不正确扣1分。 (5) 未清洁绝缘子串扣1分			
4.6	清理杆塔上工器具	确认无遗留物	4	有遗留物扣4分			
4.7	从导线到塔身	(1) 沿瓷质绝缘子到进入到铁塔横担。 (2) 攀爬软梯过程中不得失去安全带保护	8	(1) 失去安全带保护扣4分。 (2) 未正确使用软梯扣4分			
5	下塔	(1) 必须沿脚钉侧主材正确下塔。 (2) 正确携带传递绳（吊绳头折双、打死结，斜挎肩上）	8	(1) 未携带传递绳扣4分，传递绳携带方式不规范扣2分。 (2) 手抓脚钉1次扣1分。 (3) 未沿脚钉侧主材登塔扣4分			
6	其他要求						
6.1	塔上作业	(1) 严禁高处坠物。 (2) 在操作过程中应双手协调配合操作。 (3) 严禁浮置物品。 (4) 严禁口中含物	5	(1) 高处坠物一件扣5分。 (2) 动作不协调扣2分。 (3) 浮置物品扣2分。 (4) 口中含物扣2分			
6.2	着装	工作服、工作胶鞋、安全帽、劳保手套穿戴正确	2	漏一项扣2分			

续表

序号	项目名称	质量要求	分值	扣分标准	扣分原因	扣分	得分
6.3	清理现场	完工后清理作业现场，符合文明生产要求	2	未清理作业现场扣2分			
6.4	完成时间	在规定时间内按要求完成	3	超过时间10min扣1分，达到480min即终止操作，只记完成部分得分			
	合计		100				

模块二　停电更换±800kV特高压输电线路耐张整串绝缘子培训及考核标准

一、培训标准

（一）培训要求（见表 2-2-1）

表 2-2-1　　培　训　要　求

模块名称	停电更换±800kV 特高压输电线路耐张整串绝缘子	培训类别	操作类
培训方式	实操培训	培训学时	32 学时
培训目标	1. 掌握各类工器具、机具的使用方案和受力结构，以及更换整串绝缘子技术要点。 2. 能熟练掌握停电更换±800kV 特高压输电线路耐张整串绝缘子的操作流程、技术方法和施工作业危险点。 3. 作为高空主要作业人员，能熟练完成±800kV 特高压输电线路耐张整串绝缘子的更换		
培训场地	特高压直流实训线路		
培训内容	正确使用各类受力工器具，熟练绞磨等机具的操作方法，采用“滑轮组”作业方式，正确安装各类工器具，采用停电作业法更换±800kV 特高压输电线路耐张整串绝缘子		
适用范围	特高压直流输电线路检修人员		

（二）引用规程规范

（1）《架空送电线路运行规程》（DL/T 741—2010）。

（2）《110～500kV 架空送电线路设计技术规程》（DL/T 5092—1999）。

（3）《国家电网公司电力安全工作规程（线路部分）》（Q/GDW 1799.2—2013）。

（4）《±800kV 直流架空输电线路设计规范》（GB 50790—2013）。

（5）《±800kV 直流架空输电线路检修规程》（DL/T 251—2012）。

（6）《±800kV 直流架空输电线路运行规程》（GB/T 28813—2012）。

（7）《架空输电线路状态检修导则》（DL/T 1248—2013）。

（三）培训教学设计

本设计以完成“停电更换±800kV 特高压输电线路耐张整串绝缘子”为工作任务，按工作任务完成的标准化作业流程来设计各个培训阶段，每个阶段包括了具体的培训目标、培训内容、培训学时、培训方法（培训资源）、培训环境和考核评价等内容，如表 2-2-2 所示。

表 2-2-2　　停电更换±800kV 特高压输电线路耐张整串绝缘子培训内容设计

培训流程	培训目标	培训内容	培训学时	培训方法与资源	培训环境	考核评价
1. 理论教学	1. 掌握各类工器具、机具的使用方案和受力结构，以及更换整串绝缘子技术要点。 2. 能熟练掌握更换±800kV 输电线路耐张整串绝缘子的操作流程、技术方法和施工作业危险点	1. 正确使用各类受力工器具，熟悉绞磨等机具的操作方法。 2. 采用“滑轮组”作业方式正确安装各类工器具。 3. 正确利用绞磨配合避开跳线串传递绝缘子。 4. 采用停电作业法更换±800kV 输电线路耐张整串绝缘子	2	培训方法：讲授法。 培训资源：PPT、相关规程规范、技术标准	多媒体教室	考勤、课堂提问和作业

续表

培训流程	培训目标	培训内容	培训学时	培训方法与资源	培训环境	考核评价
2. 准备工作	能完成作业前准备工作	1. 作业现场查勘。 2. 编制培训标准化作业卡。 3. 填写培训操作工作票。 4. 完成本操作的工器具及材料准备	1	培训方法： 1. 现场查勘和工器具及材料清理采用现场实操方法。 2. 编写作业卡和填写工作票采用讲授方法。 培训资源： 1. ±800kV 实训线路。 2. 特高压工器具库房。 3. 空白工作票	1. 特高压输电实训线路。 2. 多媒体教室	
3. 作业现场准备	能完成作业现场准备工作	1. 作业现场复勘。 2. 工作申请。 3. 作业现场布置。 4. 班前会。 5. 工器具及材料检查	3	培训方法：演示与角色扮演法。 培训资源： ±800kV 实训线路	±800kV 实训线路	
4. 培训师演示	通过现场观摩，使学员初步领会本任务操作流程	1. 各类工器具使用方法讲解。 2. 演示更换整串绝缘子的塔上工器具连接方式。 3. 高空作业人员配合演示更换整串绝缘子的操作流程。 4. 利用绞磨配合更换±800kV 线路耐张整串绝缘子	7	培训方法：演示法。 培训资源： ±800kV 实训线路	±800kV 实训线路	
5. 学员分组训练	1. 能掌握各类受力工器具、绞磨机具的使用方法和注意事项。 2. 掌握更换整串绝缘子的全部操作流程。 3. 能协助负责完成±800kV 输电线路耐张整串绝缘子的更换	1. 学员分组（高空 6 人、地面配合 9 人一组）训练工器具、机具的操作方法和更换整串绝缘子的现场实际操作。 2. 培训师对学员操作进行指导和安全监护	14	培训方法：角色扮演法。 培训资源： ±800kV 实训线路	±800kV 实训线路	采用技能考核评分细则对学员操作评分
6. 工作终结	1. 使学员进一步辨析操作过程中不足之处，便于后期提升。 2. 培训学员树立安全文明生产的工作作风	1. 作业现场清理。 2. 向调度汇报工作。 3. 班后会，对本次工作任务进行点评总结	1	培训方法：讲授和归纳法	±800kV 实训线路	

（四）作业流程

1. 工作任务

完成停电更换±800kV 特高压输电线路耐张整串绝缘子。

2. 天气及作业现场要求

（1）停电更换±800kV 特高压输电线路耐张整串绝缘子应在良好的天气进行。

在5级及以上的大风以及暴雨、雷电、冰雹、大雾、沙尘暴等恶劣天气下，应停止露天高处作业。特殊情况下，确需在恶劣天气进行抢修时，应组织有关人员充分讨论必要的安全措施，经本单位批准后方可进行。

(2) 作业人员精神状态良好，工作班成员认真学习工作票和安全技术措施，所有人员做到“四清楚”(作业任务精楚、危险点清楚、作业程序清楚、安全措施清楚)。

(3) 作业前停送电联系人必须与调度联系履行工作许可手续，严禁约时停送电。工作负责人必须在得到许可人的许可工作命令后，方可在需检修的线路上验电、挂设接地线和进行检修工作。

(4) 停电后，工作负责人应认真做好记录。

(5) 登杆前应检查塔上是否有蜂窝，发现蜂窝严禁登塔。

(6) 塔上作业人员必须使用双保险安全带，并佩戴护目镜。

3. 准备工作

3.1 危险点及其预控措施

(1) 危险点——误登带电线路。

预控措施：

1) 登杆塔作业前，工作负责人、工作班成员应共同认真核查双重名称和识别标记(色标、判别标志等)与停电线路名称相符。

2) 登杆塔前应检查铁塔根部、基础等，必须牢固可靠。

3) 登杆塔前应检查登高工器具和设施，如安全带、脚钉、塔材等必须完整牢靠。

4) 不涉及挂设接地线的中间作业人员，应认真核实线路相序、色标、名称、编号与停电线路相符，确认线路名称无刷错、刷反等情况后，方可登杆。

(2) 危险点——登塔时、塔上作业时违反安规进行操作，可能引起高空坠落。

预控措施：

1) 攀爬过程中，为防止登杆人员串落，登杆作业人员间距不得小于1.6m。

2) 攀爬铁塔前应将脚底泥土清除干净，检查工具包完整，攀爬过程中不得掉落物件伤人。

3) 作业人员攀登杆塔时应戴好安全帽，穿软底鞋，动作不能过大，匀步攀登。

4) 攀爬过程中，安全带应收拾妥当，长尾绳放置在工具包内，主带应挂在肩上，防止攀爬过程中安全带勾挂脚钉和塔材，致使作业人员高空坠落。

5) 杆塔上移位时，不得失去安全带保护，做到踩稳抓牢。

6) 到达作业点位置，系好安全带(绳)，应牢固可靠，不得低挂高用。

7) 未验电前，人体、无头绳等与导线的安全距离不得小于10.1m，工作中应设专人监护。

(3) 危险点——高处坠物伤人。

预控措施：

1) 地面人员不得站在作业点垂直下方。塔上人员应防止落物伤人，使用的工具、材料应用绳索传递。

2) 在高处作业应使用工具袋，较大的工具应固定在牢固的构件上，不准随便乱放。

3) 使用绞磨起吊过程中，应设专人指挥，统一配合，绝缘子串刚离地后应进行冲击检查。

(4) 危险点——防止感应电伤人。

1) 为防感应电伤人，塔上作业人员应穿全套屏蔽服。

2) 如需接触架空地线，在架空地线接触前应进行可靠接地。

（5）危险点——现场作业安全监护。

1）自作业开始至作业终结，安全监护人必须始终在现场对作业人员进行不间断的安全监护。

2）工作负责人，监护人必须穿安全监护背心。

（6）危险点——交通安全。

出车时应注意车辆行驶安全，谨慎驾驶车辆，禁止违法行车。

3.2 工器具及材料选择

停电更换±800kV特高压输电线路耐张整串绝缘子所需工器具及材料见表2-2-3。工器具出库前，应认真核对工器具的使用电压等级和试验周期，并检查确认外观良好、连接牢固、转动灵活，且符合本次工作任务的要求；工器具出库后，应防止脏污、受潮；金属工具和绝缘工器具应分开装运，防止因混装运输导致工器具变形、损伤等现象发生。

表2-2-3 停电更换±800kV特高压输电线路耐张整串绝缘子所需工器具及材料表

序号	名称	规格型号	单位	数量	备注
1	接地线	±800kV专用	组	2	绝缘工具
2	绝缘手套	10kV	副	2	绝缘工具
3	验电器	±800kV专用	支	2	其他工具
4	全身式安全带	含带缓冲包长24m的后保绳	套	8	个人防护用具
5	个人保安线	（直径不小于16mm^2）	根	2	其他工具
6	钢丝套	ϕ24	根	20	其他工具
7	铁滑车	15t	个	12	金属工具
8	卸扣	18t	个	12	金属工具
9	铁滑车	5t	个	8	金属工具
10	钢丝绳	ϕ24	m	150	其他工具
11	磨绳	ϕ17.5	m	600	其他工具
12	绞磨	5t	台	3	机动工具
13	手扳葫芦	9t	副	2	金属工具
14	手扳葫芦	6t	副	2	金属工具
15	个人手动工具		套	8	其他工具
16	对讲机		台	10	其他工具
17	吊绳滑车	1t	个	2	金属工具
18	传递绳	ϕ16	套	2	其他工具
19	拔销器		把	3	金属工具
20	安全背心		件	3	其他工具
21	护目镜		副	6	其他工具
22	安全围栏		卷	5	其他工具
23	垫木		块	若干	其他工具
24	防潮布		张	1	其他工具
25	钢钎		根	2	其他工具
26	铁锤		把	2	其他工具
27	玻璃绝缘子	U550BP/240t	片	81	材料

3.3 作业人员分工

本任务作业人员分工如表2-2-4所示。

表 2-2-4　　停电更换±800kV 特高压输电线路耐张整串绝缘子人员分工表

序号	工作岗位	数量（人）	工作职责
1	工作负责人	1	负责本次工作任务的人员分工、工作前的现场查勘、作业方案的制定、工作票的填写、现场复勘、办理工作许可手续、召开工作班前会、落实现场安全措施、负责作业过程中的安全监督、工作中突发情况的处理、工作质量的监督、工作后的总结
2	安全监护人	2	负责本次工作过程中的安全监护工作
3	高空作业人员	6	负责本次停电更换±800kV 耐张整串绝缘子操作
4	地面辅助人员	5	负责本次作业过程的地面辅助工作
5	绞磨操作人员	2	负责本次作业过程的绞磨操作工作
6	信号指挥人员	2	负责 2 台绞磨启停的指挥工作

4. 工作程序

本任务工作流程如表 2-2-5 所示。

表 2-2-5　　停电更换±800kV 特高压输电线路耐张整串绝缘子工作流程表

序号	作业内容	作业标准	安全注意事项	责任人
1	工作许可	作业前停送电联系人必须与调度联系履行工作许可手续	（1）不得未经工作许可人许可即开始工作。 （2）严禁约时停送电	
2	现场布置	正确装设安全围栏并悬挂标示牌： （1）安全围栏范围应充分考虑高处坠物，以及对道路交通的影响。 （2）安全围栏出入口设置合理。 （3）妥当布置“从此进出”“在此工作”“车辆慢行”或“车辆绕行”等标示	对道路交通安全影响不可控时，应及时联系交通管理部门强化现场交通安全管控	
3	召开班前会	（1）全体工作成员列队。 （2）工作负责人宣读工作票，明确工作任务及人员分工；讲解工作中的安全措施和技术措施；查（问）全体工作成员精神状态；告知工作中存在的危险点及采取的预控措施。 （3）全体工作成员在工作票上签名确认	（1）工作票填写、签发和许可手续规范，签名完整。 （2）全体工作成员精神状态良好。 （3）全体工作成员明确任务分工、安全措施和技术措施	
4	检查工器具	（1）在防潮布上，将工器具按作业要求准备齐备，并分类定置摆放整齐。检查工器具外观和试验合格证，无遗漏。 （2）检查人员向工作负责人汇报各项检查结果符合作业要求	（1）防潮布数量足够，设置位置合理，保持清洁、干燥。 （2）工器具外观检查合格，无损伤、受潮、变形、失灵现象，合格证在有效期内	
5	登杆塔	（1）登杆塔作业前，必须先核对线路名称及编号。对同塔多回线路，工作负责人、工作班成员应共同认真核查双重名称和识别标记（色标、判别标志等）。 （2）登杆塔前应检查铁塔根部、基础等，必须牢固可靠。 （3）攀爬过程，为防止登杆人员串落，登杆作业人员间距不得小于 1.6m，安全带收拾妥当，长尾绳放置在工具包内，主带应挂在肩上，防止攀爬过程中安全带勾攀脚钉和塔材，致使作业人员高空坠落。 （4）登杆塔至横担处时，监护人和作业人员应再次核对停电线路的识别标记和双重名称，确实无误后方可进入停电线路侧的横担	（1）作业人员攀登杆塔时应戴好安全帽，穿软底鞋，动作不能过大，匀步攀登。 （2）攀爬过程中，安全带应收拾妥当，长尾绳放置在工具包内，主带应挂在肩上，防止攀爬过程中安全带勾挂脚钉和塔材，致使作业人员高空坠落。 （3）杆塔上移位时，不得失去安全带保护，做到踩稳抓牢。 （4）到达作业点位置，系好安全带（绳），应牢固可靠，不得低挂高用。 （5）未验电前，人体、无头绳等与导线的安全距离必须不小于 10.1m，工作中应设专人监护	

续表

序号	作业内容	作业标准	安全注意事项	责任人
6	验电、装设接地线	（1）杆就位后，将安全带系在牢固可靠构件或电杆上，必须检查扣环是否正确就位。验电杆（笔）等工器具必须使用绳索传递。 （2）查接地线完好，按程序（先接接地端，后接导线端）装设好接地线。 （3）设接地线时，必须使用绝缘绳或绝缘手柄进行操作，禁止直接用手操作接地线的金属部分来装接地线。确认接地线的夹头与导线连接紧密可靠	（1）验电杆在领用时和使用前应检查是否正常。 （2）禁止以缠绕导线的方式装设接地线	
7	更换耐张整串绝缘子	（1）高空作业人员到达作业点位后，3名高空人员在横担端的2串耐张绝缘子之间的牢固塔材上安装3个15t的铁滑车，3名高空人员在对应的带电侧联板上安装3个15t的铁滑车，将钢丝套与手扳葫芦勾卡固定于横担侧的3个铁滑车的一边，再将手板葫芦链条连接的钢丝绳依次穿入两边的6个滑车中，构成一套滑轮组，并保留足够的人员操作空间，确认手扳葫芦与滑轮组连接部位已连接牢固后，再收紧9t手扳葫芦，当9t手板葫芦已完全承受绝缘子串的拉力后，应再次检查横担有无变形，连接部位有无异常，确认一切正常。 （2）3名高空人员将1号绞磨上的磨绳穿过设置于横担上5t滑轮后，再将其固定于绝缘子串的横担端的第三片处，固定稳固后，再将2号绞磨上的磨绳依次穿过设置于横担端与带电端连接金具上的2个5t滑轮后，再将2号绞磨的磨绳固定于带电端的第3片绝缘子处，待所有连接部位都已连接稳固后，方可开动绞磨。 （3）地面绞磨操作人员开动2号绞磨，应先将绝缘子串带电端拉紧后，待高空人员取下带电端绝缘子串的连接部分后，再缓慢将带电端的绝缘子串向下松出，待绝缘子串垂直于地面后，再开动1号绞磨，将绝缘子串拉紧提起一端后，高空人员取下横担端绝缘子串的连接部分，然后两端同时缓慢松出，松至地面，在传递至地面过程中应使用绞磨配合控制绝缘子串，防止与跳线串相互碰撞，放下绝缘子串后，地面人员配合取下绝缘子。 （4）待地面人员取下绝缘子，更换完好绝缘子，先开动1号绞磨，再开动2号，安装顺序与拆除顺序相反，先将横担端安装完毕后，再紧固带电端。 （5）绝缘子到位后，塔山作业人员应先连接铁塔端连接金具，并确保销子到位后方可继续进行金具与铁塔、导线的连接工作。 （6）安装好绝缘子串后，应检查连接金具是否安装到位、销子是否安装到位，并进行冲击试验，确认安装正确，连接可靠后方可缓慢松出9t手扳葫芦	（1）使用手扳葫芦卡更换绝缘子串过程中，在手扳葫芦开始承受导线荷载后，必须检查手扳葫芦、钢丝绳套（吊装带）、卸扣的连接和受力情况，并做冲击试验，确认完全可靠后方可继续收紧手扳葫芦。 （2）在使用手扳葫芦时，应防止与绝缘子碰撞，避免损伤绝缘子。 （3）在使用传递绳吊放整串绝缘子串时，地面工作人员和塔上的工作人员必须密切配合，防止起吊绳缠绕，绝缘子串碰撞损伤导线。吊放绝缘子串时，地面人员不得站在垂直下方。 （4）绞磨起吊整串绝缘子时，应有专人指挥，2台绞磨应密切配合，绝缘子串一起地，应再次检查绝缘子串是否绑扎牢固，并做冲击试验，确认无误后方可继续起吊	
8	拆除工器具	依序拆除磨绳、手扳葫芦、钢丝套、滑车等工器具		
9	工作结束	（1）工作负责人组织全体工作成员整理工器具和材料，清理现场，做到“工完料尽场地清”。 （2）召开班后会，工作负责人进行工作总结和点评工作。点评本次工作的施工质量；点评全体工作成员的安全措施落实情况。 （3）工作负责人向工作许可人汇报工作结束，恢复停电线路送电，终结工作票		

二、考核标准（见表 2-2-6）

表 2-2-6　　特高压直流输电线路运检技能考核评分细则

<table>
<tr><td>考生填写栏</td><td colspan="8">编号：　姓　名：　所在岗位：　单　位：　日　期：　年　月　日</td></tr>
<tr><td>考评员填写栏</td><td colspan="8">成绩：　考评员：　考评组长：　开始时间：　结束时间：　操作时长：</td></tr>
<tr><td>考核模块</td><td colspan="2">停电更换±800kV 特高压线路耐张整串绝缘子</td><td>考核对象</td><td>特高压直流输电线路检修人员</td><td>考核方式</td><td>操作</td><td>考核时限</td><td>360min</td></tr>
<tr><td>任务描述</td><td colspan="8">更换±800kV 特高压输电线路 C 相右串整串玻璃绝缘子</td></tr>
<tr><td>工作规范及要求</td><td colspan="8">1. 给定条件：±800kV 直流实训线路 C 相右串整串玻璃绝缘子老化，需要更换。线路已经停电、验电、挂接地线，所使用绝缘子已经过测试，工作票已办理，安全措施已经完备。
2. 整个过程主要操作流程由工作负责人 1 名、专责监护人 1 人、塔上电工 6 人配合完成，地面辅助工 7 人，绞磨操作人员 2 人，协助参考人员完成工器具、材料的上、下传递工作，以及其他非技术性工作。
3. 操作前参考人员应做必要的安全检查。
4. 更换整串绝缘子时采用的工具应满足受力要求。
5. 工作开始应口头提出申请，工作结束时应口头汇报</td></tr>
<tr><td>考核情景准备</td><td colspan="8">1. 工器具：ϕ24 钢丝套 150m、15t 铁滑车 12 个、5t 铁滑车 8 个、18t 卸扣 12 个、ϕ24 钢丝绳 150m、ϕ16 磨绳一捆、9t 手扳葫芦 2 把、6t 手扳葫芦 2 把、5t 绞磨 2 台、吊绳滑车 2 套、绳套 2 根、对讲机若干、双保险安全带 6 套。
2. 材料：同型号玻璃绝缘子一串。
3. 在培训线路上操作</td></tr>
<tr><td>备注</td><td colspan="8">1. 个人工器具由参考人员自备。
2. 各项目得分均扣完为止</td></tr>
</table>

序号	项目名称	质量要求	分值	扣分标准	扣分原因	扣分	得分
1	工具材料准备						
1.1	个人工具检查	活动扳手、平口钳、拔销钳、工具包符合质量要求	2	错漏每项扣 1 分			
1.2	机具检查	绞磨试机，检查档位是否正常；手扳葫芦检查	2	错漏每项扣 1 分			
1.3	钢丝绳、滑车检查	对钢丝绳、滑车进行检查，确认连接可靠，受力满足要求	2	错漏每项扣 1 分			
1.4	安全带	双保险安全带符合质量要求，在试验周期内	1	未检查扣 1 分			
1.5	专用工具检查	个人保安线、绝缘手套外观检查符合要求，在试验周期内	1	错漏每项扣 0.5 分			
1.6	材料检查	清洁绝缘子，核对绝缘子串数量，外观检查符合要求	2	错漏每项扣 1 分			
2	场地布置						
2.1	绞磨场地布置	绞磨位置布置、转角滑车位置布置	2	错漏每项扣 1 分			
2.2	场地围栏	场地围栏布置	1	未布置扣 1 分			
3	登塔及横担上的操作						

续表

序号	项目名称	质量要求	分值	扣分标准	扣分原因	扣分	得分
3.1	登塔	（1）检查杆塔基础无异常。 （2）正确携带传递绳（吊绳头折双、打死结、斜挎肩上）。 （3）沿脚钉侧主材正确登塔	6	（1）未检查每项扣1分。 （2）未携带传递绳扣2分，传递绳携带方式不规范扣1分。 （3）手抓脚钉每次扣1分。 （4）未沿脚钉侧主材登塔扣2分			
3.2	进入横担上工作点	由塔身到横担上工作点不得失去安全带保护。	3	未正确使用安全带扣3分			
3.3	传递滑车安装	传递滑车安装位置正确，方便操作	1	安装不规范扣1分			
4	绝缘子串上操作						
4.1	进入工作点	（1）将双保险安全带的安全绳系在横担适当位置。 （2）沿绝缘子串进入作业点，将围杆带系在绝缘子串上。 （3）检查绝缘子串锁紧销	5	（1）未使用双保险安全带扣5分。 （2）未正确使用双保险安全带一次扣3分。 （3）未检查扣3分			
4.2	安装3-3滑车组	（1）导线端和铁塔端3-3滑车组位置安装正确。 （2）钢丝绳穿向正确，不缠绕。 （3）钢丝绳套、卸扣型号选用正确、安装可靠	6	（1）滑车组安装不对每处扣1分。 （2）钢丝绳穿向位置不对每处扣1分。 （3）钢丝绳受力后有碰撞、缠绕，每处扣1分。 （4）钢丝绳套、卸扣型号选用不正确每处扣1分			
4.3	安装手扳葫芦	（1）将手扳葫芦传递至塔上，并正确安装。 （2）将手扳葫芦与3-3滑车组连接，使其略微受力	5	（1）绳索缠绕扣1分。 （2）位置不正确扣2分。 （3）碰响绝缘子每次扣1分			
4.4	收紧绝缘子串	（1）收紧手扳葫芦，手扳葫芦受力后检查滑车、卸扣、钢丝绳等连接部位，确认连接可靠，并对绝缘子串做冲击。 （2）确认受力无误后继续收紧手扳葫芦，直至绝缘子串松弛	5	（1）未做冲击试验扣3分。 （2）使用手扳葫芦不正确扣2分			
4.5	更换绝缘子串	（1）在已松弛的绝缘子串上正确的安装6t辅助手扳葫芦。 （2）在绝缘子串上适当位置连接起吊磨绳。 （3）收紧9t手扳葫芦，受力后进行冲击试验，无异常，收紧6t手扳葫芦，取出R销。 （4）取下绝缘子串两端连接金具，收紧起吊磨绳。 （5）磨绳受力后，检查磨绳连接部位，并冲击试验。 （6）拆除6t手扳葫芦，通过起吊磨绳将绝缘子串传送至地面。 （7）将新绝缘子串传递到杆塔上，安装9t手扳葫芦。 （8）先收紧9t手扳葫芦，再收紧6t手扳葫芦，安装两端R销子，并检查是否安装到位	18	（1）手扳葫芦安装位置不对、使用操作不对，每次扣2分。 （2）磨绳起吊滑车位置不正确扣2分。 （3）未冲击试验扣3分。 （4）传递绳索缠绕扣2分。 （5）传递物有撞击现象每次扣2分。 （6）掉落物件扣5分。 （7）未装锁紧销每个扣2分			

续表

序号	项目名称	质量要求	分值	扣分标准	扣分原因	扣分	得分
4.6	撤除工器具	（1）检查锁紧销、球头是否齐全到位，碗口朝正确，清洁绝缘子串。 （2）松出3-3滑车组绝缘子串受力后，对绝缘子串做冲击试验。 （3）拆除手扳葫芦、滑车组及钢丝绳，传递至地面	10	（1）绳索缠绕扣2分。 （2）传递物有撞击现象每次扣2分。 （3）未转移围杆带到绝缘子串上扣5分。 （4）锁紧销位置不正确扣2分。 （5）绝缘子大口朝向不正确扣2分。 （6）未做冲击试验扣3分。 （7）未清洁绝缘子串扣1分			
4.7	清理杆塔上工器具	确认无遗留物	4	有遗留物扣4分			
4.8	从绝缘子串到塔身	由绝缘子串到塔身上不得失去安全带保护	5	失去安全带保护扣5分			
5	下塔	（1）必须沿脚钉侧主材正确下塔。 （2）正确携带传递绳（吊绳头折双、打死结，斜挎肩上）	8	（1）未携带传递绳扣4分，吊绳携带方式不规范扣2分。 （2）手抓脚钉每次扣1分。 （3）未沿脚钉侧主材登塔扣4分			
6	其他要求						
6.1	塔上作业	（1）严禁高处坠物。 （2）在操作过程中应双手协调配合操作。 （3）严禁浮置物品。 （4）严禁口中含物	5	（1）高处坠物每件扣5分。 （2）动作不协调扣2分。 （3）浮置物品扣2分。 （4）口中含物扣2分			
6.2	着装	工作服、工作胶鞋、安全帽、劳保手套穿戴正确	2	每漏一项扣2分			
6.3	清理现场	完工后清理作业现场，符合文明生产要求	2	未清理作业现场扣2分			
6.4	完成时间	在规定时间内按要求完成	2	超过时间10min扣1分，达到480min即终止操作，只记完成部分得分			
	合计		100				

模块三 停电修补±800kV特高压输电线路架空地线培训及考核标准

一、培训标准

（一）培训要求（见表 2-3-1）

表 2-3-1 培训要求

模块名称	停电修补±800kV 特高压输电线路架空地线	培训类别	操作类
培训方式	实操培训	培训学时	14 学时
培训目标	1. 能使用飞车沿±800kV 特高压输电线路架空地线到达指定作业位置。 2. 能独立完成用预绞丝补修条修补架空地线的操作		
培训场地	特高压直流实训线路		
培训内容	使用飞车沿±800kV 特高压输电线路架空地线到达指定作业位置，用预绞丝补修条修补±800kV 特高压输电线路架空地线		
适用范围	特高压直流输电线路检修人员		

（二）引用规程规范

（1）《架空送电线路运行规程》（DL/T 741—2010）。

（2）《110～500kV 架空送电线路设计技术规程》（DL/T 5092—1999）。

（3）《国家电网公司电力安全工作规程（线路部分）》（Q/GDW 1799.2—2013）。

（4）《±800kV 直流架空输电线路设计规范》（GB 50790—2013）。

（5）《±800kV 直流架空输电线路检修规程》（DL/T 251—2012）。

（6）《±800kV 直流架空输电线路运行规程》（GB/T 28813—2012）。

（7）《架空输电线路状态检修导则》（DLT 1248—2013）。

（三）培训教学设计

本设计以完成“停电修补±800kV 特高压输电线路架空地线”为工作任务，按工作任务完成的标准化作业流程来设计各个培训阶段，每个阶段包括了具体的培训目标、培训内容、培训学时、培训方法（培训资源）、培训环境和考核评价等内容，如表 2-3-2 所示。

表 2-3-2 停电修补±800kV 特高压输电线路架空地线培训内容设计

培训流程	培训目标	培训内容	培训学时	培训方法与资源	培训环境	考核评价
1. 理论教学	1. 初步掌握使用飞车沿±800kV 特高压输电线路架空地线到达指定作业位置基本方法。 2. 熟悉架空地线受损的修补方法	1. 飞车的分类、结构及其使用注意事项。 2. 使用飞车沿±800kV 特高压输电线路架空地线到达指定作业位置方法。 3. 输电线路架空地线修补方法和质量标准	2	培训方法：讲授法。 培训资源：PPT、相关规程规范	多媒体教室	考勤、课堂提问和作业

续表

培训流程	培训目标	培训内容	培训学时	培训方法与资源	培训环境	考核评价
2. 准备工作	能完成作业前准备工作	1. 作业现场查勘。 2. 编制培训标准化作业卡。 3. 填写输电线路第一种工作票。 4. 完成本操作的工器具及材料准备	1	培训方法： 1. 现场查勘和工器具及材料清理采用现场实操方法。 2. 编写作业卡和填写工作票采用讲授方法。 培训资源： 1. ±800kV 实训线路。 2. 特高压工器具库房。 3. 空白工作票	1. 特高压输电实训线路。 2. 多媒体教室	
3. 作业现场准备	能完成作业现场准备工作	1. 作业现场复勘。 2. 工作申请。 3. 作业现场布置。 4. 班前会。 5. 工器具及材料检查	1	培训方法：演示与角色扮演法。 培训资源： ±800 kV 实训线路	±800kV 实训线路	
4. 培训师演示	通过现场观摩，使学员初步领会本任务操作流程	1. 装设接地线。 2. 安装作业飞车。 3. 使用飞车沿±800kV 特高压输电线路架空地线到达指定作业位置。 4. 用预绞丝补修条完成架空地线修补	2	培训方法：演示法。 培训资源： ±800kV 实训线路	±800kV 实训线路	
5. 学员分组训练	1. 能完成飞车的正确安装。 2. 能使用飞车沿±800kV 直流输电线路架空地线到达指定作业位置。 3. 能完成±800kV 输电线路架空地线修补作业	1. 学员分组（6 人一组）训练飞车的使用和修补架空地线技能操作。 2. 培训师对学员操作进行指导和安全监护	7	培训方法：角色扮演法。 培训资源： ±800 kV 实训线路	±800kV 实训线路	采用技能考核评分细则对学员操作评分
6. 工作终结	1. 使学员进一步辨析操作过程中不足之处，便于后期提升。 2. 培养学员树立安全文明生产的工作意识	1. 作业现场清理。 2. 向调度汇报工作。 3. 班后会，对本次工作任务进行点评总结	1	培训方法：讲授和归纳法	±800kV 实训线路	

（四）作业流程

1. 工作任务

完成停电修补±800kV 特高压输电线路架空地线任务。

2. 天气及作业现场要求

（1）停电修补±800kV 特高压输电线路架空地线应在良好的天气进行。

在 5 级及以上的大风以及暴雨、雷电、冰雹、大雾、沙尘暴等恶劣天气下，应停止露天高处作业。特殊情况下，确需在恶劣天气进行抢修时，应组织有关人员充分讨论必要的安全措施，经本单位批准后方可进行。

（2）作业人员精神状态良好，工作班成员认真学习工作票和安全技术措施，所有人员做到“四清楚”（作业任务精楚、危险点清楚、作业程序清楚、安全措施清楚）。

（3）作业前工作负责人必须与调度联系履行工作许可手续，严禁约时停送电。工作负责人必须在得到许可人的许可工作命令后，方可在需检修的线路上验电、装设接地线和进行检修工作。

（4）停电后，工作负责人应认真做好记录。

（5）登塔前应检查塔上是否有蜂窝，发现蜂窝严禁登塔。

（6）塔上作业人员必须使用双保险安全带，并佩戴护目镜。

3. 准备工作

3.1 危险点及其预控措施

（1）危险点——误登带电线路。

预控措施：

1）登塔作业前，工作负责人、工作班成员应认真核对双重称号和识别标记（色标、判别标志等）与停电线路名称相符。

2）登塔前应检查铁塔根部、基础等，必须牢固可靠。

3）登杆塔前应检查登高工器具和设施，如安全带、脚钉、塔材等必须完整牢靠。

4）不涉及挂设接地线的中间作业人员，应认真核实线路相序、色标、名称、编号与停电线路相符，确认线路名称无刷错、刷反等情况后，方可登杆。

（2）危险点——登塔和塔上作业时违反安规进行操作，可能引起高处坠落。

预控措施：

1）登塔过程中，为防止登塔人员相互碰撞，登塔作业人员间距不得小于1.6m。

2）登塔前应将脚底泥土清除干净，检查工具包完整，登塔过程中不得掉负重登杆。

3）作业人员登塔时应戴好安全帽，穿软底工作鞋，动作不宜过大，匀步攀登。

4）登塔过程中，安全带应收拾妥当，后背保护绳放置在工具包内，主带挂在肩上，防止登塔过程中安全带勾挂脚钉和塔材，致使作业人员高处坠落。

5）塔上移位时，不得失去安全带保护，做到踩稳抓牢。

6）到达作业点位置，系好安全带，将安全带、后备保护绳应分别系在牢固构件上，不得低挂高用。

7）未验电前，人体、传递绳等与导线的安全距离不小于10.1m，工作中应设专人监护。

（3）危险点——高处坠物伤人。

预控措施：

1）地面人员不得站在作业点正下方。塔上人员应防止坠物伤人，使用的工具、材料应用绳索传递。

2）高处作业应使用工具袋，较大的工器具应固定在牢固的构件上，不准随便乱放。

（4）危险点——防止感应电伤人。

1）接触架空地线前，应将地线接地端可靠接地。

2）挂接地线时，作业人员戴绝缘手套，手握绝缘部位。

（5）危险点——现场作业安全监护。

1）作业过程中，安全监护人对作业人员进行不间断监护。

2）工作负责人，监护人必须有符合身份的明显标识。

（6）危险点——交通安全。

出车时应注意车辆行驶安全，谨慎驾驶车辆，禁止违法行车。

3.2　工器具及材料选择

停电修补±800kV特高压输电线路架空地线所需工器具及材料见表2-3-3。工器具出库前，应认真核对工器具的使用电压等级和试验周期，并检查确认外观良好、连接牢固、转动灵活，且符合本次工作任务的要求；工器具出库后，应防止脏污、受潮；金属工具和绝缘工器具应分开装运，防止因混装运输导致工器具变形、损伤等现象发生。

表2-3-3　停电修补±800kV直流输电线路架空地线所需工器具及材料表

序号	名称	规格型号	单位	数量	备注
1	作业飞车		副	1	金属工具
2	安全带	含带缓冲包长20m的后保绳	根	2	个人防护用具
3	绝缘手套		双	1	绝缘工具
4	传递绳	ϕ16	根	1	其他工具
5	铁滑车	0.5t	个	1	金属工具
6	钢丝套	ϕ8	根	1	其他工具
7	个人工具		套	2	其他工具
8	砂纸		张	1	其他工具
9	钢卷尺		把	1	其他工具
10	记号笔		根	1	其他工具
11	木榔头		把	1	其他工具
12	对讲机		台	3	其他工具
13	安全背心		件	2	其他工具
14	安全围栏		卷	4	其他工具
15	防潮布		张	1	其他工具
16	抛挂式接地线	±800kV	组	3	其他工具
17	地线接地线	25mm^2	组	1	其他工具
18	验电器	±800kV	个	1	其他工具
19	防坠器	T型	个	1	其他工具
20	预绞丝	与地线型号对应	组	1	材料

3.3　作业人员分工

本任务作业人员分工如表2-3-4所示。

表2-3-4　停电修补±800kV直流输电线路架空地线人员分工表

序号	工作岗位	数量（人）	工作职责
1	工作负责人	1	负责本次工作任务的人员分工、工作前的现场查勘、作业方案的制定、工作票的填写、现场复勘、办理工作许可手续、召开工作班前会、落实现场安全措施、负责作业过程中的安全监督、工作中突发情况的处理、工作质量的监督、工作后的总结
2	安全监护人	1	工作前，向被监护人员交待监护范围内的安全措施、告知危险点和安全注意事项；监督被监护人员遵守本规程并严格执行现场安全措施，及时纠正被监护人员不安全动作和行为
3	高处作业人员	2	负责本次停电修补±800kV直流输电线路架空地线操作
4	地面辅助人员	2	负责本次作业过程的地面辅助工作

4. 工作程序

本任务工作流程如表 2-3-5 所示。

表 2-3-5　　停电修补±800kV 直流输电线路架空地线工作流程表

序号	作业内容	作业步骤及标准	安全措施及注意事项	责任人
1	现场复勘	工作负责人负责完成以下工作： （1）现场核对线路名称、铁塔编号无误；基础及塔身完好无异常；交叉跨越距离符合安全要求；确认缺陷情况及地线规格型号等。 （2）检查地形环境符合作业要求。 （3）检查工作票所列安全措施与现场实际情况相符，必要时予以补充	（1）正确穿戴安全帽、工作服、工作鞋、劳保手套。 （2）严禁非工作人员、车辆进入作业现场	
2	工作许可	作业前工作负责人必须与调度联系履行工作许可手续	（1）不得未经工作许可人许可即开始工作。 （2）严禁约时停送电	
3	现场布置	正确设置安全围栏并悬挂标示牌： （1）安全围栏范围应充分考虑高处坠物，以及对道路交通的影响。 （2）安全围栏出入口设置合理。 （3）妥当布置“从此进出”“在此工作”“车辆慢行”或“车辆绕行”等标示	对道路交通安全影响不可控时，应及时联系交通管理部门强化现场交通安全管控	
4	召开班前会	（1）全体工作成员列队。 （2）工作负责人宣读工作票，明确工作任务及人员分工；讲解工作中的安全措施和技术措施；查问全体工作成员精神状态；告知工作中存在的危险点及采取的预控措施。 （3）全体工作成员在工作票上签名确认	（1）工作票填写、签发和许可手续规范，签名完整。 （2）全体工作成员精神状态良好。 （3）全体工作成员明确任务分工、安全措施和技术措施	
5	检查工器具	（1）在防潮垫布上，将工器具按作业要求准备齐备，并分类定置摆放整齐。检查工器具外观和试验合格证，无遗漏。 （2）检查人员向工作负责人汇报各项检查结果符合作业要求	（1）防潮垫布设置位置合理，保持清洁、干燥。 （2）工器具外观检查合格，无损伤、受潮、变形、失灵现象，合格证在有效期内	
6	登塔	（1）登塔作业前，必须先核对线路双重名称及编号。对同塔多回线路，工作负责人、工作班成员应共同认真核查双重名称和识别标记（色标、判别标志等）。 （2）登塔前应检查塔身、基础等，必须牢固可靠。 （3）登塔过程，为防止登塔人员相互碰撞，登塔作业人员相互间距不得小于 1.6m，安全带收拾妥当，后备保护绳放置在工具包内，主带应挂在肩上。 （4）登塔至横担处时，看清楚行走通道，与导线的安全距离应不小于 10.1m	（1）作业人员登塔时应戴好安全帽，穿软底工作鞋，匀步攀登。 （2）登塔过程中，安全带应收拾妥当，后背保护绳放置在工具包内，主带应挂在肩上，防止登塔过程中安全带勾挂脚钉和塔材，致使作业人员高处坠落。 （3）塔上移位时，不得失去安全带保护，做到踩稳抓牢。 （4）到达作业点位置，将安全带、后备保护绳应分别系在牢固构件上，不得低挂高用。 （5）未验电前，人体、传递绳等与导线的安全距离不小于 10.1m，工作中应设专人监护	

续表

序号	作业内容	作业步骤及标准	安全措施及注意事项	责任人
7	验电、装设导线接地线	（1）登塔至指定位置后，将安全带系在牢固的构件上，检查扣环是否扣牢；滑车安装位置正确，方便操作；工器具必须使用绳索传递。 （2）使用验电器验电前，戴好绝缘手套自检其声光信号正常。使用伸缩式验电器时，应将其各段绝缘杆全部拉出到位，以保证绝缘杆的有效绝缘长度；验电时，作业人员应手持验电器绝缘手柄，保证人体与导线间的足够安全距离；先验下层后验上层，先验近侧后验远侧，线路验电应逐相进行。 （3）验明确无电压后立即装设导线接地线，先用砂纸打磨接地端安装位置，先安装接地端，后装导线端。 （4）装设导线接地线时，必须使用绝缘手套采用抛挂方式进行操作，禁止直接用手操作接地线的金属部分的方式装设导线接地线。确认接地线的挂钩与导线连接紧密可靠	（1）验电器在领用时和使用前应检查是否正常。 （2）接地线与导线及塔材接触良好，禁止以缠绕导线的方式装设接地线。 （3）人体与导线保持足够安全距离	
8	装设地线接地线	（1）登塔至指定位置后，将安全带系在牢固的构件上，检查扣环是否扣牢。使用绳索传递工器具。 （2）检查接地线完好，先用砂纸打磨塔材接地端，并先安装接地端后装导线端。 （3）装设地线接地线时，必须使用绝缘手套进行操作，禁止直接用手操作接地线的金属部分的方式装设地线接地线。确认地线接地线的挂钩与地线连接紧密可靠	（1）禁止以缠绕导线的方式装设地线接地线。 （2）挂接地线时，作业人员戴绝缘手套，手握绝缘棒	
9	安装作业飞车	（1）作业人员进入地线前应检查连接金具锈蚀情况。 （2）检查地线绝缘子是否完好，销子是否齐全。 （3）对地线做冲击试验。 （4）塔上辅助人员配合在地线上安装作业飞车	（1）业人员进入地线前应检查连接金具锈蚀情况。 （2）安装作业飞车前，应对地线做冲击试验	
10	进入作业点	正确使用作业飞车，移动速度均匀，无危险动作；在地线上移动时，不得失去安全带的保护	（1）整个过程不能失去安全带保护。 （2）移动飞车速度不能过快	
11	修补断股地线	（1）到达作业点位后固定好作业飞车。 （2）作业人员对地线损伤处进行打磨处理。 （3）量出预绞丝长度，用钢卷尺在导线损伤处的一端量出1/2预绞丝长的位置画印。 （4）预绞丝中心应安装在导线损伤部位严重处，不得有缝隙。 （5）用木榔头轻敲预绞丝端头，端头应平整	（1）正确使用作业飞车，移动速度均匀，无危险动作；在地线上移动时，不得失去安全带的保护。 （2）断股地线修补前应对损伤点进行打磨处理。 （3）预绞丝应与断股地线绞制方向一致，缠绕应平滑、紧密，损伤部位应位于预绞丝的中间位置。 （4）缠绕预绞丝时，不得用力强扭、撬动，防止其变形，缠绕时两端应保持平整	
12	进入横担	（1）作业人员移动飞车沿地线返回横担。 （2）进入横担过程中不得失去安全带的保护。 （3）传递绳将作业飞车传至地面	（1）整个过程不能失去安全带保护。 （2）移动飞车速度不能过快	

续表

序号	作业内容	作业步骤及标准	安全措施及注意事项	责任人
13	清理铁塔上工器具	（1）依次拆作业飞车、地线接地线、导线接地线、钢丝套、滑车等工器具。 （2）拆除地线上的接地线和导线上的接地线，先拆导（地）线端、后拆接地端。 （3）确认无遗留物	（1）拆除地线上的接地线和导线上的接地线，作业人员戴绝缘手套，手握绝缘棒。 （2）人体与导线保持足够安全距离。 （3）防止高处坠物	
14	下塔	（1）沿脚钉侧主材正确下塔。 （2）正确携带传递绳（传递绳头折双、打死结，斜挎肩上）	防止高处坠落	
15	工作结束	（1）工作负责人组织全体工作成员整理工器具和材料，清理现场，做到“工完料尽场地清”。 （2）召开班后会，工作负责人进行工作总结和点评工作。点评本次工作的施工质量；点评全体工作成员的安全措施落实情况。 （3）作负责人向工作许可人汇报工作结束，恢复停电线路送电，终结工作票	现场不能有遗留物	

二、考核标准（见表2-3-6）

表2-3-6　　特高压直流输电线路运检技能考核评分细则

考生填写栏	编号：　姓　名：　所在岗位：　单　位：　日　期：　年　月　日						
考评员填写栏	成绩：　考评员：　考评组长：　开始时间：　结束时间：　操作时长：						
考核模块	停电修补±800kV特高压输电线路架空地线	考核对象	特高压直流输电线路检修人员	考核方式	操作	考核时限	100min
任务描述	停电修补±800kV输电线路架空地线						
工作规范及要求	1. 给定条件：±800kV直流实训线路左架空地线需要修补。线路已经停电、验电、装设接地线，所使用工器具已经过测试，工作票已办理，安全措施已经完备。 2. 操作前参考人员应做必要的安全检查。 3. 作业飞车应满足受力要求。 4. 整个过程主要操作流程由工作负责人1名、专责监护人1人、塔上电工1人、塔上辅助工1人、地面辅助工2人完成。工作负责人职责：负责本次工作任务的人员分工、工作前的现场查勘、作业方案的制定、工作票的填写、现场复勘、办理工作许可手续、召开工作班前会、落实现场安全措施、负责作业过程中的安全监督、工作中突发情况的处理、工作质量的监督、工作后的总结。安全监护人责任：工作前，对被监护人员交待监护范围内的安全措施、告知危险点和安全注意事项；监督被监护人员遵守本规程和执行现场安全措施，及时纠正被监护人员的不安全动作和行为。塔上作业人员：负责停电修补±800kV直流输电线路架空地线。塔上辅助工：负责传递工具、材料配合作业人员安装飞车。地面电工职责：协助参考人员完成工器具、材料的上、下传递工作，以及其他辅助工作。 给定条件： 1. 培训线路：特高压±800kV直流实训线路左架空地线，架空地线型号：LBGJ-150-20AC。 2. 必须按工作程序进行操作，工序错误扣除相应项目分值，出现重大人身、器材和操作安全隐患，考评员可下令终止考核						
考核情景准备	1. 线路：特高压±800kV直流实训线路左架空地线，工作内容：停电修补±800kV直流输电线路左架空地线，架空地线型号：LBGJ-150-20AC。 2. 所需作业工器具：作业飞车1副、安全带2套、对讲机3个、导线接地线1根、地线接地线1根、绝缘手套1双、传递绳1根、0.5t滑车1个、钢丝套1根、砂纸1张、个人工具2套、木榔头1个。 3. 材料：与地线型号相对应的预绞丝一组						
备注	1. 个人工器具由考生自备。 2. 各项目得分均扣完为止						

续表

序号	项目名称	质量要求	分值	扣分标准	扣分原因	扣分	得分
1	着装	工作服、工作鞋、安全帽、劳保手套穿戴正确	4	每漏一项扣1分			
2	个人工具检查	活动扳手、平口钳、工具包符合质量要求	3	未检查，每项扣1分			
3	安全带检查	安全带符合质量要求，在试验周期内	2	（1）未进行外观检查扣1分。 （2）未检查出厂合格证和试验合格证扣1分			
4	作业工具检查	作业飞车检查符合要求，在试验周期内	2	（1）未进行外观检查扣1分。 （2）未检查出厂合格证和试验合格证扣1分			
5	材料检查	确认预绞丝型号与地线相对应，外观检查符合要求无损伤	2	（1）错选预绞丝型号扣1分。 （2）未进行检查扣1分			
6	登塔	（1）现场核对线路名称、铁塔编号无误；基础及塔身完好无异常；交叉跨越距离符合安全要求；确认缺陷情况及地线规格型号等。 （2）正确携带传递绳（传递绳头折双、打死结、斜挎肩上）。 （3）沿脚钉侧主材正确登塔。 （4）登塔至指定位置后，将安全带系在牢固的构件上，检查扣环是否扣牢	9	（1）未确认线路双重称号扣2分，未检查基础、塔身、交叉跨越，每项扣1分，未确认地线缺陷扣1分。 （2）未携带传递绳扣2分，携带方式不规范扣1分。 （3）手抓脚钉每次扣1分。 （4）未沿脚钉侧主材登塔扣2分。 （5）安全带使用不规范扣2分。 （6）踏空、踩滑每次扣1分			
7	验电、挂设导线接地线	（1）登塔至指定位置后，将安全带系在牢固的构件上，检查扣环是否扣牢；滑车安装位置正确，方便操作；工器具必须使用绳索传递。 （2）使用验电器前，再次检查其声光信号正常。使用伸缩式验电器时，应将其各段绝缘杆全部拉出到位，以保证绝缘杆的有效绝缘长度；验电时，作业人员应手持验电器绝缘手柄，保证人体与导线间的足够安全距离；先验下层后验上层，先验近侧后验远侧，线路验电应逐相进行。 （3）验明确无电压后立即装设导线接地线，先用砂纸打磨接地端安装的塔材位置，先安装接地端，后装导线端；装设顺序为先中相，后两边相。 （4）装设导线接地线时，必须使用绝缘手套进行操作，禁止直接用手操作接地线的金属部分的方式装设导线接地线。确认接地线的挂钩与导线连接紧密可靠	8	（1）滑车安装不规范扣2分。 （2）安全带使用不规范，扣2分。 （3）验电、安装接地线未戴绝缘手套扣2分。 （4）验电器使用不规范扣2分，验电顺序错误扣2分。 （5）接地线两端安装顺序错误扣2分，连接处不牢固扣1分，未对安装好的端部进行检查扣1分。 （6）接地线缠绕，扣2分			

续表

序号	项目名称	质量要求	分值	扣分标准	扣分原因	扣分	得分
8	挂设地线接地线	（1）登塔至指定位置后，将安全带系在牢固的构件上，检查扣环是否扣牢。使用绳索传递工器具。 （2）检查接地线完好，先用砂纸打磨塔材接地端，并先安装接地端后装导线端。 （3）装设地线接地线时，必须使用绝缘手套进行操作，禁止直接用手操作接地线的金属部分的方式装设地线接地线。确认地线接地线的挂钩与地线连接紧密可靠	6	（1）安全带使用不规范，扣2分。 （2）安装接地线未戴绝缘手套扣2分。 （3）接地线两端安装顺序错误扣2分，连接处不牢固扣1分，未对安装好的端部进行检查扣1分。 （4）接地线缠绕，扣2分			
9	安装作业飞车	（1）作业人员进入地线前应检查连接金具锈蚀情况。 （2）检查地线绝缘子是否完好，销子是否齐全。 （3）对地线做冲击试验。 （4）塔上辅助人员配合安装作业飞车	9	（1）未检查连接金具锈蚀情况扣2分。 （2）未检查地线绝缘子是否完好、销子是否齐全，每项扣1分。 （3）未对地线做冲击试验扣2分。 （4）作业飞车安装不规范扣2分			
10	进入作业点	正确使用作业飞车，移动速度均匀，无危险动作；在地线上移动时，不得失去安全带的保护	9	（1）失去安全带保护每次扣3分。 （2）移动飞车速度过快扣2分。 （3）移动过程中有危险动作每次扣3分			
11	修补断股地线	（1）到达作业点位后固定好作业飞车。 （2）损伤地线修复、打磨处理平整。 （3）量出预绞丝长度，用钢卷尺在导线损伤处的一端量出1/2预绞丝长的位置画印。 （4）预绞丝中心应安装在导线损伤部位严重处，不得有缝隙。 （5）用木榔头轻敲预绞丝端头，端头应平整	16	（1）未在合适位置固定作业飞车扣3分。 （2）地线未打磨处理平整扣3分。 （3）未正确画印扣2分。 （4）预绞丝安装顺序不规范扣4分。 （5）预绞丝末端若不平整，扣2分。 （6）预绞丝安装有缝隙，每处扣1分			
12	进入横担	（1）作业人员移动飞车沿地线返回横担。 （2）进入横担过程中不得失去安全带的保护。 （3）用传递绳将作业飞车传至地面	8	（1）作业飞车移动速度控制不当扣2分。 （2）进入横担过程中失去安全带的保护1次扣2分。 （3）传递飞车时，传递不规范扣2分			
13	清理铁塔上工器具	（1）依次拆作业飞车、地线接地线、导线接地线、钢丝套、滑车等工器具。 （2）拆除地线上的接地线和导线上的接地线，先拆导（地）线端、后拆接地端。 （3）确认无遗留物	7	（1）拆除顺序错误扣3分。 （2）有遗留物扣4分			

续表

序号	项目名称	质量要求	分值	扣分标准	扣分原因	扣分	得分
14	下塔	（1）携带传递绳沿脚钉匀步下塔。 （2）正确携带传递绳（传递绳头折双、打死结，斜挎肩上）	8	（1）未携带传递绳扣4，传递绳携带方式不规范扣2分。 （2）手抓脚钉每次扣1分。 （3）未沿脚钉侧主材登塔扣4分			
15	摆放工器具	完工后清理作业现场，按要求摆放工器具整齐	2	未按要求摆放工器具扣2分			
16	文明施工	（1）严禁高处坠物。 （2）严禁浮置物品。 （3）严禁口中含物	5	（1）高处坠物扣5分。 （2）浮置物品扣2分。 （3）口中含物扣2分			
17	完成时间	在规定时间内按要求完成		在规定时间内按要求完成，超过时间10min即终止操作，只记完成部分得分			
	合计		100				

模块四 停电更换±800kV特高压输电线路架空地线培训及考核标准

一、培训标准

（一）培训要求（见表2-4-1）

表2-4-1 培 训 要 求

模块名称	停电更换±800kV特高压输电线路架空地线	培训类别	操作类
培训方式	实操培训	培训学时	21学时
培训目标	1. 了解架空地线的型号、结构及安装方式。 2. 能在±800kV特高压输电线路的架空地线上验电、装设接地线。 3. 能完成停电更换±800kV特高压输电线路架空地线		
培训场地	特高压直流实训线路		
培训内容	停电更换±800kV特高压直流输电线路架空地线		
适用范围	特高压直流输电线路检修人员		

（二）引用规程规范

（1）《±800kV直流线路带电作业技术规范》（DL/T 1242—2013）。

（2）《±800kV直流架空输电线路运行规程》（GB/T 28813—2012）。

（3）《±800kV直流架空输电线路检修规程》（DL/T 251—2012）。

（4）《±800kV直流输电线路带电作业技术导则》（Q/GDW 302—2009）。

（5）《带电作业用屏蔽服装》（GB/T 6568—2008）。

（6）《带电作业用绝缘配合导则》（DL/T 867—2004）。

（7）《带电作业用绝缘工具试验导则》（DL/T 878—2004）。

（8）《国家电网公司带电作业工作管理规定（试行）》（国家电网生〔2007〕751号）。

（9）《国家电网公司电力安全工作规程（线路部分）》（Q/GDW 1799.2—2013）。

（10）《电工术语 架空线路》（GB/T 2900.51—1998）。

（11）《电工术语 带电作业》（GB/T 2900.55—2016）。

（12）《带电作业工具设备术语》（GB/T 14286—2008）。

（13）《带电作业用工具、装置和设备使用的一般要求》（DL/T 877—2004）。

（14）《带电作业工具、装置和设备预防性试验规程）》（DL/T 976—2005）。

（15）《带电作业用绝缘滑车》（GB/T 13034—2008）。

（16）《带电作业用绝缘绳索》（GB 13035—2008）。

（三）培训教学设计

本设计以完成“停电更换±800kV特高压输电线路架空地线”为工作任务，按工作任务完成的标准化作业流程来设计各个培训阶段，每个阶段包括了具体的培训目标、培训内容、培训学时、培训方法（培训资源）、培训环境和考核评价等内容，如表2-4-2所示。

表 2-4-2　停电更换±800kV 特高压直流输电线路架空地线培训内容设计

培训流程	培训目标	培训内容	培训学时	培训方法与资源	培训环境	考核评价
1. 理论教学	1. 熟悉架空地线的型号、结构及安装方式。 2. 熟悉验电、装设接地线的操作流程。 3. 熟悉停电更换±800kV特高压直流输电线路架空地线的工作流程	1. 架空地线的型号、结构及安装方式。 2. 验电、装设接地线的操作流程。 3. 停电更换±800kV特高压直流输电线路架空地线的工作流程	2	培训方法：讲授法。 培训资源：PPT、相关规程规范	多媒体教室	考勤、课堂提问和作业
2. 准备工作	能完成作业前准备工作	1. 作业现场查勘。 2. 编制培训标准化作业卡。 3. 填写培训操作工作票。 4. 完成本操作的工器具及材料准备	1	培训方法： 1. 现场查勘和工器具及材料清理采用现场实操方法。 2. 编写作业卡和填写工作票采用讲授方法。 培训资源： 1. ±800kV 实训线路。 2. 特高压工器具库房。 3. 空白工作票	1. 特高压输电实训线路。 2. 多媒体教室	
3. 作业现场准备	能完成作业现场准备工作	1. 作业现场复勘。 2. 工作许可。 3. 作业现场布置。 4. 班前会。 5. 工器具及材料检查	2	培训方法：演示与角色扮演法。 培训资源：±800kV实训线路	±800kV实训线路	
4. 培训师演示	通过现场观摩，使学员初步领会本任务操作流程	1. 验电、装设接地线。 2. 直线塔翻线。 3. 耐张塔松线及连接新旧地线。 4. 渡线及附件安装	8	培训方法：演示法。 培训资源：±800kV特高压直流实训线路	±800kV实训线路	
5. 学员分组训练	1. 能完成验电、装设接地线操作。 2. 能完成停电更换±800kV特高压直流输电线路架空地线作业	1. 学员分组（22 人一组）训练验电、装设接地线和更换架空地线技能操作。 2. 培训师对学员操作进行指导和安全监护	7	培训方法：角色扮演法。 培训资源：实训线路	±800kV实训线路	采用技能考核评分细则对学员操作评分
6. 工作终结	1. 使学员进一步辨析操作过程中不足之处，便于后期提升。 2. 培训学员树立安全文明生产的工作作风	1. 作业现场清理。 2. 向调度汇报工作。 3. 班后会，对本次工作任务进行点评总结	1	培训方法：讲授和归纳法	±800kV实训线路	

（四）作业流程

1. 工作任务

完成停电更换±800kV特高压输电线路架空地线。

2. 天气及作业现场要求

（1）停电更换±800kV特高压输电线路架空地线应在良好的天气进行。

如遇雷电（听见雷声、看见闪电）、雪、雹、雨、雾等，风力大于5级时不得进行作业；恶劣天气下必须开展停电抢修时，应组织有关人员充分讨论并编制必要的安全措施，经本单位批准后方可进行。

（2）作业人员精神状态良好，工作班成员认真学习工作票和安全技术措施，所有人员做到“四清楚”（作业任务精楚、危险点清楚、作业程序清楚、安全措施清楚）。

（3）作业前停送电联系人必须与调度联系履行工作许可手续，严禁约时停送电。工作负责人必须在得到许可人的许可工作命令后，方可在需检修的线路上验电、挂设接地线和进行检修工作。

（4）停电后，工作负责人应认真做好记录。

（5）登杆前应检查塔上是否有蜂窝，发现蜂窝严禁登塔。

（6）塔上作业人员必须使用双保险安全带。

3. 准备工作

3.1 危险点及其预控措施

（1）危险点——误登带电线路。

预控措施：

1）登杆塔作业前，工作负责人、工作班成员应共同认真核查双重名称和识别标记（色标、判别标志等）与停电线路名称相符。

2）登杆塔前应检查铁塔根部、基础等，必须牢固可靠。

3）登杆塔前应检查登高工器具和设施，如安全带、脚钉、塔材等必须完整牢靠。

4）不涉及挂设接地线的中间作业人员，应认真核实线路相序、色标、名称、编号与停电线路相符，确认线路名称无刷错、刷反等情况后，方可登杆塔。

（2）危险点——高处坠落。

预控措施：

1）攀爬过程中，为防止登杆人员串落，登杆作业人员间距不得小于1.6m。

2）攀爬铁塔前应将脚底泥土清除干净，检查工具包完整，攀爬过程中不得掉落物件伤人。

3）作业人员攀登杆塔时应戴好安全帽，穿软底鞋，动作不能过大，匀步攀登。

4）攀爬过程中，安全带应收拾妥当，长尾绳放置在工具包内，主带应挂在肩上，防止攀爬过程中安全带勾挂脚钉和塔材，致使作业人员高空坠落。

5）杆塔上移位时，不得失去安全带保护，做到踩稳抓牢。

6）到达作业点位置，系好安全带（绳），应牢固可靠，不得低挂高用。

7）未验电前，人体、无头绳等与导线的安全距离不得小于10.1m，工作中应设专人监护。

（3）危险点——高处坠物伤人。

预控措施：

1）地面人员不得站在作业点垂直下方。塔上人员应防止落物伤人，使用的工具、材料应用绳索传递。

2）在高处作业应使用工具袋，较大的工具应固定在牢固的构件上，不准随便乱放。

2）使用绞磨起吊过程中，应设专人指挥，统一配合，绝缘子串刚离地后应进行冲击检查。

（4）危险点——防止感应电伤人。

1）为防感应电伤人，需在检修的线路上验电、挂设接地线。

2）如需接触架空地线，在架空地线接触前应进行可靠接地。

（5）危险点——现场作业安全监护。

1）自作业开始至作业终结，安全监护人必须始终在现场对作业人员进行不间断的安全监护。

2）工作负责人，监护人必须穿安全监护背心。

（6）危险点——交通安全。

出车时应注意车辆行驶安全，谨慎驾驶车辆，禁止违法行车。

3.2 工器具及材料选择

停电更换±800kV特高压输电线路架空地线所需工器具及材料见表2-4-3。工器具出库前，应认真核对工器具的使用电压等级和试验周期，并检查确认外观良好、连接牢固、转动灵活，且符合本次工作任务的要求；工器具出库后，应存放在工具袋或工具箱内进行运输，防止脏污、受潮；金属工具和绝缘工器具应分开装运，防止因混装运输导致工器具变形、损伤等现象发生。

表2-4-3　停电更换±800kV特高压输电线路架空地线所需工器具及材料表

序号	名称	规格型号	单位	数量	备注
1	作业飞车		副	1	其他工具
2	磨绳	$\phi16$	盘	1	其他工具
3	手板葫芦	6t	把	3	金属工具
4	绞磨	5t	台	3	机动工具
5	吊绳滑车	1t	套	3	金属工具
6	绳套		根	3	其他工具
7	卡线器		个	2	金属工具
8	提线器		套	1	金属工具
9	单轮滑车		个	3	金属工具
10	放线架		套	2	金属工具
11	放线盘		套	2	金属工具
12	钢丝套	$\phi18$	根	8	其他工具
13	铁滑车	10t	个	8	金属工具
14	卸扣	10t	个	8	金属工具
15	卸扣	8t	个	6	金属工具
16	液压机（含液压钳）		套	2	机动工具
17	对讲机		个	10	其他工具
18	全身式安全带	含带缓冲包长20m的后保绳	套	7	个人防护用具
19	安全背心		件	3	其他工具
20	安全围栏		卷	5	其他工具
21	垫木		块	若干	其他工具
22	地线	铝包钢绞线JLB20A，150	盘	3	材料
23	耐张线夹	同型号	套	2	材料

3.3 作业人员分工

本任务作业人员分工如表 2-4-4 所示。

表 2-4-4　停电更换±800kV 特高压输电线路架空地线人员分工表

序号	工作岗位	数量（人）	工作职责
1	工作负责人	1	负责本次工作任务的人员分工、工作前的现场查勘、作业方案的制定、工作票的填写、现场复勘、办理工作许可手续、召开工作班前会、落实现场安全措施、负责作业过程中的安全监督、工作中突发情况的处理、工作质量的监督、工作后的总结
2	安全监护人	1	负责本次工作过程中的安全监护工作
3	高空作业人员	7	负责本次停电更换±800kV 直流输电线路架空地线操作
4	地面辅助人员	10	负责本次作业过程的地面辅助工作
5	绞磨操作人员	2	负责本次作业过程的绞磨操作工作
6	绞磨信号指挥人员	2	负责 2 台绞磨启停的指挥工作

4. 工作程序

本任务工作流程如表 2-4-5 所示。

表 2-4-5　停电更换±800kV 特高压输电线路架空地线工作流程表

序号	作业内容	作业步骤及标准	安全措施及注意事项	责任人
1	现场复勘	工作负责人负责完成以下工作： （1）现场核对线路名称、杆塔编号，相别无误；基础及杆塔完好无异常；交叉跨越距离符合安全要求；确认缺陷情况及导地线规格型号等。 （2）检测风速等现场气象条件符合作业要求。 （3）检查地形环境符合作业要求。 （4）检查工作票所列安全措施与现场实际情况相符，必要时予以补充	（1）正确穿戴安全帽、工作服、工作鞋、劳保手套。 （2）不得在危及作业人员安全的气象条件下作业。 （3）严禁非工作人员、车辆进入作业现场	
2	工作许可	作业前停送电联系人必须与调度联系履行工作许可手续	不得未经工作许可人许可即开始工作	
3	现场布置	正确装设安全围栏并悬挂标示牌： （1）安全围栏范围应充分考虑高处坠物，以及对道路交通的影响。 （2）安全围栏出入口设置合理。 （3）妥当布置“从此进出”“在此工作”“车辆慢行”或“车辆绕行”等标示	对道路交通安全影响不可控时，应及时联系交通管理部门强化现场交通安全管控	
4	召开班前会	（1）全体工作成员列队。 （2）工作负责人宣读工作票，明确工作任务及人员分工；讲解工作中的安全措施和技术措施；查（问）全体工作成员精神状态；告知工作中存在的危险点及采取的预控措施。 （3）全体工作成员在工作票上签名确认	（1）工作票填写、签发和许可手续规范，签名完整。 （2）全体工作成员精神状态良好。 （3）全体工作成员明确任务分工、安全措施和技术措施	
5	检查工具	（1）在防潮布上，将工器具按作业要求准备齐备，并分类定置摆放整齐。检查工器具外观和试验合格证，无遗漏。 （2）检查人员向工作负责人汇报各项检查结果符合作业要求	（1）防潮布数量足够，设置位置合理，保持清洁、干燥。 （2）工器具外观检查合格，无损伤、受潮、变形、失灵现象，合格证在有效期内	

续表

序号	作业内容	作业步骤及标准	安全措施及注意事项	责任人
6	登塔	（1）登杆塔作业前，必须先核对线路名称及编号。对同塔多回线路，工作负责人、工作班成员应共同认真核查双重名称和识别标记（色标、判别标志等）。 （2）登杆塔前应检查铁塔根部、基础等，必须牢固可靠。 （3）攀爬过程，为防止登杆人员串落，登杆作业人员间距不得小于1.6m，安全带收拾妥当，长尾绳放置在工具包内，主带应挂在肩上，防止攀爬过程中安全带勾攀脚钉和塔材，致使作业人员高空坠落。 （4）登杆塔至横担处时，监护人和作业人员应再次核对停电线路的识别标记和双重名称，确实无误后方可进入停电线路侧的横担	（1）作业人员攀登杆塔时应戴好安全帽，穿软底鞋，动作不能过大，匀步攀登。 （2）攀爬过程中，安全带应收拾妥当，长尾绳放置在工具包内，主带应挂在肩上，防止攀爬过程中安全带勾挂脚钉和塔材，致使作业人员高空坠落。 （3）杆塔上移位时，不得失去安全带保护，做到踩稳抓牢。 （4）到达作业点位置，系好安全带（绳），应牢固可靠，不得低挂高用。 （5）未验电前，人体、无头绳等与导线的安全距离必须不小于9.5m，工作中应设专人监护	
7	验电、装设接地线	（1）登杆就位后，将安全带系在牢固可靠构件或电杆上，必须检查扣环是否正确就位。验电杆（笔）等工器具必须使用绳索传递。 （2）验电时站位正确：宜工作且无触电危险的位置；验电时必须戴绝缘手套。对线路的验电应逐相进行，按照先近后远，先验下层、后验上层的顺序。 （3）检查接地线完好，按程序（先接接地端，后接导线端）装设好接地线。 （4）装设接地线时，必须使用绝缘绳或绝缘手柄进行操作，禁止直接用手操作接地线的金属部分的方式装设接地线。确认接地线的夹头与导线连接紧密可靠	（1）验电前，应先在有电设备上进行试验，验证验电器良好，无法在有电设备上试验时可用高压发生器等确证验电器良好。 （2）高压验电必须戴绝缘手套、验电器的伸缩式绝缘杆长度应拉足，验电时手应握在手柄处不得超过护环，人体与验电设备保持安全距离，雨雪天气时不得进行室外直接验电。 （3）装设接地线必须先接接地端，后接导体端，必须接触良好，拆除时顺序相反。禁止以缠绕导线的方式装设接地线	
8	直线塔翻线	（1）作业人员在直线塔地线横担合适位置安装单轮滑车，并拆除地线上的防振锤。 （2）作业人员使用提线器和6t手板葫芦提升地线。 （3）将连接部分金具取下后，再将地线翻进固定于地线横担上的单轮滑车中		
9	安装卡线器	（1）作业人员在地线上量出防振锤位置并记录后，拆除防振锤。 （2）作业人员乘坐飞车将卡线器卡至地线上合适位置后，并收紧磨绳。 （3）在地线两端通过6t手板葫芦收紧地线后，取脱地线连接金具	收紧地线后，应做冲击试验，确认无误后方可进行下一步操作	
10	耐张塔松线及连接新旧地线	（1）作业人员松出两端的6t手扳葫芦，使磨绳受力后，拆除手扳葫芦。 （2）启动绞磨，利用绞磨将两端的地线松至地面。 （3）松至地面后，地面人员开断地线端的耐张线夹，打磨并压接新旧地线	（1）放线过程中，收线绞磨操作应平稳，保持地线牵引平衡，预防地线跳槽。 （2）使用绞磨时，绞磨盘上缠绕圈数不得少于5圈，且从下方卷入，并排列整齐，尾绳控制人员不得少于2人。 （3）放、紧线时，人员不得站在或跨在已受力的牵引绳、地线的内角侧和展放的地线圈内以及牵引绳或架空线的垂直下方，防止意外跑线时伤人。 （4）地线压接时人员禁止将身体任何部位放在液压机正上方，压接机具应有固定设施，操作时放置平稳，两侧扶线人员对准位置，手指不得伸入压模内	

续表

序号	作业内容	作业步骤及标准	安全措施及注意事项	责任人
11	渡线及附件安装	（1）牵引场与张力场同时2台绞磨同时启动，并有专人统一指挥。 （2）待新地线到达牵引场后张力场压接耐张线夹，压接后利用绞磨收线将压接后的地线连接到绝缘子金具上。 （3）牵引场收紧地线，待地线弧垂与原弧垂一致后作记号。 （4）地线松至地面压接另一端耐张线夹并收紧磨绳，将地线连接到绝缘子串金具上，直线塔将新地线连接到线夹里，紧固螺栓，按照之前记号位置安装防振锤	（1）放线施工过程中，临时拉线、交叉跨越、直线塔、受力工器具应有专人看守，并检查受力情况良好。 （2）放线时，应保持通信畅通，统一信号、统一指挥。 （3）施工过程中，严禁任何人在地线下方穿越或逗留。 （4）渡线过程中，应有专人随时检查地锚、转向滑车、磨绳的受力情况，并适时进行调整。 （5）放线过程中，收线绞磨操作应平稳，保持地线牵引平衡，预防地线跳槽	
12	拆除工器具	（1）依序拆磨绳、手扳葫芦、卡线器、后备保护绳等工器具。 （2）拆除接地线	拆除接地线的顺序为先导体端，后接地端	
13	工作结束	（1）工作负责人组织全体工作成员整理工器具和材料，清理现场，做到“工完料尽场地清”。 （2）召开班后会，工作负责人进行工作总结和点评工作。点评本次工作的施工质量；点评全体工作成员的安全措施落实情况。 （3）工作负责人向工作许可人汇报工作结束，恢复停电线路送电，终结工作票		

二、考核标准（见表2-4-6）

表2-4-6　　特高压直流输电线路运检技能考核评分细则

<table>
<tr><td>考生填写栏</td><td colspan="8">编号：　姓　名：　所在岗位：　单　位：　日　期：　年　月　日</td></tr>
<tr><td>考评员填写栏</td><td colspan="8">成绩：　考评员：　考评组长：　开始时间：　结束时间：　操作时长：</td></tr>
<tr><td>考核模块</td><td>停电更换±800kV特高压输电线路架空地线</td><td>考核对象</td><td>特高压直流输电线路检修人员</td><td>考核方式</td><td>操作</td><td>考核时限</td><td>360min</td></tr>
<tr><td>任务描述</td><td colspan="8">停电更换±800kV特高压输电线路耐张段左架空地线</td></tr>
<tr><td>工作规范及要求</td><td colspan="8">1. 给定条件：特高压±800kV实训线路001～003号塔耐张段左架空线需要更换。线路已经停电、验电、挂接地线，所使用工器具、材料已经过测试，工作票已办理，安全措施已经完备。
2. 本作业工作应在良好天气下进行。如遇雷电（听见雷声、看见闪电）、雪、雹、雨、雾等，或风力大于5级时，不得进行作业。
3. 本项作业需工作负责人1名，安全监护人1人、塔上电工1人、塔上辅助工6人、地面辅助工10人，绞磨操作人员2人，协助人员完成工器具、材料的上、下传递工作，以及其他非技术性工作。
4. 工作负责人职责：负责本次工作任务的人员分工、工作前的现场查勘、作业方案的制定、工作票的填写、现场复勘、办理工作许可手续、召开工作班前会、落实现场安全措施、负责作业过程中的安全监督、工作中突发情况的处理、工作质量的监督、工作后的总结。
5. 专责监护人：负责作业现场的安全把控。
6. 高空作业人员职责：负责停电更换±800kV特高压输电线路架空地线。
7. 地面辅助人员职责：负责传递工具、材料配合塔上电工。
8. 绞磨操作人员职责：负责本次作业过程的绞磨操作工作。</td></tr>
</table>

续表

<table>
<tr><td>工作规范及要求</td><td colspan="7">9. 在作业过程中，如遇雷、雨、大风或其他任何情况威胁到工作人员的安全时，工作负责人或监护人可根据情况，临时停止工作。
给定条件：
1. 培训基地：特高压±800kV特高压实训线路001～003号塔耐张段左架空线，地线型号：铝包钢绞线JLB20A，150。
2. 工作票已办理，安全措施已经完备，工作开始、工作终结时应口头提出申请（调度或考评员）。
3. 安全、正确地使用仪器对绝缘工具进行检测。
4. 必须按工作程序进行操作，工序错误扣除应做项目分值，出现重大人身、器材和操作安全隐患，考评员可下令终止操作（考核）</td></tr>
<tr><td>考核情景准备</td><td colspan="7">1. 线路：特高压±800kV线路001～003号塔耐张段左架空线，工作内容：停电更换±800kV特高压输电线路架空地线，地线型号：JLB20A，150。
2. 所需作业工器具：作业飞车1副、ϕ16磨绳一捆、6t手扳葫芦3把、5t绞磨3台、吊绳滑车3套、绳套3根、卡线器2个、提线器1套、单轮滑车3个、放线架2套、放线盘2套、ϕ18钢丝套8根、10t铁滑车8个、10t卸扣8个、8t卸扣6个、液压机（含液压钳）2套、对讲机若干、双保险安全带7套、垫木若干。
3. 材料：同型号地线1盘、接续管1套、耐张线夹2套。
4. 作业现场做好监护工作，作业现场安全措施（围栏等）已全部落实；禁止非作业人员进入现场，工作人员进入作业现场必须戴安全帽。
5. 考生自备工作服，安全帽，线手套，安全带（含后备保护绳）</td></tr>
<tr><td>备注</td><td colspan="7">1. 各项目得分均扣完为止，出现重大人身、器材和操作安全隐患，考评员可下令终止操作。
2. 设备、作业环境、安全带、安全帽、工器具等不符合作业条件考评员可下令终止操作</td></tr>
<tr><td>序号</td><td>项目名称</td><td>质量要求</td><td>分值</td><td>扣分标准</td><td>扣分原因</td><td>扣分</td><td>得分</td></tr>
<tr><td>1</td><td>着装</td><td>工作服、工作鞋、安全帽、劳保手套穿戴正确</td><td>5</td><td>错漏1项扣1分</td><td></td><td></td><td></td></tr>
<tr><td>2</td><td>现场布置</td><td>正确装设安全围栏并悬挂标示牌：
（1）安全围栏范围应充分考虑高处坠物，以及对道路交通的影响。
（2）安全围栏出入口设置合理。
（3）妥当布置“从此进出”“在此工作”“从此上下”等标示</td><td>3</td><td>（1）作业现场未装设围栏扣0.5分。
（2）未设立警示牌扣0.5分。
（3）未悬挂登塔作业标志扣0.5分</td><td></td><td></td><td></td></tr>
<tr><td>3</td><td>召开班前会</td><td>（1）工作负责人佩戴红色背心，宣读工作票，明确工作任务及人员分工；讲解工作中的安全措施和技术措施；查（问）全体工作成员精神状态；告知工作中存在的危险点及采取的预控措施。
（2）全体工作成员在工作票上签名确认</td><td>3</td><td>（1）未进行分工本项不得分，分工不明扣1分。
（2）现场工作负责人未穿佩安全监护背心扣0.5分。
（3）工作票上工作班成员未签字或签字不全的扣1分</td><td></td><td></td><td></td></tr>
<tr><td>4</td><td>工器具检查</td><td>（1）工作人员按要求将工器具放在防潮布上；防潮布应清洁、干燥。
（2）工器具应按定置管理要求分类摆放；检查工器具外观和试验合格证，无遗漏。
（3）活动扳手、平口钳、拔销钳、工具包符合质量要求。
（4）绞磨试机，检查档位是否正常；手扳葫芦检查。</td><td>10</td><td>（1）未使用防潮布并定置摆放工器具扣1分。
（2）未检查工器具试验合格标签及外观检查扣每项扣0.5分。
（3）未正确对工器具进行检测每项扣1分。
（4）未正确绞磨试机扣2分，未正确检查手扳葫芦扣2分。</td><td></td><td></td><td></td></tr>
</table>

续表

序号	项目名称	质量要求	分值	扣分标准	扣分原因	扣分	得分
4	工器具检查	（5）对钢丝绳、滑车进行检查，确认连接可靠，受力满足要求。 （6）安全带、个人保安线符合质量要求，在试验周期内。 （7）提线器、卡线器检查符合要求，在试验周期内。 （8）确认地线、接续管型号，长度，外观检查符合要求。 （9）登塔人员再次核对双重名称、杆号、相别并报告	10	（5）错漏每项扣1分。 （6）未正确检查每项扣1分。 （7）错漏每项扣0.5分。 （8）错漏每项扣1分。 （9）未核对双重名称扣3分			
5	登塔	（1）检查杆塔基础无异常。 （2）塔上电工穿好将安全带做冲击试验后，系好安全带后正确携带吊绳（吊绳头折双、打死结、斜挎肩上）相继登塔。 （3）登塔过程中应系好防坠落保护装置，匀速登塔，手抓主材，将安全带挂在肩上，登塔作业人员间距不得小于1.6m，工作负责人加强作业监护。 （4）由塔身到横担上工作点不得失去安全带保护。 （5）传递滑车安装位置正确，方便操作	10	（1）未检查1项扣1分。 （2）未系安全带或安全带及后备保护绳未进行冲击试验各扣扣2分，未携带吊绳扣1分，吊绳携带方式不规范扣1分。 （3）手抓脚钉扣2分，未沿脚钉侧主材登塔扣1分。 （4）未正确使用安全带扣2分。 （5）滑车传递绳悬挂位置不便工具取用扣1分。 （6）传递时金属工具难以保证安全距离扣2分；工具绑扎不牢扣2分。 （7）传递时高空落物扣2分。 （8）传递过程工具与塔身磕碰扣2分。 （9）传递工具绳索打结混乱扣1分			
6	验电、装设接地线	（1）登杆就位后，将安全带系在牢固可靠构件或电杆上，必须检查扣环是否正确就位。验电杆（笔）等工器具必须使用绳索传递。 （2）检查接地线完好，按程序（先接接地端，后接导线端）装设好接地线，接地夹头在横担上连接牢固。 （3）装设接地线时，必须使用绝缘绳或绝缘手柄进行操作，禁止直接用手操作接地线的金属部分的方式装设接地线。确认接地线的夹头与导线连接紧密可靠	11	（1）未进行验电、装设接地线扣5分。 （2）装设接地线顺序错误扣3分。 （3）接地线连接不牢固一处扣3分。 （4）未使用绝缘手套每次扣2分			
7	直线塔翻线	（1）作业人员在直线塔地线横担合适位置安装单轮滑车，并拆除地线上的防振锤。 （2）作业人员使用提线器和6t手板葫芦提升地线。 （3）将连接部分金具取下后，再将地线翻进固定于地线横担上的单轮滑车中	6	（1）提升地线时未进行保护地线和塔材扣2分。 （2）操作手扳葫芦不当扣2分。 （3）上下过程中软梯使用不规范扣2分			

续表

序号	项目名称	质量要求	分值	扣分标准	扣分原因	扣分	得分
8	安装卡线器	（1）作业人员在地线上量出防振锤位置并记录后，拆除防振锤。 （2）作业人员乘坐飞车将卡线器卡至地线上合适位置后，并收紧磨绳。 （3）在地线两端通过 6t 手扳葫芦收紧地线，做冲击试验，确认无误后取脱地线连接金具	8	（1）未记录防振锤位置扣 3 分。 （2）未正确使用作业飞车扣 3 分。 （3）取脱连接金具前未冲击试验扣 2 分			
9	耐张塔松线及连接新旧地线	（1）作业人员松出两端的 6t 手扳葫芦，使磨绳受力后，冲击磨绳，拆除手扳葫芦。 （2）启动绞磨，利用绞磨将两端的地线松至地面。 （3）布置张力场塔上新地线的转角滑车及地线走向。 （4）地面人员开断地线端的耐张线夹，打磨并压接新旧地线，接续管压接工艺满足要求	15	（1）未冲击试验扣 2 分。 （2）转向滑车安装未对塔材保护，每处扣 1 分。 （3）新地线走向布置不规范扣 3 分。 （4）地线未进行打磨处理，每处扣 2 分。 （5）压接工艺不满足要求扣 3 分			
10	渡线及附件安装	（1）牵引场与张力场同时 2 台绞磨同时启动，并有专人统一指挥。 （2）渡线过程中档中央应派专人看守，防止地线落地。 （3）塔上作业人员看好接头，防止卡线。 （4）绞磨操作人员控制好渡线速度，防止张力过大。 （5）待新地线到达牵引场后张力场压接耐张线夹，压接后利用绞磨收线将压接后的地线连接到绝缘子金具上。 （6）牵引场收紧地线，待地线弧垂与原弧垂一致后作记号。 （7）地线松至地面压接另一端耐张线夹并收紧磨绳，将地线连接到绝缘子串金具上，直线塔将新地线连接到线夹里，紧固螺栓，按照之前记号位置安装防振锤。 （8）直线塔将新地线连接到线夹里，紧固螺栓，按照原要求安装防振锤	12	（1）渡线时地线掉落地面每次扣 2 分。 （2）渡线过程中张力过大扣 1 分。 （3）未派专人指挥导致卡线扣 2 分。 （4）旧地线未及时整理回收扣 2 分。 （5）未指派专人测量弧垂扣 2 分，弧垂与原弧垂不一致扣 2 分。 （6）耐张线夹型号与地线不符扣 3 分。 （7）连接完毕后未进行冲击试验扣 2 分。 （8）压接工艺不满足要求扣 2 分。 （9）未检查螺栓是否紧固到位扣 2 分。 （10）间隔棒安装位置不正确 1 处扣 1 分，间隔棒安装不规范，安装方向不正确扣 2 分			
11	返回地面	（1）检查金具、附件是否齐全到位，连接部位是否牢固，松出磨绳、检查塔材是否损伤，检查地线弧垂，连接金具是否符合要求。 （2）依序拆磨绳、手扳葫芦、接地线、滑车、卡线器、后备保护绳等工器具，传递至地面。拆除接地线时，应先拆导线端，后拆接地端。先拆上层，后拆下层，先拆远端，后拆近端。	7	（1）未检查金具连接情况扣 3 分，未检查地线弧垂扣 2 分。 （2）传递绳缠绕每次扣 2 分，塔材损伤每处扣 2 分。 （3）接地线拆除顺序不正确扣 2 分。 （4）未携带吊绳扣 4 分，吊绳携带方式不规范扣 2 分。			

续表

序号	项目名称	质量要求	分值	扣分标准	扣分原因	扣分	得分
11	返回地面	（3）塔上电工检查塔上无遗留物后，向工作负责人汇报，得到工作负责人同意后携带绝缘传递绳下塔 （4）必须沿脚钉侧主材正确下塔，正确携带吊绳（吊绳头折双、打死结，斜挎肩上）。 （5）确认无遗留物	7	（5）手抓脚钉每次扣1分，未沿脚钉侧主材登塔扣4分。 （6）有遗留物扣4分			
12	工作结束	（1）工作负责人组织全体工作成员整理工器具和材料，将工器具清洁后放入专用的箱（袋）中；清理现场，做到"工完料尽场地清"。 （2）召开班后会，工作负责人进行工作总结和点评工作。点评本次工作的施工质量；点评全体工作成员的安全措施落实情况。 （3）工作负责人向工作许可人汇报工作结束，恢复停电线路送电，终结工作票。 （4）在规定时间内按要求完成	10	（1）未清理作业现场漏一项扣3分。 （2）未开班后会扣2分。 （3）未向工作许可人汇报扣2分。 （4）每超过1min，扣1分，超过5min后，未完成项不计分			
	合计		100				

模块五 停电更换±800kV特高压输电线路接地极耐张整串绝缘子培训及考核标准

一、培训标准

（一）培训要求（见表2-5-1）

表2-5-1 培训要求

模块名称	停电更换±800kV特高压输电线路接地极耐张整串绝缘子	培训类别	操作类
培训方式	实操培训	培训学时	14学时
培训目标	1. 会检查和使用停电更换±800kV特高压输电线路接地极耐张整串绝缘子的工器具。 2. 掌握停电更换±800kV特高压输电线路接地极耐张整串绝缘子工作的操作流程和工艺要求。 3. 掌握停电更换±800kV特高压输电线路接地极耐张整串绝缘子危险点		
培训场地	特高压直流实训线路		
培训内容	1. 停电更换±800kV特高压输电线路接地极耐张整串绝缘子工器选择和检查。 2. 停电更换±800kV特高压输电线路接地极耐张整串绝缘子工作的操作流程和工艺要求。 3. 停电更换±800kV接地极耐张整串绝缘子工作的危险点		
适用范围	特高压直流输电线路检修人员		

（二）引用规程规范

（1）《架空送电线路运行规程》（DL/T 741—2010）。

（2）《110～500kV架空送电线路设计技术规程》（DL/T 5092—1999）。

（3）《国家电网公司电力安全工作规程（线路部分）》（Q/GDW 1799.2—2013）。

（4）《±800kV直流架空输电线路设计规范》（GB 50790—2013）。

（5）《±800kV直流架空输电线路检修规程》（DL/T 251—2012）。

（6）《±800kV直流架空输电线路运行规程》（GB/T 28813—2012）。

（7）《架空输电线路状态检修导则》（DLT 1248—2013）。

（三）培训教学设计

本设计以完成“停电更换±800kV特高压输电线路接地极耐张整串绝缘子”为工作任务，按工作任务完成的标准化作业流程来设计各个培训阶段，每个阶段包括了具体的培训目标、培训内容、培训学时、培训方法（培训资源）、培训环境和考核评价等内容，如表2-5-2所示。

表2-5-2 停电更换±800kV特高压输电线路接地极耐张整串绝缘子培训内容设计

培训流程	培训目标	培训内容	培训学时	培训方法与资源	培训环境	考核评价
1. 理论教学	1. 会检查和使用停电更换±800kV特高压输电线路接地极耐张整串绝缘子的工器具。	1. 停电更换±800kV特高压输电线路接地极耐张整串绝缘子工器选择和检查。	2	培训方法：讲授法。 培训资源：PPT、相关规程规范	多媒体教室	考勤、课堂提问和作业

续表

培训流程	培训目标	培训内容	培训学时	培训方法与资源	培训环境	考核评价
1. 理论教学	2. 掌握停电更换±800kV特高压输电线路接地极耐张整串绝缘子工作的操作流程和工艺要求。 3. 掌握停电更换±800kV特高压输电线路接地极耐张整串绝缘子危险点	2. 停电更换±800kV特高压输电线路接地极耐张整串绝缘子工作的操作流程和工艺要求。 3. 停电更换±800kV接地极耐张整串绝缘子工作的危险点	2	培训方法：讲授法。 培训资源：PPT、相关规程规范	多媒体教室	考勤、课堂提问和作业
2. 准备工作	能完成作业前准备工作	1. 作业现场查勘。 2. 编制培训标准化作业卡。 3 填写输电线路第一种工作票。 4. 完成本操作的工器具及材料准备	1	培训方法： 1. 现场查勘和工器具及材料清理采用现场实操方法。 2. 编写作业卡和填写工作票采用讲授方法。 培训资源： 1. ±800kV 实训线路。 2. 特高压工器具库房。 3. 空白工作票	1. 特高压输电实训线路。 2. 多媒体教室	
3. 作业现场准备	能完成作业现场准备工作	1. 作业现场复勘。 2. 工作申请。 3. 作业现场布置。 4. 班前会。 5. 工器具及材料准备	1	培训方法：演示与角色扮演法。 培训资源：±800kV实训线路	±800kV实训线路	
4. 培训师演示	通过现场观摩，使学员初步领会本任务操作流程	1. 各类工器具检查和使用方法讲解。 2. 装设接地线。 3. 安装作业架，作业人员到达工作位置。 4. 利用双沟更换±800kV 接地极耐张整串绝缘子。 5. 拆除工器具，下塔	1	培训方法：演示法。 培训资源：±800kV实训线路	±800kV实训线路	
5. 学员分组训练	能够分组完成停电更换±800kV 接地极耐张整串绝缘子工作	1. 学员分组（5人一组，工作负责人1人，塔上作业人员2人，地面辅助人员2人）训练停电更换±800kV接地极耐张整串绝缘子。 2. 培训师对学员操作进行指导和安全监护	8	培训方法：角色扮演法。 培训资源：±800kV实训线路	±800kV实训线路	采用技能考核评分细则对学员操作评分

续表

培训流程	培训目标	培训内容	培训学时	培训方法与资源	培训环境	考核评价
6. 工作终结	1. 使学员进一步辨析操作过程中不足之处，便于后期提升。 2. 培训学员树立安全文明生产的工作作风	1. 作业现场清理。 2. 向调度汇报工作。 3. 班后会，对本次工作任务进行点评总结	1	培训方法：讲授和归纳法	±800kV实训线路	

（四）作业流程

1. 工作任务

完成停电更换±800kV特高压输电线路接地极耐张整串绝缘子。

2. 天气及作业现场要求

（1）停电更换±800kV特高压输电线路接地极耐张整串绝缘子应在良好的天气进行。

在5级及以上的大风或暴雨、雷电、冰雹、大雾、沙尘暴等恶劣天气下，应停止露天高处作业。特殊情况下，确需在恶劣天气进行抢修时，应组织有关人员充分讨论必要的安全措施，经本单位批准后方可进行。

（2）作业人员精神状态良好，工作班成员认真学习工作票和安全技术措施，所有人员做到“四清楚”（作业任务精楚、危险点清楚、作业程序清楚、安全措施清楚）。

（3）作业前停送电联系人必须与调度联系履行工作许可手续，严禁约时停送电。工作负责人必须在得到许可人的许可工作命令后，方可在需检修的线路上验电、挂设接地线和进行检修工作。

（4）停电后，工作负责人应认真做好记录。

（5）登塔前应检查塔上是否有蜂窝，发现蜂窝严禁登塔。

（6）塔上作业人员必须使用双保险安全带，并佩戴护目镜。

3. 准备工作

3.1 危险点及其预控措施

（1）危险点——误登带电线路。

预控措施：

1）登杆塔作业前，工作负责人、工作班成员应共同认真核查双重名称和识别标记（色标、判别标志等）与停电线路名称相符。

2）登杆塔前应检查铁塔根部、基础等，必须牢固可靠。

3）登杆塔前应检查登高工器具和设施，如安全带、脚钉、塔材等必须完整牢靠。

4）不涉及挂设接地线的中间作业人员，应认真核实线路相序、色标、名称、编号与停电线路相符，确认线路名称无刷错、刷反等情况后，方可登杆。

（2）危险点——登塔时、塔上作业时违反安规进行操作，可能引起高空坠落。

预控措施：

1）攀爬过程中，为防止登杆人员串落，登杆作业人员间距不得小于1.6m。

2）攀爬铁塔前应将脚底泥土清除干净，检查工具包完整，攀爬过程中不得掉落物件伤人。

3）作业人员攀登杆塔时应戴好安全帽，穿软底鞋，动作不能过大，匀步攀登。

4）攀爬过程中，安全带应收拾妥当，长尾绳放置在工具包内，主带应挂在肩上，防止攀爬过程中安全带勾挂脚钉和塔材，致使作业人员高空坠落。

5）杆塔上移位时，不得失去安全带保护，做到踩稳抓牢。

6）到达作业点位置，系好安全带（绳），应牢固可靠，不得低挂高用。

7）未验电前，人体、无头绳等与导线的安全距离不得小于1.6m，工作中应设专人监护。

（3）危险点——高处坠物伤人。

预控措施：

1）地面人员不得站在作业点垂直下方。塔上人员应防止落物伤人，使用的工具、材料应用绳索传递。

2）在高处作业应使用工具袋，较大的工具应固定在牢固的构件上，不准随便乱放。

（4）危险点——防止感应电伤人。

为防感应电伤人，塔上作业人员应使用个人保安线。

（5）危险点——现场作业安全监护。

1）自作业开始至作业终结，安全监护人必须始终在现场对作业人员进行不间断的安全监护。

2）工作负责人，监护人必须穿安全监护背心。

（6）危险点——交通安全。

出车时应注意车辆行驶安全，谨慎驾驶车辆，禁止违法行车。

3.2　工器具及材料选择

停电更换±800kV特高压输电线路接地极耐张整串绝缘子所需工器具及材料见表2-5-3。工器具出库前，应认真核对工器具的使用电压等级和试验周期，并检查确认外观良好、连接牢固、转动灵活，且符合本次工作任务的要求；工器具出库后，应防止脏污、受潮；金属工具和绝缘工器具应分开装运，防止因混装运输导致工器具变形、损伤等现象发生。

表2-5-3　停电更换±800kV特高压输电线路接地极耐张整串绝缘子所需工器具及材料表

序号	名称	规格型号	单位	数量	备注
1	安全帽		顶	5	
2	风速风向仪		支	1	
3	绝缘电阻测试仪		支	1	
4	防坠器	与杆塔防坠器装置型号对应	个	2	
5	安全带		副	2	
6	传递绳		根	1	
7	绳套		根	1	
8	滑车		个	2	
9	导线后背保护绳		根	1	
10	卡线器	与导线相匹配	个	2	
11	双沟	5t	把	1	
12	作业架		架	1	
13	绝缘子	与原绝缘子一致	串	1	
14	防潮布	2m×4m	块	2	
15	安全围栏		套	若干	
16	警示标示牌	“在此工作”“从此进出”“从此上下”	套	1	
17	红马甲	“工作负责人”	件	1	
18	清洁毛巾		条	1	

3.3 作业人员分工

本任务作业人员分工如表2-5-4所示。

表2-5-4　　停电更换±800kV特高压输电线路接地极耐张整串绝缘子人员分工表

序号	工作岗位	数量（人）	工作职责
1	工作负责人（安全监护人）	1	负责本次工作任务的人员分工、工作前的现场查勘、作业方案的制定、工作票的填写、现场复勘、办理工作许可手续、召开工作班前会、落实现场安全措施、负责作业过程中的安全监督、工作中突发情况的处理、工作质量的监督、工作后的总结。 负责本次工作过程中的安全监护工作
2	塔上作业人员	2	负责本次停电更换±800kV特高压输电线路接地极耐张整串绝缘子操作
3	地面辅助人员	2	负责本次作业过程的地面辅助工作

4. 工作程序

本任务工作流程如表2-5-5所示。

表2-5-5　　停电更换±800kV特高压输电线路接地极耐张整串绝缘子工作流程表

序号	作业内容	作业标准	安全注意事项	责任人
1	现场复勘	工作负责人负责完成以下工作： （1）现场核对线路名称、铁塔编号无误；基础及塔身完好无异常；交叉跨越距离符合安全要求；确认缺陷情况及地线规格型号等。 （2）检查地形环境符合作业要求。 （3）检查工作票所列安全措施与现场实际情况相符，必要时予以补充	（1）正确穿戴安全帽、工作服、工作鞋、劳保手套。 （2）严禁非工作人员、车辆进入作业现场	
2	工作许可	作业前停送电联系人必须与调度联系履行工作许可手续	（1）不得未经工作许可人许可即开始工作。 （2）严禁约时停送电	
3	现场布置	正确装设安全围栏并悬挂标示牌： （1）安全围栏范围应充分考虑高处坠物，以及对道路交通的影响。 （2）安全围栏出入口设置合理。 （3）妥当布置“从此进出”“在此工作”“车辆慢行”或“车辆绕行”等标示	对道路交通安全影响不可控时，应及时联系交通管理部门强化现场交通安全管控	
4	召开班前会	（1）全体工作成员列队。 （2）工作负责人宣读工作票，明确工作任务及人员分工；讲解工作中的安全措施和技术措施；查（问）全体工作成员精神状态；告知工作中存在的危险点及采取的预控措施。 （3）全体工作成员在工作票上签名确认	（1）工作票填写、签发和许可手续规范，签名完整。 （2）全体工作成员精神状态良好。 （3）全体工作成员明确任务分工、安全措施和技术措施	
5	检查工器具	（1）在防潮布上，将工器具按作业要求准备齐备，并分类定置摆放整齐。检查工器具外观和试验合格证，无遗漏。 （2）检查人员向工作负责人汇报各项检查结果符合作业要求	（1）防潮布数量足够，设置位置合理，保持清洁、干燥。 （2）工器具外观检查合格，无损伤、受潮、变形、失灵现象，合格证在有效期内	
6	登杆塔	（1）登杆塔作业前，必须先核对线路名称及编号。工作负责人、工作班成员应共同认真核查双重名称和识别标记（色标、判别标志等）。	（1）作业人员攀登杆塔时应戴好安全帽，穿软底鞋，动作不能过大，匀步攀登。	

续表

序号	作业内容	作业标准	安全注意事项	责任人
6	登杆塔	(2) 登杆塔前应检查铁塔根部、基础等，必须牢固可靠。 (3) 攀爬过程，为防止登杆人员串落，登杆作业人员间距不得小于 1.6m，安全带收拾妥当，长尾绳放置在工具包内，主带应挂在肩上，防止攀爬过程中安全带勾攀脚钉和塔材，致使作业人员高空坠落。 (4) 登杆塔至横担处时，监护人和作业人员应再次核对停电线路的识别标记和双重名称，确实无误后方可进入停电线路侧的横担	(2) 攀爬过程中，安全带应收拾妥当，长尾绳放置在工具包内，主带应挂在肩上，防止攀爬过程中安全带勾挂脚钉和塔材，致使作业人员高空坠落。 (3) 杆塔上移位时，不得失去安全带保护，做到踩稳抓牢。 (4) 到达作业点位置，系好安全带(绳)，应牢固可靠，不得低挂高用。 (5) 未接地前，人体、无头绳等与导线的安全距离不得小于 1.6m，工作中应设专人监护	
7	验电、装设接地线	(1) 杆就位后，将安全带系在牢固可靠构件上，必须检查扣环是否正确就位。验电器等工器具必须使用绳索传递。 (2) 查接地线完好，按程序（先接接地端，后接导线端）装设好接地线。 (3) 设接地线时，必须使用绝缘绳或绝缘手柄进行操作，禁止直接用手操作接地线的金属部分的方式装设设接地线。确认接地线的夹头与导线连接紧密可靠	(1) 验电杆在领用时和使用前应检查是否正常。 (2) 禁止以缠绕导线的方式装设接地线	
8	更换耐张整串绝缘子	(1) 将双保险安全带的安全绳系在横担适当位置。 (2) 设置好传递绳吊点。 (3) 将作业架传递至横担。 (4) 塔上作业人员将作业架前段挂在导线上，把作业架后端放在横担上并系牢固。 (5) 塔上一名作业人员沿作业架平缓进入作业点，将安全带主带系在绝缘子串上。 (6) 将卡线器、双钩、钢丝套传递至杆塔上。 (7) 安装钢丝套、双钩紧线器，将卡线器安装在导线适当位置。 (8) 收紧双钩紧线器，使其略为受力。 (9) 将导线后备保护钢丝套一端安装在横担上，固定牢固；另一端用卡线器固定在导线上。 (10) 导线后备保护卡线器应安装在连接双钩紧线器的卡线器前面适当位置。 (11) 收紧双钩紧线器，进行冲击试验，将安全带转移到双钩上。 (12) 在被更换绝缘子前、后，用短绳将绝缘子串固定在双钩上。 (13) 取出 M 销，取下需更换的绝缘子并传递至地面。 (14) 将新绝缘子传递到杆塔上，安装绝缘子及 M 销。 (15) 检查 M 销、球头是否齐全到位，碗口朝向正确，清洁绝缘子串。 (16) 松出双钩使绝缘子受力后，对绝缘子串做冲击试验		
9	拆除工器具	(1) 拆除双钩紧线器及后备保护钢丝套，传递至地面。 (2) 拆除作业架，传递至地面。 (3) 确认工作点无遗留物		

续表

序号	作业内容	作业标准	安全注意事项	责任人
10	工作结束	（1）工作负责人组织全体工作成员整理工器具和材料，清理现场，做到“工完料尽场地清”。 （2）召开班后会，工作负责人进行工作总结和点评工作。点评本次工作的施工质量；点评全体工作成员的安全措施落实情况。 （3）工作负责人向工作许可人汇报工作结束，恢复停电线路送电，终结工作票		

二、考核标准（见表 2-5-6）

表 2-5-6　　特高压直流技能培训考核评分细则

<table>
<tr><td>考生填写栏</td><td colspan="8">编号：　　姓　名：　　所在岗位：　　单　　位：　　日　　期：　　年　　月　　日</td></tr>
<tr><td>考评员填写栏</td><td colspan="8">成绩：　　考评员：　　考评组长：　　开始时间：　　结束时间：　　操作时长：</td></tr>
<tr><td>考核模块</td><td colspan="2">停电更换±800kV 特高压输电线路接地极耐张整串绝缘子</td><td>考核对象</td><td>特高压±800kV 直流输电线路检修人员</td><td>考核方式</td><td>操作</td><td>考核时限</td><td>60min</td></tr>
<tr><td>任务描述</td><td colspan="8">停电更换±800kV 特高压输电线路接地极耐张整串绝缘子</td></tr>
<tr><td>工作规范及要求</td><td colspan="8">给定条件：
1. 培训基地：特高压直流±800kV 输电线路接地极耐张塔。
2. 所使用绝缘子已经过测试，工作票已办理，安全措施已经完备，工作开始、工作终结时应口头提出申请（调度或考评员）。
3. 必须按工作程序进行操作，工序错误扣除应做项目分值，出现重大人身、器材和操作安全隐患，考评员可下令终止操作（考核）。
4. 整个过程由参考人员独立完成；杆塔上辅助工 1 人、地面辅助工 2 人，协助参考人员完成工器具、材料的上、下传递工作，以及其他非技术性工作。
5. 工作开始应口头提出申请，工作结束时应口头汇报</td></tr>
<tr><td>考核情景准备</td><td colspan="8">1. 工器具：作业架 1 副、5t 双钩紧线器 1 把、卡线器 2 个、无极绳滑车（1t）1 套、钢丝套 1 根、导线后备保护钢丝套 1 根、5t 卸扣 3 个、吊绳 2 根、短绳 1 根（3m）、肩背双控式安全带、登杆工具。
2. 材料：同型号悬式绝缘子。
3. 在培训线路上操作</td></tr>
<tr><td>备注</td><td colspan="8">1. 各项目得分均扣完为止，出现重大人身、器材和操作安全隐患，考评员可下令终止操作。
2. 设备、作业环境、安全带、安全帽、工器具等不符合作业条件考评员可下令终止操作</td></tr>
</table>

序号	项目名称	质量要求	分值	扣分标准	扣分原因	扣分	得分
1	着装	工作服、工作鞋、安全帽、劳保手套穿戴正确	4	每漏一项扣 1 分			
2	工具材料准备	（1）个人工具检查：活动扳手、平口钳、拔销钳、工具包符合质量要求。 （2）登杆工具、安全带：升降板/脚扣、双保险安全带进行外观、试验周期检查，并进行冲击试验。	8	（1）未进行外观检查扣 1 分。 （2）未检查出厂合格证和试验合格证扣 1 分。			

续表

序号	项目名称	质量要求	分值	扣分标准	扣分原因	扣分	得分
2	工具材料准备	（3）专用工具检查：外观检查符合要求，双钩紧线器在试验周期内，调整好双钩紧线器	8	（3）漏一项扣1分			
3	材料检查	清洁绝缘子，外观检查符合要求	2	（1）错选绝缘子型号扣2分。 （2）未进行检查扣1分			
4	登塔	（1）现场核对线路名称、铁塔编号无误；基础及塔身完好无异常；交叉跨越距离符合安全要求；确认缺陷情况及地线规格型号等。 （2）登杆（塔）动作规范、无危险动作。 （3）正确携带吊绳（吊绳头折双、打死结，斜挎肩上）。 （4）由杆塔身到横担上工作点不得失去安全带保护。 （5）将无极绳安装在横担上方适当位置	8	（1）未确认线路双重称号扣4分，未检查基础、塔身、交叉跨越，每项扣1分，未确认地线缺陷扣1分。 （2）未携带吊绳扣4分，吊绳携带方式不规范扣2分。 （3）登杆（塔）动作不规范，每次扣1分。 （4）未正确使用安全带扣5分。 （5）无极绳固定位置不当扣2分			
5	验电、挂设导线接地线	（1）登塔至指定位置后，将安全带系在牢固的构件上，检查扣环是否扣牢；滑车安装位置正确，方便操作；工器具必须使用绳索传递。 （2）使用验电器前，再次检查其声光信号正常。使用伸缩式验电器时，应将其各段绝缘杆全部拉出到位，以保证绝缘杆的有效绝缘长度；验电时，作业人员应手持验电器绝缘手柄，保证人体与导线间的足够安全距离；先验下层后验上层，先验近侧后验远侧，线路验电应逐相进行。 （3）验明确无电压后立即装设导线接地线，先用砂纸打磨接地端安装的塔材位置，先安装接地端，后装导线端；装设顺序为先中相，后两边相。 （4）装设导线接地线时，必须使用绝缘手套进行操作，禁止直接用手操作接地线的金属部分的方式装设导线接地线。确认接地线的挂钩与导线连接紧密可靠	10	（1）滑车安装不规范扣2分。 （2）安全带使用不规范，扣2分。 （3）验电、安装接地线未戴绝缘手套扣2分。 （4）验电器使用不规范扣2分，验电顺序错误扣2分。 （5）接地线两端安装顺序错误扣2分，连接处不牢固扣1分，未对安装好的端部进行检查扣1分。 （6）接地线缠绕，扣2分			
6	安装作业架并进入工作位置	（1）检查绝缘子串连接可靠。 （2）将作业架传递至横担上，安装位置正确、固定牢固，将双保险安全带的安全绳系在横担适当位置。 （3）沿作业架平缓进入作业点，将安全带的安全绳系在横担适当位置，围杆带系在绝缘子串上	8	（1）未检查绝缘子串扣2分。 （2）作业架安装位置不正确扣3分、不牢固扣5分。 （3）未使用双保险安全带的安全绳系扣5分，位置系错扣3分			

续表

序号	项目名称	质量要求	分值	扣分标准	扣分原因	扣分	得分
7	安装紧线工具	（1）检查绝缘子串M销。 （2）将卡线器、双钩、钢丝套传递至杆塔上。 （3）安装钢丝套、双钩紧线器，将卡线器安装在导线适当位置。 （4）收紧双钩紧线器，使其略为受力。 （5）将导线后备保护钢丝套一端安装在横担上，固定牢固；另一端用卡线器固定在导线上。 （6）导线后备保护卡线器应安装在连接双钩紧线器的卡线器前面适当位置	16	（1）未检查绝缘子串M销扣3分。 （2）传递时绳索缠绕每次扣1分。 （3）卡线器安装位置不正确扣2分。 （4）卡线器固定位置不正确扣2分。 （5）导线后备保护钢丝套松紧不适扣2分。 （6）传递物有撞击现象，每次扣2分。 （7）掉落物件，每件扣5分			
8	更换绝缘子	（1）收紧双钩紧线器，进行冲击试验，将安全带转移到双钩上。 （2）在被更换绝缘子前、后，用短绳将绝缘子串固定在双钩上。 （3）取出M销，取下需更换的绝缘子并传递至地面。 （4）将新绝缘子传递到杆塔上，安装绝缘子及M销。 （5）检查M销、球头是否齐全到位，碗口朝向正确，清洁绝缘子串。 （6）松出双钩使绝缘子受力后，对绝缘子串做冲击试验	18	（1）未转移围杆带到受力物件上，每次扣5分。 （2）失去安全带保护扣5分。 （3）未清洁绝缘子串扣2分。 （4）碰响绝缘子每次扣1分。 （5）未装M销每个扣5分，M销位置不正确扣2分，绝缘子大口朝向不正确扣2分。 （6）未冲击试验每次扣5分			
9	拆除工器	（1）拆除双钩紧线器及后备保护钢丝套，传递至地面。 （2）拆除作业架，传递至地面。 （3）确认工作点无遗留物。 （4）由横担到塔身上不得失去安全带保护	10	（1）失去安全带保护扣5分。 （2）传递物有撞击现象，扣2分/次，传递时绳索缠绕每次扣1分。 （3）有遗留物扣5分			
10	下杆塔	（1）下杆（塔）动作规范、无危险动作。 （2）正确携带吊绳（吊绳头折双、打死结，斜挎肩上）。 （3）必须沿脚钉侧主材正确下塔	8	（1）未携带吊绳扣4分，吊绳携带方式不规范扣2分。 （2）下杆（塔）动作不规范，每次扣1分。 （3）脚扣下杆未拴安全带扣4分。 （4）未沿脚钉侧主材下塔扣4分			
11	其他要求	（1）严禁高处坠物。 （2）在操作过程中应双手协调配合操作。 （3）严禁浮置物品。 （4）严禁口中含物。 （5）上、下杆塔过程中不得出现危险动作。	10	（1）高处坠物，每次件扣5分。 （2）动作不协调扣2分。 （3）浮置物品扣2分。 （4）口中含物扣2分。 （5）每次打滑扣2次。			

续表

序号	项目名称	质量要求	分值	扣分标准	扣分原因	扣分	得分
11	其他要求	（6）工作服、工作胶鞋、安全帽、劳保手套穿戴正确。 （7）完工后清理作业现场，符合文明生产要求	10	（6）出现失稳悬空，本模块不合格，记0分。 （7）劳保用品穿戴，每错漏一项扣1分。 （8）未清理作业现场扣2分			
	合计		100				

模块六 停电更换±800kV特高压输电线路接地极导线培训及考核标准

一、培训标准

（一）培训要求（见表2-6-1）

表2-6-1 培训要求

模块名称	停电更换±800kV特高压输电线路接地极导线	培训类别	操作类
培训方式	实操培训	培训学时	14学时
培训目标	1. 掌握各类工器具、机具的使用方案和受力结构，以及更换接地极级导线的技术要点。 2. 能熟练掌握停电更换±800kV特高压输电线路接地极导线的操作流程、技术方法和施工作业危险点。 3. 能完成停电更换±800kV特高压输电线路接地极导线工作		
培训场地	特高压直流实训线路		
培训内容	正确使用各类受力工器具的操作方法正确安装各类工器具，采用停电作业法更换±800kV特高压输电线路接地极导线		
适用范围	特高压±800kV直流输电线路检修人员		

（二）引用规程规范

(1)《架空送电线路运行规程》(DL/T 741—2010)。

(2)《110～500kV架空送电线路设计技术规程》(DL/T 5092—1999)。

(3)《国家电网公司电力安全工作规程（线路部分）》(Q/GDW 1799.2—2013)。

(4)《±800kV直流架空输电线路设计规范》(GB 50790—2013)。

(5)《±800kV直流架空输电线路检修规程》(DL/T 251—2012)。

(6)《±800kV直流架空输电线路运行规程》(GB/T 28813—2012)。

(7)《架空输电线路状态检修导则》(DL/T 1248—2013)。

（三）培训教学设计

本设计以完成“停电更换±800kV特高压输电线路接地极导线”为工作任务，按工作任务完成的标准化作业流程来设计各个培训阶段，每个阶段包括了具体的培训目标、培训内容、培训学时、培训方法（培训资源）、培训环境和考核评价等内容，如表2-6-2所示。

表2-6-2 停电更换±800kV特高压输电线路接地极导线培训内容设计

培训流程	培训目标	培训内容	培训学时	培训方法与资源	培训环境	考核评价
1. 理论教学	熟悉停电更换±800kV输电线路接地极导线工作的操作步骤	讲授停电更换±800kV输电线路接地极导线工作的操作步骤	2	培训方法：讲授法。 培训资源：PPT、相关规程规范	多媒体教室	考勤、课堂提问和作业

续表

培训流程	培训目标	培训内容	培训学时	培训方法与资源	培训环境	考核评价
2. 准备工作	能完成作业前准备工作	1. 作业现场查勘。 2. 编制培训标准化作业卡。 3. 填写培训操作工作票。 4. 完成本操作的工器具及材料准备	1	培训方法： 1. 现场查勘和工器具及材料清理采用现场实操方法。 2. 编写作业卡和填写工作票采用讲授方法。 培训资源： 1. ±800kV实训线路。 2. 特高压工器具库房。 3. 空白工作票	1. 特高压输电实训线路。 2. 多媒体教室	
3. 作业现场准备	能完成作业现场准备工作	1. 作业现场复勘。 2. 工作申请。 3. 作业现场布置。 4. 班前会。 5. 工器具及材料检查	1	培训方法：演示与角色扮演法。 培训资源：±800kV实训线路	±800kV实训线路	
4. 培训师演示	通过现场观摩，使学员初步领会本任务操作流程	1. 登塔。 2. 验电、挂接地线。 3. 导线上的操作。 4. 渡线及附件安装。 5. 拆除工器具	1	培训方法：演示法。 培训资源：±800kV实训线路	±800kV实训线路	
5. 学员分组训练	能够分组完成停电更换±800kV输电线路接地极导线工作	1. 学员分组（22人一组）训练停电更换±800kV输电线路接地极导线。 2. 培训师对学员操作进行指导和安全监护	8	培训方法：角色扮演法。 培训资源：±800kV实训线路	±800kV实训线路	采用技能考核评分细则对学员操作评分
6. 工作终结	1. 使学员进一步辨析操作过程中不足之处，便于后期提升。 2. 培训学员树立安全文明生产的工作作风	1. 作业现场清理。 2. 向调度汇报工作。 3. 班后会，对本次工作任务进行点评总结	1	培训方法：讲授和归纳法	±800kV实训线路	

（四）作业流程

1. 工作任务

完成停电更换±800kV特高压输电线路接地极导线。

2. 天气及作业现场要求

（1）停电更换±800kV特高压输电线路接地极导线应在良好的天气进行。

在5级及以上的大风以及暴雨、雷电、冰雹、大雾、沙尘暴等恶劣天气下，应停止露天高处作业。特殊情况下，确需在恶劣天气进行抢修时，应组织有关人员充分讨论必要的安全措施，经本单位批准后方可进行。

（2）作业人员精神状态良好，工作班成员认真学习工作票和安全技术措施，所有人员做到“四清楚”（作业任务精楚、危险点清楚、作业程序清楚、安全措施清楚）。

（3）作业前停送电联系人必须与调度联系履行工作许可手续，严禁约时停送电。工作负责人必须在得到许可人的许可工作命令后，方可在需检修的线路上验电、挂设接地线和进行检修工作。

（4）停电后，工作负责人应认真做好记录。

（5）登杆前应检查塔上是否有蜂窝，发现蜂窝严禁登塔。

（6）塔上作业人员必须使用双保险安全带，并佩戴护目镜。

3. 准备工作

3.1 危险点及其预控措施

（1）危险点——误登带电线路。

预控措施：

1）登塔作业前，工作负责人、工作班成员应共同认真核查双重名称和识别标记（色标、判别标志等）与停电线路名称相符。

2）登塔前应检查铁塔根部、基础等，必须牢固可靠。

3）登塔前应检查登高工器具和设施，如安全带、脚钉、塔材等必须完整牢靠。

4）不涉及挂设接地线的中间作业人员，应认真核实线路相序、色标、名称、编号与停电线路相符，确认线路名称无刷错、刷反等情况后，方可登杆。

（2）危险点——登塔时、塔上作业时违反安规进行操作，可能引起高空坠落。

预控措施：

1）攀爬过程中，为防止登杆人员串落，登杆作业人员间距不得小于 1.6m。

2）攀爬铁塔前应将脚底泥土清除干净，检查工具包完整，攀爬过程中不得掉落物件伤人。

3）作业人员攀登塔时应戴好安全帽，穿软底鞋，动作不能过大，匀步攀登。

4）攀爬过程中，安全带应收拾妥当，长尾绳放置在工具包内，主带应挂在肩上，防止攀爬过程中安全带勾挂脚钉和塔材，致使作业人员高空坠落。

5）塔上移位时，不得失去安全带保护，做到踩稳抓牢。

6）到达作业点位置，系好安全带（绳），应牢固可靠，不得低挂高用。

7）未验电前，人体、无头绳等与导线的安全距离不得小于 9.5m，工作中应设专人监护。

（3）危险点——高处坠物伤人。

预控措施：

1）地面人员不得站在作业点垂直下方。塔上人员应防止落物伤人，使用的工具、材料应用绳索传递。

2）在高处作业应使用工具袋，较大的工具应固定在牢固的构件上，不准随便乱放。

3）使用绞磨起吊过程中，应设专人指挥，统一配合，绝缘子串刚离地后应进行冲击检查。

（4）危险点——防止感应电伤人。

1）为防感应电伤人，塔上作业人员应穿全套屏蔽服。

2）如需接触架空地线，在架空地线接触前应进行可靠接地。

（5）危险点——现场作业安全监护。

1）自作业开始至作业终结，安全监护人必须始终在现场对作业人员进行不间断的安全监护。

2）工作负责人，监护人必须穿安全监护背心。

（6）危险点——交通安全。

出车时应注意车辆行驶安全，谨慎驾驶车辆，禁止违法行车。

3.2 工器具及材料选择

停电更换±800kV特高压输电线路接地极导线所需工器具及材料见表2-6-3。工器具出库前，应认真核对工器具的使用电压等级和试验周期，并检查确认外观良好、连接牢固、转动灵活，且符合本次工作任务的要求；工器具出库后，应防止脏污、受潮；金属工具和绝缘工器具应分开装运，防止因混装运输导致工器具变形、损伤等现象发生。

表2-6-3　停电更换±800kV特高压输电线路接地极导线所需工器具及材料表

序号	名称	规格型号	单位	数量	备注
1	传递绳		根	2	
2	保护绳		根	2	
3	滑车		个	2	
4	安全帽		顶	6	
5	风速风向仪		块	1	
6	温湿度仪		块	1	
7	万用表		块	1	
8	防潮布	2m×4m	块	2	
9	绳套		根	4	
10	防坠器	与塔防坠器装置型号对应	只	2	
11	安全带		副	2	
12	安全围栏		套	若干	
13	警示标示牌	“在此工作”“从此进出”“从此上下”	套	1	
14	红马甲	“工作负责人”	件	1	
15	砂纸		张	1	
16	清洁毛巾		条	1	
17	对讲机		台	4	
18	操作杆		根	1	

3.3 作业人员分工

本任务作业人员分工如表2-6-4所示。

表2-6-4　停电更换±800kV特高压输电线路接地极导线人员分工表

序号	工作岗位	数量（人）	工作职责
1	工作负责人	1	负责本次工作任务的人员分工、工作前的现场查勘、作业方案的制定、工作票的填写、现场复勘、办理工作许可手续、召开工作班前会、落实现场安全措施、负责作业过程中的安全监督、工作中突发情况的处理、工作质量的监督、工作后的总结
2	安全监护人	1	负责本次工作过程中的安全监护工作
3	高空作业人员	7	负责本次停电更换±800kV特高压输电线路接地极导线操作
4	地面辅助人员	10	负责本次作业过程的地面辅助工作
5	绞磨操作人员	2	负责本次作业过程的绞磨操作工作
6	信号指挥人员	2	负责2台绞磨启停的指挥工作

4. 工作程序

本任务工作流程如表 2-6-5 所示。

表 2-6-5　停电更换±800kV 特高压输电线路接地极导线工作流程表

序号	作业内容	作业标准	安全注意事项	责任人
1	现场复勘	工作负责人负责完成以下工作： （1）现场核对线路名称、铁塔编号无误；基础及塔身完好无异常；交叉跨越距离符合安全要求；确认缺陷情况及地线规格型号等。 （2）检查地形环境符合作业要求。 （3）检查工作票所列安全措施与现场实际情况相符，必要时予以补充	（1）正确穿戴安全帽、工作服、工作鞋、劳保手套。 （2）严禁非工作人员、车辆进入作业现场	
2	工作许可	作业前停送电联系人必须与调度联系履行工作许可手续	（1）不得未经工作许可人许可即开始工作。 （2）严禁约时停送电	
3	现场布置	正确装设安全围栏并悬挂标示牌： （1）安全围栏范围应充分考虑高处坠物，以及对道路交通的影响。 （2）安全围栏出入口设置合理。 （3）妥当布置“从此进出”“在此工作”“车辆慢行”或“车辆绕行”等标示	对道路交通安全影响不可控时，应及时联系交通管理部门强化现场交通安全管控	
4	召开班前会	（1）全体工作成员列队。 （2）工作负责人宣读工作票，明确工作任务及人员分工；讲解工作中的安全措施和技术措施；查（问）全体工作成员精神状态；告知工作中存在的危险点及采取的预控措施。 （3）全体工作成员在工作票上签名确认	（1）工作票填写、签发和许可手续规范，签名完整。 （2）全体工作成员精神状态良好。 （3）全体工作成员明确任务分工、安全措施和技术措施	
5	检查工器具	（1）在防潮布上，将工器具按作业要求准备齐备，并分类定置摆放整齐。检查工器具外观和试验合格证，无遗漏。 （2）检查人员向工作负责人汇报各项检查结果符合作业要求	（1）防潮布数量足够，设置位置合理，保持清洁、干燥。 （2）工器具外观检查合格，无损伤、受潮、变形、失灵现象，合格证在有效期内	
6	登塔	（1）登塔作业前，必须先核对线路名称及编号。对同塔多回线路，工作负责人、工作班成员应共同认真核查双重名称和识别标记（色标、判别标志等）。 （2）登塔前应检查铁塔根部、基础等，必须牢固可靠。 （3）攀爬过程，为防止登杆人员串落，登杆作业人员间距不得小于 1.6m，安全带收拾妥当，长尾绳放置在工具包内，主带应挂在肩上，防止攀爬过程中安全带勾攀脚钉和塔材，致使作业人员高空坠落。 （4）登塔至横担处时，监护人和作业人员应再次核对停电线路的识别标记和双重名称，确实无误后方可进入停电线路侧的横担	（1）作业人员攀登塔时应戴好安全帽，穿软底鞋，动作不能过大，匀步攀登。 （2）攀爬过程中，安全带应收拾妥当，长尾绳放置在工具包内，主带应挂在肩上，防止攀爬过程中安全带勾挂脚钉和塔材，致使作业人员高空坠落。 （3）塔上移位时，不得失去安全带保护，做到踩稳抓牢。 （4）到达作业点位置，系好安全带（绳），应牢固可靠，不得低挂高用。 （5）未验电前，人体、无头绳等与导线的安全距离不得小于 9.5m，工作中应设专人监护	

续表

序号	作业内容	作业标准	安全注意事项	责任人
7	验电、装设接地线	（1）登杆就位后，将安全带系在牢固可靠构件上，必须检查扣环是否正确就位。验电杆（笔）等工器具必须使用绳索传递。 （2）检查接地线完好，按程序（先接接地端，后接导线端）装设好接地线。 （3）装设接地线时，必须使用绝缘绳或绝缘手柄进行操作，禁止直接用手操作接地线的金属部分的方式装设设接地线。确认接地线的夹头与导线连接紧密可靠	（1）验电杆在领用时和使用前应检查是否正常。 （2）禁止以缠绕导线的方式装设设接地线	
8	导线上的操作	（1）作业人员进入接地极导线，并拆除导线上的间隔棒，并在拆除位置做好标记。 （2）作业人员在直线塔沿软梯进入导线，并在安装单轮滑车，然后拆除防振锤，使用提线器和6t手扳葫芦提升接地极导线，取脱金具，将接地极导线翻进滑车。 （3）将连接部分金具取下后，再将接地极导线翻进固定于地线横担上的单轮滑车中。 （4）作业人员利用卡线器将5t绞磨连接接地极导线，再利用9t手扳葫芦收紧接地极导线，取脱导线，两端耐张塔利用绞磨将两端导线松至地面。 （5）作业人员拆除导线端的耐张线夹，新旧导线安装网套，并绑扎牢固，使用旋转接头连接新旧导线		
9	渡线及附件安装	（1）牵引场与张力场同时2台绞磨同时启动，并有专人统一指挥。 （2）待新导线到达牵引场后张力场压接耐张线夹，压接后利用绞磨收线将压接后的导线连接到绝缘子金具上。 （3）牵引场收紧地线，待接地极导线弧垂与原弧垂一致后作记号。 （4）接地极导线松至地面压接另一端耐张线夹并收紧磨绳，将地线连接到绝缘子串金具上，直线塔将新导线连接到线夹里，紧固螺栓，按照之前记号位置安装防振锤	（1）放线施工过程中，临时拉线、交叉跨越、直线塔、受力工器具应有专人看守，并检查受力情况良好。 （2）放线时，应保持通讯畅通，统一信号、统一指挥。 （3）施工过程中，严禁任何人在地线下方穿越或逗留。 （4）渡线过程中，应有专人随时检查地锚、转向滑车、磨绳的受力情况，并适时进行调整。 （5）放线过程中，收线绞磨操作应平稳，保持地线牵引平衡，预防地线跳槽	
10	拆除工器具	依序拆磨绳、手扳葫芦、滑车、卡线器、后备保护绳等工器具		
11	工作结束	（1）工作负责人组织全体工作成员整理工器具和材料，清理现场，做到“工完料尽场地清”。 （2）召开班后会，工作负责人进行工作总结和点评工作。点评本次工作的施工质量；点评全体工作成员的安全措施落实情况。 （3）工作负责人向工作许可人汇报工作结束，恢复停电线路送电，终结工作票		

二、考核标准（见表 2-6-6）

表 2-6-6　国网四川省电力公司特高压直流技能培训考核评分细则

<table>
<tr><td>考生
填写栏</td><td colspan="8">编号：　姓　名：　所在岗位：　单　位：　日　期：　年　月　日</td></tr>
<tr><td>考评员
填写栏</td><td colspan="8">成绩：　考评员：　考评组长：　开始时间：　结束时间：　操作时长：</td></tr>
<tr><td>考核
模块</td><td colspan="2">停电更换±800kV 特高压输电线路接地极导线</td><td>考核对象</td><td colspan="2">特高压±800kV 直流输电线路检修人员</td><td>考核
方式</td><td>操作</td><td>考核
时限 480min</td></tr>
<tr><td>任务
描述</td><td colspan="8">停电更换±800kV 输电线路××号～××号塔耐张段接地极导线</td></tr>
<tr><td>工作
规范
及要求</td><td colspan="8">1. 整个过程主要操作流程由参考人员 1 人独立完成；塔上辅助工 6 人、地面辅助工 10 人，绞磨操作人员 2 人，协助参考人员完成工器具、材料的上、下传递工作，以及其他非技术性工作。
2. 操作前参考人员应做必要的安全检查。
3. 更换接地极导线时采用的工具应满足受力要求。
4. 工作开始应口头提出申请，工作结束时应口头汇报。
给定条件：
1. 培训基地：特高压直流±800kV 输电线路耐张段接地极导线。
2. 工作票已办理，安全措施已经完备，工作开始、工作终结时应口头提出申请（调度或考评员）。
3. 必须按工作程序进行操作，工序错误扣除应做项目分值，出现重大人身、器材和操作安全隐患，考评员可下令终止操作（考核）</td></tr>
<tr><td>考核
情景
准备</td><td colspan="8">1. 工器具：ϕ16 磨绳一捆、9t 手扳葫芦 2 把、6t 手扳葫芦 1 把、5t 绞磨 3 台、吊绳滑车 3 套、绳套 3 根、旋转接头 2 套、网套 2 副、卡线器 2 个、提线器 1 套、翻线器 1 套、间隔棒专用工具 2 套、单轮滑车 3 个、放线架 2 套、放线盘 2 套、ϕ20 钢丝套 8 根、15t 铁滑车 8 个、18t 卸扣 8 个、10t 卸扣 6 个、液压机（含液压钳）2 套、对讲机若干、软梯 1 副、双保险安全带 7 套、垫木若干。
2. 材料：同型号导线 3 盘、耐张线夹 2 套。
3. 在培训线路上操作</td></tr>
<tr><td>备注</td><td colspan="8">1. 各项目得分均扣完为止，出现重大人身、器材和操作安全隐患，考评员可下令终止操作。
2. 设备、作业环境、安全带、安全帽、工器具、屏蔽服等不符合作业条件考评员可下令终止操作</td></tr>
</table>

序号	项目名称	质量要求	分值	扣分标准	扣分原因	扣分	得分
1	着装	工作服、工作鞋、安全帽、劳保手套穿戴正确	4	错漏 1 项扣 1 分			
2	工具材料准备						
2.1	个人工具检查	检查个人工具，活动扳手、平口钳、拔销钳、工具包符合质量要求	2	错漏 1 项扣 1 分			
2.2	机具检查	绞磨试机，检查档位是否正常；手扳葫芦是否符合质量要求	2	错漏 1 项扣 1 分			
2.3	钢丝绳、滑车检查	对钢丝绳、滑车进行检查，确认连接可靠，受力满足要求	2	错漏 1 项扣 1 分			
2.4	安全带检查	检查安全带、个人保安线是否符合质量要求，在试验周期内	2	错漏 1 项扣 1 分			
2.5	专用工具检查	检查提线器、卡线器、翻线器是否符合要求，在试验周期内	2	错漏 1 项扣 1 分			
2.6	材料检查	确认更换的导线型号，长度，外观检查符合要求	2	错漏 1 项扣 1 分			

续表

序号	项目名称	质量要求	分值	扣分标准	扣分原因	扣分	得分
3	现场布置	正确装设安全围栏并悬挂标示牌： （1）安全围栏范围应充分考虑高处坠物，以及对道路交通的影响。 （2）安全围栏出入口设置合理。 （3）妥当布置“从此进出”“在此工作”“从此上下”等标示。 （4）牵引场绞磨布置，正确完成绞磨位置布置、转角滑车位置布置。 （5）张力场绞磨布置，正确完成绞磨位置布置、转角滑车位置布置、线盘布置	10	（1）作业现场未装设围栏扣0.5分。 （2）未设立警示牌扣0.5分。 （3）未悬挂登塔作业标志扣0.5分。 （4）错、漏1项扣2分			
4	登塔	（1）塔上电工核对线路双重名称、杆号、相别，检查铁塔是否满足登塔条件，并将结果向工作负责人汇报。 （2）塔上电工系好安全带，并正确对安全带、后备保护绳以及防坠器进行做冲击试验，向工作负责人汇报以后，方可登塔。 （3）登塔过程中系好防坠落保护装置，匀速登塔，脚踩脚钉，手抓主材。到达横担工作点后，将安全带系在牢固可靠构件上，必须检查扣环是否正确就位，选择合适位置布置滑车传递绳	5	（1）未系安全带或安全带及后备保护绳未进行冲击试验各扣2分。 （2）手抓脚钉扣2分。 （3）滑车传递绳悬挂位置不便工具取用扣1分。 （4）传递时高空落物扣2分。 （5）传递过程工具与塔身磕碰扣2分。 （6）传递工具绳索打结混乱扣1分。 （7）工作负责人监护不到位扣2分。 （8）塔上电工操作不正确扣2分			
5	验电、装设接地线	（1）地面电工将验电杆（笔）等工器具使用绳索传递给塔上电工。 （2）验电、并装设接地线。装设接地线时，必须使用绝缘绳或绝缘手柄进行操作，禁止直接用手操作接地线的金属部分的方式装设设接地线。确认接地线的夹头与导线连接紧密可靠	4	（1）验电、装设接地线未佩戴绝缘手套，每项扣4分。 （2）使用缠绕导线的方式装设接地线扣4分			
6	导线上操作	（1）塔上电工检查金具锈蚀情况，对绝缘子串进行冲击，经工作负责人许可后绝缘子串进入导线。 （2）塔上电工进入接地极导线，并拆除导线上的间隔棒，并在拆除位置做好标记。 （3）塔上电工在直线塔沿软梯进入导线，并在安装单轮滑车，然后拆除防振锤，使用提线器和6t手扳葫芦提升接地极导线导线，取脱金具，将接地极导线翻进单轮滑车。	15	（1）未使用双保险安全带或失去安全保护扣3分。 （2）未对绝缘子串进行冲击扣2分。 （3）未检查金具扣1分。 （4）未使用传递绳传递间隔棒扣2分。 （5）未做记号扣1分。 （6）提升导线时未进行保护导线和塔材扣2分。 （7）上下过程中软梯使用不规范扣2分。			

续表

序号	项目名称	质量要求	分值	扣分标准	扣分原因	扣分	得分
6	导线上操作	(4) 将连接部分金具取下后，再将地线翻进固定于地线横担上的单轮滑车中。 (5) 作业人员利用卡线器将5t绞磨连接接地极导线，再利用9t手扳葫芦收紧接地极导线，取脱导线，两端耐张塔利用绞磨将两端导线松至地面。 (6) 作业人员拆除导线端的耐张线夹，新旧导线安装网套，并绑扎牢固，使用旋转接头连接新旧导线。	15	(8) 未先将绞磨与导线连接扣2分。 (9) 手扳葫芦安装位置不正确扣2分。 (10) 转向滑车安装未对塔材保护，1处扣1分。 (11) 新导线走向布置不规范扣3分。 (12) 网套未进行绑扎处理，扣3分。 (13) 网套长度不够扣2分。 (14) 未正确使用旋转接头，扣1分			
7	渡线及附件安装	(1) 牵引场与张力场同时2台绞磨同时启动，并有专人统一指挥。 (2) 待新导线到达牵引场后张力场压接耐张线夹，压接后利用绞磨收线将压接后的导线连接到绝缘子金具上。 (3) 牵引场收紧地线，待导线弧垂与原弧垂一致后作记号。 (4) 导线松至地面压接另一端耐张线夹并收紧磨绳，将地线连接到绝缘子串金具上，直线塔将新导线连接到线夹里，紧固螺栓，按照之前记号位置安装防振锤。 (5) 依序拆磨绳、手扳葫芦、滑车、卡线器、后备保护绳等工器具。 (6) 拆除接地线	40	(1) 渡线是导线掉落地面1次扣2分。 (2) 渡线过程中张力过大扣1分。 (3) 未派专人指挥导致卡线扣2分。 (4) 旧导线未及时整理回收扣2分。 (5) 未指派专人测量弧垂扣2分。 (6) 弧垂与其他导线弧垂不一致扣2分。 (7) 耐张线夹型号与导线不符扣3分。 (8) 连接完毕后未进行冲击试验扣2分。 (9) 压接工艺不满足要求扣2分。 (10) 未检查螺栓是否紧固到位扣2分。 (11) 间隔棒安装位置不正确每处扣1分。 (12) 间隔棒安装不规范，安装方向不正确扣2分。 (13) 未检查金具连接情况扣3分。 (14) 传递绳缠绕1次扣2分。 (15) 未检查导线弧垂扣2分。 (16) 塔材损伤1处扣2分			
8	返回地面	塔上电工检查塔上无遗留物后，向工作负责人汇报，得到工作负责人同意后传递绳下塔	5	(1) 下塔过程未使用防坠装置扣2分。 (2) 塔上移位失去安全带保护的扣2分。 (3) 下塔抓塔钉，每处扣1分。 (4) 塔上有遗留物的，扣2分			

续表

序号	项目名称	质量要求	分值	扣分标准	扣分原因	扣分	得分
9	工作结束	（1）工作负责人组织全体工作成员整理工器具和材料，将工器具清洁后放入专用的箱（袋）中；清理现场，做到“工完料尽场地清”。 （2）召开班后会，工作负责人进行工作总结和点评工作。点评本次工作的施工质量；点评全体工作成员的安全措施落实情况	5	（1）工器具未清理扣2分。 （2）工器具有遗漏扣2分。 （3）未开班后会扣2分。 （4）未拆除围栏扣2分。 （5）未向调度汇报不得2分			
	合计		100